建筑结构力学

主编　陈朝晖

重庆大学出版社

内容提要

本书涵盖了土建专业“理论力学”“材料力学”和“结构力学”3门课程的主要内容。全书共分6章，其内容主要包括：建筑结构的演化及基本力学功能要求，静力学基础，平面杆件体系的几何组成分析，静定结构的静力分析，杆件结构的强度、刚度及稳定性，超静定结构力法等。

本书可作为建筑学、工程管理（包括工程造价、房地产管理）、建筑材料工程等大土木专业类本科学生的建筑结构与力学教材，也可作为土木工程专业高职高专学生的建筑力学教材及从事土建类工程的技术人员的参考书。

图书在版编目（CIP）数据

建筑结构力学/陈朝晖等主编.—重庆：重庆大学出版社，2012.7（2021.3 重印）

土木工程专业本科系列教材

ISBN 978-7-5624-6788-5

Ⅰ.①建…　Ⅱ.①陈…　Ⅲ.①建筑结构—结构力学—高等学校—教材　Ⅳ.①TU311

中国版本图书馆 CIP 数据核字（2012）第 122574 号

建筑结构力学

主　编　陈朝晖

策划编辑：彭　宁

责任编辑：李定群　高鸿宽　　版式设计：彭　宁

责任校对：姚　胜　　责任印制：张　策

*

重庆大学出版社出版发行

出版人：饶帮华

社址：重庆市沙坪坝区大学城西路21号

邮编：401331

电话：（023）88617190　88617185（中小学）

传真：（023）88617186　88617166

网址：http://www.cqup.com.cn

邮箱：fxk@cqup.com.cn（营销中心）

全国新华书店经销

重庆长虹印务有限公司印刷

*

开本：787mm×1092mm　1/16　印张：9.75　字数：243千

2012年7月第1版　2021年3月第4次印刷

ISBN 978-7-5624-6788-5　定价：31.00元

前言

本书面向建筑学、工程管理(包括工程造价、房地产管理)、建筑材料工程等大土木专业类本科学生,力图将三大力学(即理论力学、材料力学和结构力学)等的基本概念、理论及方法与建筑结构形式有机地融合,有意识地减少了枯燥的公式推演,而着重于从结构整体性能、力在构件相邻截面之间的传递、力在横截面上的分布等不同角度由整体而局部地建立荷载传递途径、结构内力和变形以及应力和应变等概念,注重系统性和完整性、以"应用为主、实用为度",使学生了解常见建筑结构基本杆件及体系的力学性能及要求、结构受力及变形的基本分析方法,为工程应用奠定基础。

本书内容主要包括3大部分:第一部分为第1,2章,主要介绍结构的概念及其发展历程、结构的基本要求、荷载及其传递途径的概念,讨论平面一般力系的合成以及在平面一般力系作用下结构的平衡条件;第2部分为第3,4,6章,主要讲解平面杆系结构组成规则及其内力分析与内力图绘制方法;第3部分为第5章,通过讲解单个杆件的应力、应变的概念,建立杆件的强度、刚度和稳定性的概念、分析方法及满足上述要求的措施。

本书由陈朝晖任主编,程光均、黄超、刘纲等参编。陈朝晖编写第1,3,6章,程光均编写第2章,黄超编写第5章,黄超、刘纲合编第4章,由陈朝晖统稿。重庆大学土木工程学院硕士研究生杨春林、段佳利、季呈、张鹏等绘制了全部CAD图并查阅了相关建筑结构资料,在此谨表谢意。

本书承蒙重庆大学李正良教授悉心审阅,对编写大纲及书稿提出了宝贵意见,谨表衷心感谢。

本教材的编写还得到了以下基金资助:①重庆市重点教改项目——大土建类工程力学系列课程创新与精品化建设(项目编号:09-2-002);②重庆大学大类系列课程建设项目——结构力学系列课程(项目编号:2009051A)。借本教材出版之际,编者在此一并致以诚挚谢意。

本书成书仓促，而将3大力学有机的糅合也是一次跨越性的尝试，差错和不足难以避免，敬请广大读者不吝指正。

编　者

2012年3月

目录

第1章 绪论

什么是结构？结构是建筑物的骨架，是建筑物赖以存在的基本保证。结构的基本功能是承受并传递荷载，其承载能力的大小和有效性取决于所采用的建筑材料和结构形式，而结构设计的作用就是选择能恰当地传递荷载的结构形式。

建筑是视觉空间的艺术，是“体-面-线-点”的创作过程。在这个空间逐渐显现和固化的过程中，艺术的抽象与结构的逻辑之间并不矛盾。作为承载和传力体系的结构，是建筑空间得以实现的支撑和骨骼；结构构成赋予了空间以限定；而结构形式（无论外部轮廓或内部线网）则创造了空间的造型。虽然有时创意和美观会以牺牲常规为代价，但是，对于结构而言，无论其形式还是本质，都是建筑空间的载体和支撑。合理的结构是通往建筑和谐、简洁之美的途径，对结构基本构件的力学知识和概念的掌握，则有助于建筑师在设计实践中与结构设计人员的良好配合。

1.1 建筑结构的演进

建筑材料、结构形式、分析方法和建造技术是建筑结构发展历程中不可分割的部分。远古的人们只能采用可从自然界直接获取的天然石材和木材，当石材不易获取或成本太高时，晒干的土坯和烧制的砖成为其替代品，上述砌块与由灰泥、砂浆等黏性材料黏结在一起构成了尺寸较大并可以承受较大荷载的构件，如墙体、屋顶和柱等。在西方，这类砌体结构直至 19 世纪中叶都是主要的结构形式。由于砌体材料的抗拉性能远低于抗压性能，因此，一般采用厚墙、拱、穹顶等形式，即使是梁等横向传力构件，其跨度也受到很大限制（见图 1.1）。

图 1.1 希腊帕特农神庙

而在亚洲尤其是中国，古代传统的建筑形式还包括木质的框架结构（见图 1.2）。由于木材的轻质、良好的抗拉性能和加工性能，使木框架结构的跨度大于砌体结构。

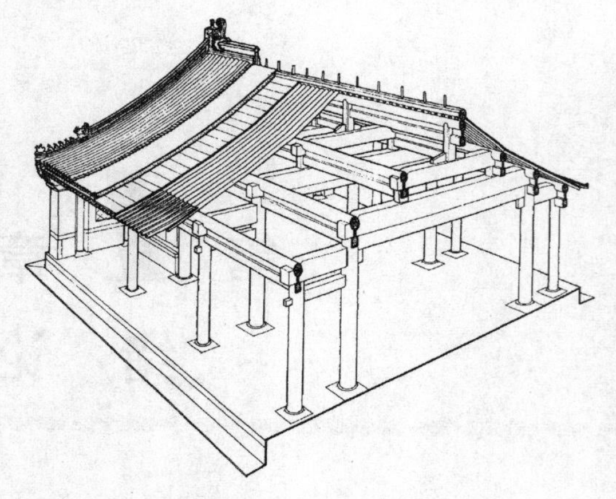

图 1.2　中国传统木框架结构
（图片来源：刘敦桢，中国古代建筑史，
北京：中建出版社，1984）

图 1.3　香港中银大夏

19 世纪后期，随着钢铁工业的大发展以及材料科学和力学的长足进步，结构形式也发生了显著变化。钢材的高强度和高弹性模量可以显著降低构件的截面尺寸和结构自重而不会显著增加构件的变形。19 世纪出现的另一种新型建筑材料是混凝土，混凝土与钢材结合而成的钢筋混凝土结构从 20 世纪至今占据了建筑材料的统治地位（见图 1.3），钢筋混凝土的应用使结构构件形式由三维迈向二维乃至一维，而建筑师和结构工程师也从厚墙、拱券、穹顶等传统建筑形式的束缚中得以解脱，并赋予了它们新的内涵。

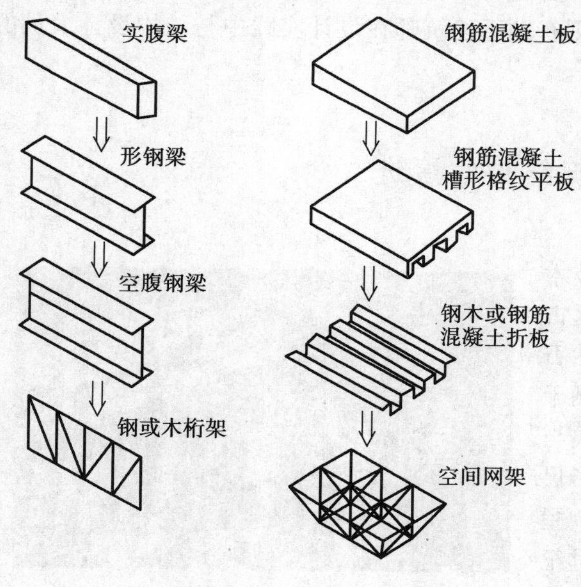

图 1.4　构件的演化
（图片来源：安格斯·J. 麦克唐纳著，结构与建筑）

结构的基本功能是承担并传递荷载，结构自重是其主要荷载之一，因此，尽量降低结构自重是结构设计追求的永恒主题之一，而空间结构是实现这一目标的最佳选择。空间结构通过将所承担的荷载向各个方向扩散，从而使组成结构的各个构件共同工作以实现等强度设计的目的。

人们在充分认识到实腹梁的受力特性后，逐步将其部分腹部材料掏空，形成了平面桁架；为了提高桁架的刚度和承载力，人们又将平面桁架双向布置，形成空间桁架，进而发展成为（平板）网架。与此类似，为了降低钢筋混凝土薄壳的自重，发挥钢材这种轻质高强材料的特点，将壳体中部分钢筋混凝土材料掏空，用钢构件代替剩余的钢筋混凝土，形成了钢网壳。网架和网壳通称为空间网格结构（见图 1.4）。在外荷载作用下，空间网格结构部分构件受拉，部分构件受压，通常只有部分构件在满应力状态下工作，而其余构件则处于强度过剩的状态，受压构件还面临失稳的可能，材料的高强度性能仍然得不到充分发挥。

悬索结构则是弥补这一缺陷的一种结构形式。它以受拉的高强钢索作为主要承重构件，代替空间网格结构的刚性构件，形成柔性网格结构，此时结构内部基本上不存在失稳问题，可最大限度地利用钢材的高强性能。

图1.5 英国伦敦千禧穹顶

在从连续壳体结构向空间网格结构发展的过程中，受力结构与屋面维护结构逐步分离。在传统的钢筋混凝土大跨壳体或折板屋盖结构中，壳体既是受力结构又充当建筑物的维护性外壳，而对于网格结构，则必须在受力网格上附加维护结构才能将各种活荷载传递到受力网格上，并满足建筑功能的要求。为此，具有一定强度、可起到传递荷载作用的轻质覆盖材料——建筑膜材应运而生（见图1.5）。膜材为柔性材料，只能承受拉力，为防止膜内拉力过大，结构的形状应保证具有一定的曲率，即膜结构必为曲面形状，这极大地丰富了人们对建筑空间与造型的想象力。

由此可知，建筑无论是作为实现使用功能的物质载体还是作为空间艺术的一种表现形式，建筑语言发展的基本技术保障是材料科学和结构技术的进步。建筑设计发展到今天，成熟的建筑师都已经充分认识到实现建筑物本身的价值最大化已经与建筑中所展现的建筑结构形式的固有特性、建筑材料的特性及其在结构中的应用等密不可分。

1.2 结构上的荷载、作用及其传递路径

结构的基本功能是传递荷载。那么，什么是荷载？

建筑结构所承受的作用力种类如图1.6所示。

直接施加于结构上，且使其产生内力效应的作用力被称为**荷载**，如自然作用力中的重力荷载、风荷载、冰雪荷载、屋面积灰荷载、静水压力以及人为作用产生的动力荷载等；由于某种使结构产生变形从而在结构中产生效应的原因（包括外加变形和位移）被称为**作用**，如温度和湿度的变化、材料体积的变化引起的结构效应、地基不均匀沉降引起的结构效应以及地震等地面运动引起的结构效应等。

结构上的荷载与作用按受力方向，可分为**竖向荷载与水平荷载**；根据结构是否产生不可忽视的加速度，可分为**静力荷载（或作用）与动力荷载（或作用）**；按时间变异性，可分为**永久荷载、可变荷载和偶然荷载**；此外，根据荷载的分布情况可分为**集中荷载和分布荷载**；根据荷载作用位置的变化与否，可分为**固定荷载和移动荷载**；等等。下面按荷载作用方向分别进行阐述。

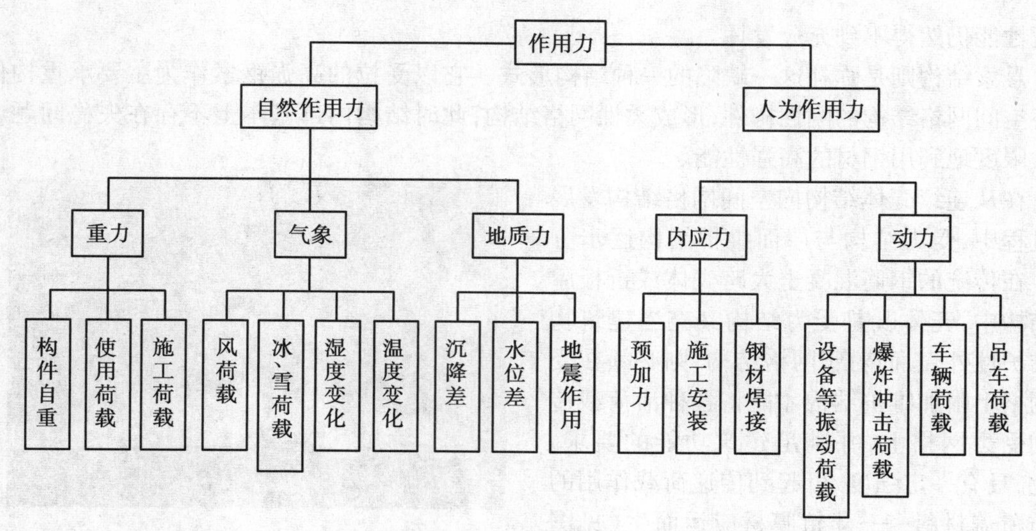

图 1.6　结构所受作用力分类
（图片来源：杨俊杰等编著，结构原理与结构概念设计）

1.2.1　结构上的竖向荷载和作用

(1) 竖向恒载——结构自重

结构的自重是不随时间变化的荷载，此类荷载又称恒载，即在结构使用过程中其大小、方向和作用位置均可视为恒量，因此，自重荷载又是固定荷载或永久荷载。自重荷载是构成结构恒载的主要部分，取决于组成结构的各构件截面尺寸、质量及构造层的重力的总和。

自重是结构荷载的主要来源，在建筑结构设计中，减轻自重荷载对降低结构的材料消耗、提高经济效益具有十分重要的意义。同时，自重的存在对提高结构的整体稳定性又至关重要，在减轻结构自重的同时，也要注意减轻结构自重对结构稳定性的不利影响。

(2) 竖向可变荷载

结构上的**可变荷载**是指大小、方向或作用位置随时间变化的荷载。它主要有**屋面雪荷载、积灰荷载、车辆和设备的自重、动力荷载以及屋面和楼面活荷载**等。

屋面雪（积灰）荷载实质上是屋面积雪（积灰）的自重荷载，它不仅随地区的变化差异很大，而且与屋面构造形态有关。

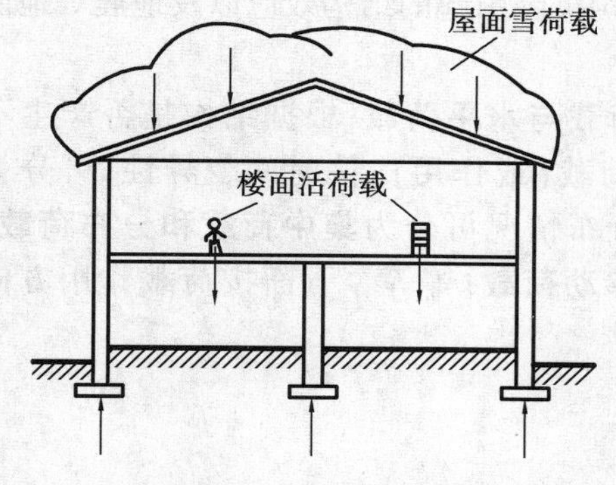

图 1.7　屋面和楼面的竖向可变荷载

楼面活荷载是建筑物的主要可变荷载之一。实际的楼面活荷载变化很大，它可能是在一较小的面积上集中作用很大的荷载，如一台可移动的设备；也可能是在较大范围内分布的不均匀荷载，如移动的人员或位置固定的装置。设计时往往无法预测这样的荷载变化过程及其准确的大小，只能根据建筑物的功能，如住宅、办公楼、图书馆或工厂等，并结合经验和统计数据确定其大小，并以均布荷载的方式作用于楼面。

(3)竖向的变形作用

除荷载外的其他各种作用因素也会使结构在竖直方向承受作用力,如地基沉降引起的负摩擦力,土层冻结造成的上抬力,不均匀基础沉降引起的竖向剪力,地震造成的竖向作用分力,等等。这些作用引起的结构效应有时是很大的,但它们的出现往往不可预测,其值大小更难以估计。在设计阶段很难由结构计算来定量考虑,一般可通过增加构造措施加以解决。

1.2.2 结构上的水平荷载和作用

(1)水平方向的恒载——水土侧向压力

如图1.8所示,当建筑物的地下部分与地下水接触时,土体和水体将对建筑物地下部分的墙体产生土压力和水压力。土的侧向压力是由于土的自重或外荷载作用引起的,而静水压力总是垂直于结构物的侧表面。对于建造在斜面地基上的建筑物,水土压力甚至会对建筑物造成极大的破坏,如滑坡和泥石流。某些地下建筑物还需验算地下水压力对建筑物所产生的上浮力。例如,地下水对大型筏基的上浮力,在设计时不容忽视。

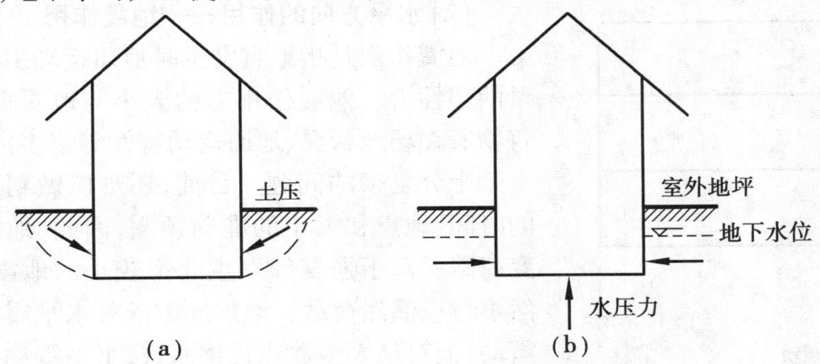

图1.8 水土侧压力对建筑物的作用

(图片来源:杨俊杰等编著,结构原理与结构概念设计)

(2)水平方向的可变荷载

1)波浪荷载

堤坝、横跨河面或海面的桥梁的桥墩等还受到波浪荷载的作用。在有波浪时,水作复杂的旋转、前进运动,对结构物产生除静水压力之外的附加作用力,称为波浪荷载。它不仅与波浪的形状等特性有关,还与河床海底坡度、地形地貌及结构物的形状等因素有关。

2)风荷载

在非地震地区,风荷载是建筑物承受的主要水平荷载。风是空气在地球表面流动形成的,处于流动空气中的建筑物,对空气的流动模式产生了阻挡和干扰,气流就会对建筑物产生作用力,该作用力就是建筑物所承受的风荷载,如图1.9所示。风荷载大小与风速、风相对于建筑物的方向(即风攻角)、建筑物外表面形状及其面积大小等有关。风速和风向随地区变化差异很大,同一地区不同时间变化也很大,因此,风荷载也是一种可变荷载。沿海地区,如我国东南沿海地区、太平洋沿岸等还遭受台风的侵害,台风的出现和变化规律难以预料,这种发生几率较小的灾害性风荷载属**偶然荷载**。

通常,建筑物迎风面的风荷载为压力,背风面的风荷载为吸力,在垂直于风向的表面还将产生横风向作用力。对于高层建筑、大型体育场馆的屋盖、大跨桥梁等柔性结构,还需考虑建

图 1.9　风荷载作用示意图

筑物在风中的振动效应。

作用在建筑物上的风荷载十分复杂，除水平方向的风荷载外，气流还将在建筑物的局部产生竖向的吸力或升力，这种作用力同样能造成建筑物的破坏，尤其对大跨屋盖结构，可能引起屋盖的整体倾覆。

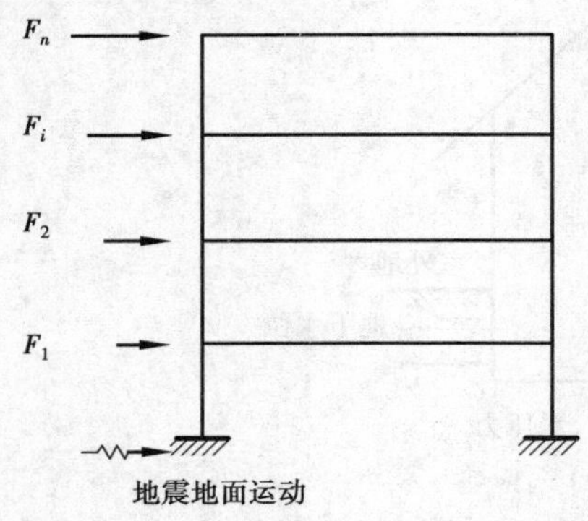

图 1.10　多层建筑地震水平作用示意图

(3) 水平方向的作用——地震作用

地震作用是指地震发生时地面运动引起建筑物质量的惯性力。地震作用力的大小与地震自身特性、建筑物所在场地状况、地面运动特性等诸多因素有关，是一个十分复杂的问题。目前，还难以做到对地震发生的时间、地点和大小的准确预测，因此，地震力是一**可变荷载**。对于强震等发生几率较小的地震，又称为**偶然事件或偶然荷载**。地震通常既有水平震动又有竖向震动，但对绝大多数建筑物而言，水平震动是引起结构破坏的主要原因，因此，设计时主要考虑水平震动引起的惯性力效应，对于规则的质量和刚度分布较均匀的结构可近似认为建筑物的质量都集中在各层楼面标高处，地震力也水平分布于各层楼面标高处，如图 1.10 所示。

通常，建筑物在使用过程中需要承受多种荷载的同时作用，人们在设计时需考虑各种可能的荷载组合，并从中选取最危险的组合形式从而尽可能保障建筑物在使用过程中的安全性。在各种荷载组合中，永久重力荷载是必须考虑的因素，常见的荷载组合（地震除外，需单独考虑）有以下 3 种形式：永久重力荷载 + 所有楼盖和屋盖上的可变重力荷载；永久重力荷载 + 特定方向上的风荷载；永久重力荷载 + 某些楼盖上的可变重力荷载 + 永久温度荷载。

1.2.3　荷载传递路径

荷载作为一种外力作用于结构上，结构是如何对其进行传递的呢？

由牛顿第三定律可知，结构在荷载作用下必然产生反作用力，结构的反作用力与外力是一对大小相等、方向相反的力，荷载正是通过在结构上产生的一系列作用力与反作用力来传递的。图 1.11 以一根支撑于柱之间的梁为例，说明了竖向荷载从梁最终传递到基础和地基的过程，荷载在相互连接的构件间传递的过程中，一个构件的反力正是另一个构件的荷载。

图 1.12 则说明了作用在建筑物外墙上的水平风荷载是如何传递到梁和其他墙体，并最终

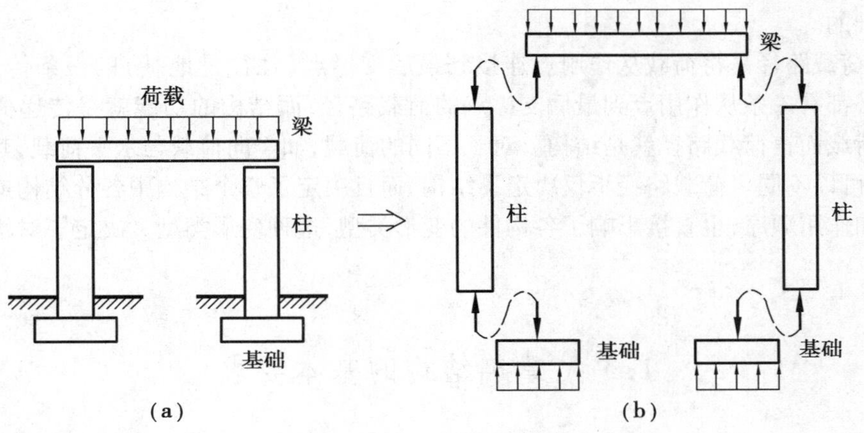

图 1.11 竖向荷载在结构构件之间的传递
(图片来源:马尔科姆·米莱著,建筑结构原理)

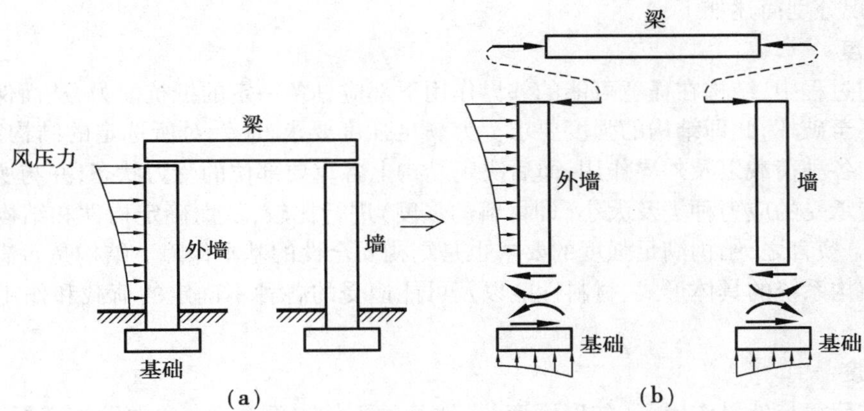

图 1.12 水平荷载在结构构件之间的传递

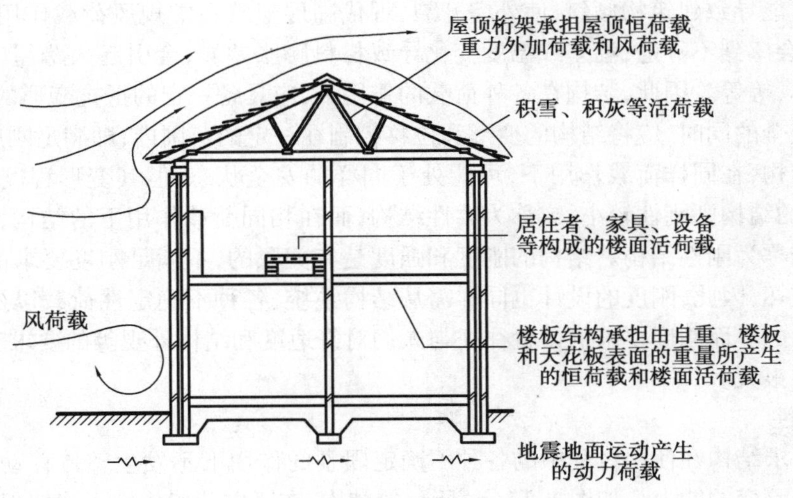

图 1.13 建筑结构的常见荷载

传递到基础的。

可见，荷载路径是将荷载从作用点连接到最后支撑点（往往是地基）的一条传递线路，所有荷载势必都有一条从作用点到最后支撑点的荷载路径；而结构的功能就是传递荷载，因此，对每一个荷载而言荷载路径就是结构。对于不同的荷载，如竖向荷载与水平荷载，其路径既可以相同，也可以不同。荷载路径不仅决定了结构，而且决定了整个结构中各分结构或构件间的相互关系和作用顺序，也直接影响了各构件的变形类型，这种变形类型又决定了对构件的性能要求。

1.3 建筑结构的基本要求

随着新材料、新技术、新的分析理论及方法的产生、应用与发展，建筑结构设计有了极为广阔的自由的空间，但对结构的基本要求仍然有迹可循，即强度、刚度、稳定性以及功能性、经济与美观等，现分别简述如下：

(1)强度

在使用过程中，结构在任意可能的外界作用下都应具备一定的抵抗能力，从而保证结构局部或整体不至破坏，此即结构的强度要求。为满足强度要求，应针对所选定的结构系统，确定施加其上的各种荷载以及外界作用，而后决定结构上各重要部位的受力状态，并与所选定的建筑材料所能承受的应力种类及大小（即材料的强度）进行比较，从而确定构件和结构的几何尺寸、形式等。换言之，结构满足强度的要求也是结构安全性的基本保障。结构是否满足强度要求应结合结构系统的具体形式、材料性能以及可能遭受的各种不确定的荷载和作用来综合分析判断。

(2)刚度

结构在荷载与外界作用下（如温度变化、地基的不均匀沉降等）常常发生变形，过大的变形不仅会影响结构的外观、使用功能、使用者的舒适性，还往往造成结构的破坏。例如，地基的不均匀沉降可能导致建筑物倾斜，使外墙开裂；现代高层建筑在常规风荷载作用下，顶部位移较大，使用者会感到不舒适；温差或温度变化导致材料膨胀差异，会引起大跨屋盖结构的过大变形甚至破坏，等等。因此，结构在各种荷载的作用下，应具备一定的抵抗变形的能力，在保障结构强度即安全的同时，应将结构的变形和位移控制在一定的范围内，即满足刚度要求。

不同的结构，在同样荷载作用下，可能处于同样的安全状态，但其变形程度可能不同，通常，变形较大的结构则刚性较小，或称为柔性结构；而在相同荷载作用下的结构，若变形较小，则刚性较大或称为刚性结构。结构的刚度和强度是有关联的，不满足刚度要求的结构往往伴随着强度的破坏，因此，刚度的设计也同样需从结构系统、各种不确定性荷载以及材料性能入手进行综合考虑。而刚度要求的设置往往与人们对舒适度和结构外观等的要求有关，因此，各国的规范差异很大。

(3)稳定性

稳定性要求结构在使用过程中的各种不确定因素的作用下不发生整体移动或转动、具备保持形状基本不变的能力。如图1.14(a)所示的结构，在竖向荷载作用下能够保持平衡，但这种平衡是不稳定的，一旦有侧向干扰这个结构就会整体倒塌。而如图1.14(b)所示的结构，在

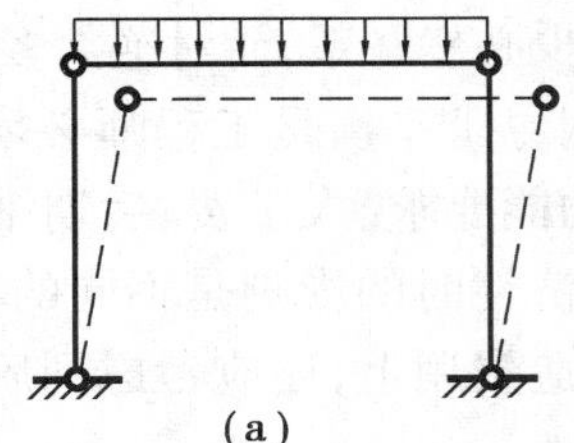

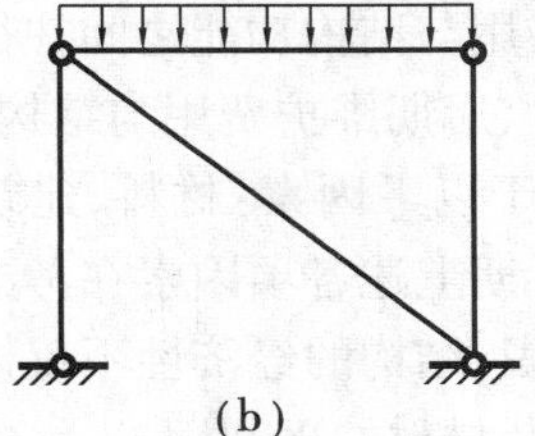

图 1.14

平面内的水平荷载作用下便能保持平衡。由此可知,结构的稳定性要求是不同于强度和刚度要求的。即使结构和构件具备了足够的强度和刚度来承受施加其上的荷载,结构整体仍然有可能因为其几何形体上的不稳定而失效。在工程实践中,高层建筑在水平风荷载作用下,因基础设置不合理、结构的重心与形心不重合可能发生倾覆,此乃结构因整体发生转动而失稳。建造于软弱地基上的建筑物也可能因地基沉降导致整体倾覆,典型的如比萨斜塔(见图1.15),若没有后期的支撑加固,这座著名建筑势必倒塌。建造于陡斜山坡的建筑物由于自身重力的影响有向山坡下滑动的趋势,此乃因建筑物整体移动导致的失稳。建筑物中的细长杆件在压力作用下会发生弯曲,而且这种弯曲变形即使压力不增加,变形也会逐渐增大,使杆件完全改变原来的受力状态,这种失稳有时是突然发生的(当压力作用在杆件的形心上),有时是逐渐发生的(当压力不作用在杆件的形心上,详见第5章),而大跨桥梁和屋盖等还可能由于空气动力失稳而导致破坏。

图 1.15 比萨斜塔

建筑结构的失稳破坏与刚度和强度破坏不同,带有一定的突发性,且一旦发生不可逆转,而材料的强度并没有得到很好的发挥。因此,在结构设计中,稳定性要求是必须从结构的整体上加以严格控制的。

(4)功能性

结构的功能性又称为适用性,是指结构在使用过程中应具有良好的工作性能。例如,大跨桥梁在风荷载作用下若产生过大的摆动,会影响车辆的正常行驶;楼板在重力荷载作用下若发生过大的弯曲变形,会让使用者心理不安;玻璃幕墙开裂会影响外观,蓄水池有裂缝便不能蓄水,建筑材料因为环境或其他因素会产生腐蚀,地铁驶过会造成其上建筑物的振动并产生让人不愉快的噪声;等等。上述情况虽不至于引起结构的整体破坏和倒塌,但会使结构丧失正常使用功能。因此,在结构设计时,还应控制结构的变形、裂缝宽度、提高材料和结构耐腐蚀的能力,并根据需要采取减震、隔音措施,以保障结构的正常使用功能。

(5)经济

对不同功能的建筑物,经济要求是不一样的。例如,纪念性建筑、有象征意义的重要建筑物,其建造和维护费用与结构功能之间往往没有多少必然联系,而对绝大多数工业与民用建筑物而言,在初期造价、后期维护费用与结构功能之间寻求平衡是工程师必须考虑的问题之一。结构总的造价取决于以下因素:材料、建筑技术、功能要求、人工费、后期维护费用等,不同国家、不同经济发展时期上述各项因素在考虑结构经济性时的影响是不同的。随着人们对建筑物可持续发展的认识,结构的经济性不仅体现在建造费用上,还应考虑到后期维护的便利性、维护费用的高低以及材料的再利用。

(6)美观

结构的基本功能是承受并传递荷载,是建筑物的"骨骼",但同时也是建筑艺术表现的物质手段。虽然合理的结构与建筑的形式美之间没有必然的因果关系,但不能否认的是,合理的结构具备形式美的基本要素,如均衡与稳定、韵律与节奏、连续性与曲线美以及使人产生某种联想的形式感等,而技能卓著的建筑师和结构工程师总是善于使合理结构的"明晰性、逻辑性和极限性"(密斯·凡·德罗)在建筑的艺术表现中得到应有的体现,甚至在建筑创作中利用结构本身作为建筑形式美的主要元素,当代西班牙建筑设计大师圣地亚哥·卡拉特拉瓦(Santiago Calatrava)就是其中的典型代表。卡拉特拉瓦在巴伦西亚修完建筑与城市设计专业以后,于1979年获得了瑞士苏黎世联邦工学院的结构工程博士学位。他的很多作品以纯粹结构形式的优雅动态而举世闻名,展现出技术理性所能呈现的逻辑的美,在解决工程问题的同时也塑造了形态特征,这就是:结构自身的逻辑及组织构成的形式。M. E. 托罗哈说:"结构设计与科学技术有更密切的关系,然而,却也在很大程度上涉及艺术,关系到人们的感受、情趣、适应性以及对合宜的结构造型的欣赏……""结构形式一旦选定,对结构的粗糙轮廓线、各部分比例以及由力学计算所确定的可见厚度"进行必要的艺术加工和处理,是建筑创作中不可缺少的重要环节。虽然力学和技术并非必然能成就建筑的形式美,但建筑材料、技术与结构的合理应用应是构成建筑空间形式美和艺术美的基础。一个好的建筑,其建筑空间与结构形式应当是有机的统一体。

1.4 结构及其基本构件的分类

结构可看作是由若干基本构件通过一定方式连接而成的。根据结构基本构件的几何特征,通常可将其分为以下3类:

(1)实体构件

三维尺度近似的构件就是三维结构,又称实体构件,如大坝、挡土墙等土工水工结构以及古代建筑中的墙支墩、厚石穹顶等(见图1.16)。

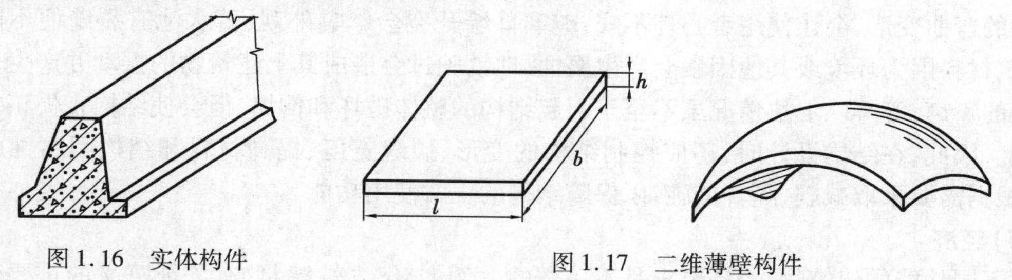

图1.16 实体构件

图1.17 二维薄壁构件

(2)薄壁构件

某一维尺度远小于其他两维的构件称为二维构件,如墙、楼板、薄壳屋盖等(见图1.17)。

(3)杆件

基本构件的某两维尺度远小于第三维,这个构件就是杆件(见图1.18)。在工程中,通常认为长度为其横截面宽度或高度5倍以上的构件为杆件。由杆件组成的结构称为杆件结构。杆件结构的力学特性是本书的分析重点。

图1.18　一维杆件

图1.19　杆系结构

根据杆件的构造特征及受力特点,可分为受弯构件(见图1.20(a)中的简支梁)、拉压构件(或称二力杆,包括图1.19中的桁架杆和索等)和拱(见图1.20(b))等。上述构件的具体力学特性详见本书相关章节。

工程中,常根据需要将上述基本构件按一定的方式连接构成整体受力体系,形成灵活多变的结构形式,即**结构体系**。结构体系通过基础与地基相连,将荷载或作用传至地基。**常见的杆件结构体系有多跨梁,由梁和柱等通过结点连接而成的刚架**(见图1.21),主要由二力杆通过铰接方式组成的**桁架**,以及由梁、拉压杆、索或拱等组成的**组合结构**(见图1.22)。

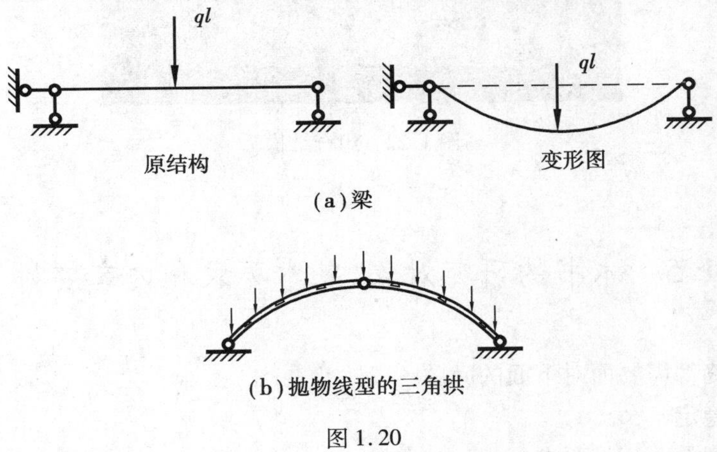

图1.20

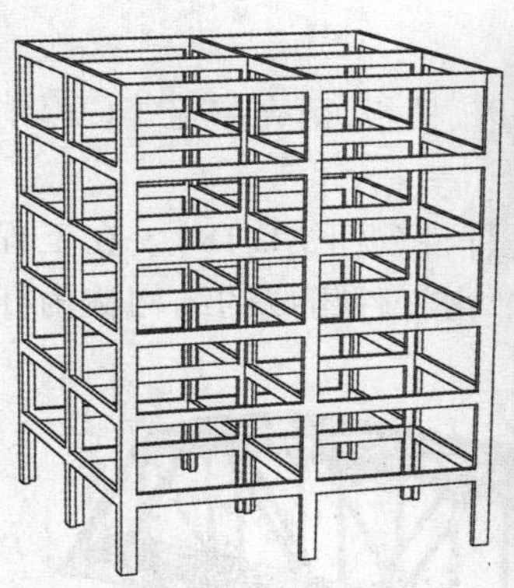

图 1.21　刚架

图 1.22　组合结构

1.5　本书的研究对象、基本要求和内容安排

结构设计最终都需要面对下面的问题：

①结构是否稳定？

②强度和刚度是否满足要求？

如前所述，荷载在结构构件之间是通过相互连接和接触，以作用力与反作用力的方式进行传递的，而在构件内部则是通过内力以及应力来传递的，在荷载传递的过程中，还伴随着结构的变形和位移。本书将从讨论常见荷载作用下结构的内力和应力、变形和应变的基本概念及分析方法入手，在构件的层次上建立结构强度、刚度和稳定性的概念，从而了解满足上述基本要求的措施，而各种荷载的定量确定方法不在讨论的范围内。

为简化起见，将**研究的对象**限定为平面杆系结构，即组成结构的构件为处于同一平面内的杆件,荷载也作用在杆件所构成的同一平面内,并假设结构或构件在外力作用下所产生的变形与结构或构件自身的几何尺寸相比很小。这样,在计算结构构件的内力时,可以不考虑杆件的变形,而仍按其变形前的原始尺寸进行计算,此即所谓的**小变形假定**。

同时,还假定结构的材料具有以下特性:

①**连续与均匀**。即材料内部没有空隙,材料的性质各处相同。

②**各向同性**。即材料在所有方向上均具有相同的力学性能。此类材料也称为**各向同性**材料,如金属材料等。如果材料在不同方向上具有不同的力学性能,则为**各向异性**材料。如木材沿其纹理的方向抗拉强度很大,而垂直于纹理的方向则容易被拉裂。混凝土或砌块不易被压碎,但容易劈裂。

③**线弹性**。工程材料在荷载作用下都会发生一定的变形,若卸去荷载后材料可以完全恢复原状,称此变形为**弹性变形**。如果荷载与弹性变形始终成正比,则称为**线弹性变形**。各类建筑物和构筑物在自重、常规风荷载和小震作用下,其构件材料通常都处于线弹性状态。但当荷载过大时,卸去荷载后结构的变形只能部分复原,而残留一部分**塑性变形**。

本书的基本要求如下:

①了解结构上的荷载和作用、结构的基本类型、对结构承载力的基本要求。

②能够根据实际结构建立计算简图并确定主要荷载形式,了解荷载的传递途径。

③能够分析计算典型杆件结构的内力、静定结构的变形,了解复杂结构的受力和变形特点,为结构的合理选型奠定基础。

④明确基本结构构件的强度、刚度和稳定性要求,并了解满足上述要求的基本措施。

本书内容主要包括3大部分。第一部分为第1,2章,主要介绍结构的概念及其发展历程、结构的基本要求、荷载及其传递途径的概念,讨论平面一般力系的合成以及在平面一般力系作用下结构的平衡条件;第二部分为第3,4,6章,主要讲解平面杆系结构组成规则及其内力分析与内力图绘制方法;第三部分为第5章,通过讲解单个杆件的应力、应变的概念,建立杆件的强度、刚度和稳定性的概念、分析方法以及满足上述要求的措施。

本章小结

结构形式的演进与建筑材料、分析方法和建造技术的发展密切相关。

结构是用来承受并传递荷载的,建筑结构上的常见荷载和作用包括重力荷载、水平风荷载、地震作用以及水土压力等。

从承受并传递荷载的角度而言,荷载的传递途径就意味着结构形式。

结构除需满足强度、刚度和稳定性等基本要求外,尚需兼顾功能、经济和美观等要求。

思考题

1.1 什么是结构?结构的基本功能是什么?

1.2 根据结构的几何特性,它可分为哪几种类型?

1.3 建筑结构需满足哪些基本要求？

1.4 建筑结构所承受的荷载和作用主要有哪些？

1.5 试分析思考题 1.5 图所示结构的荷载传递途径。

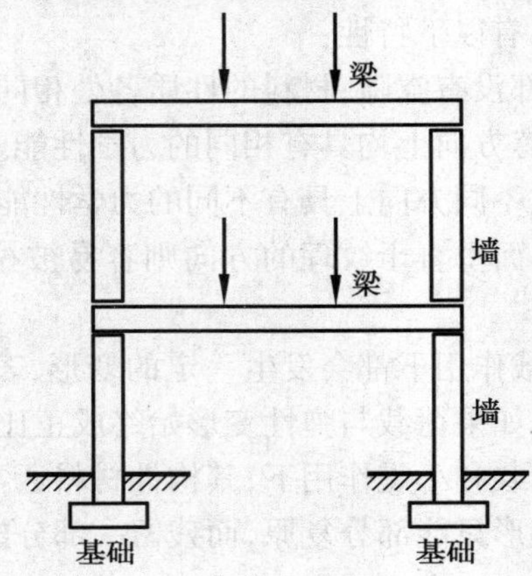

思考题 1.5 图

第2章 静力学基础知识

2.1 静力学基本概念

2.1.1 力

力的概念从生产实践中产生，但其科学概念产生于牛顿定律。**力是物体与物体之间的一种相互机械作用。这种机械作用对物体有两种效应：其一使物体的运动状态发生变化，称为力对物体的运动效应；其二使物体的形状或尺寸发生变化，称为力对物体的变形效应。**物体间机械作用形式多种多样，可归纳为两类：一类是物体相互间的直接接触作用，如弹力、摩擦力、流体压力及黏性阻力等；另一类是通过场的相互作用，如万有引力、静电引力等。力不能脱离物体存在，且有力必定至少存在两个物体。

实践表明，力对物体的作用效应取决于力的**大小**、**方向**和**作用点**，这三者称为**力的三要素**。实际上物体相互作用的位置并不是一个点，而是物体的某一区域，如果这个区域相对于物体很小或由于其他原因以致力的作用区域可以不计，则可将它抽象为一个点，此点称为力的**作用点**，而作用于这个点上的力，称为**集中力**。在国际单位制中，集中力的单位以"牛[顿]"或"千牛[顿]"度量，分别以符号"N"或"kN"表示。

如果力的作用区域不能忽略，则称为**分布力**。如力均匀分布于作用区域称为**均布力**，否则称为**非均布力**。如果力分布在某个面上，称为**面分布力**，如水压力、风压力等，它常用每单位面积上所受力的大小来度量，称为**面分布力集度**，国际单位是 N/m^2（牛/米^2）；如果力分布在某个体积上，称为**体分布力**，如重力，它常用每单位体积上所受力的大小来度量，称为**体分布力集度**，国际单位是 N/m^3（牛/米^3）。

而当荷载分布于狭长形状的体积或面积上时，则可忽略横向范围而简化为沿其长度方向中心线分布的**线分布力**，它常用单位长度上所受力的大小来度量，称为**线分布力集度**，用符号 q 表示，国际单位是 N/m（牛/米）。

由于力对物体的作用效应取决于力的三要素，因此，图中常用一沿力作用线的有向线段表示，即**矢量表示**，这种强调作用点位置的矢量称为**定位矢量**。此矢量的起点或终点表示力的作

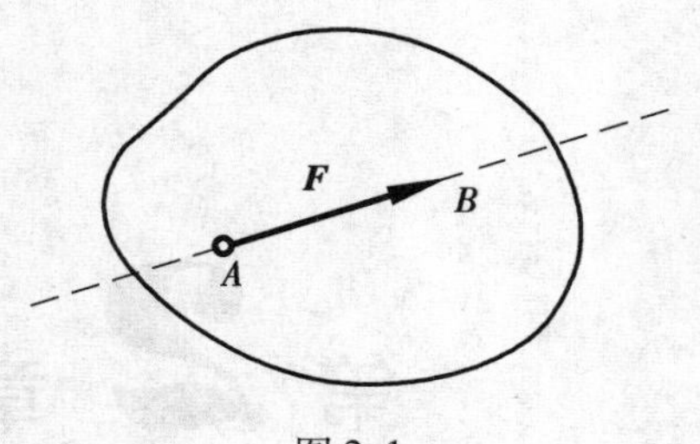

图2.1

用点，长度按一定比例尺表示力的大小，指向表示力的方向。如果不在图中强调力的大小，线段的长度不必严格按照比例画出。如图2.1所示为物体在A点受到力$\boldsymbol{F}$的作用。本书用黑体字母$\boldsymbol{F}$表示力矢量，而用普通字母F表示力的代数值。

2.1.2 平衡

平衡是指物体相对于惯性参考系保持静止或做匀速直线平动的状态。在一般的工程技术问题中，平衡通常都是指相对于地球表面而言的。例如，静止于地面上的房屋、桥梁、水坝等建筑物，在平直轨道上做匀速运动的列车等，都是相对于地面处于平衡状态的。平衡是物体机械运动的特殊情况。一切平衡都是相对的、有条件的和暂时的，而运动是绝对的和永恒的。

2.1.3 力系

同时作用于物体上的一群力，称为**力系**。根据力系中各力作用线的分布情况分为：各力作用线位于同一平面内，称为**平面力系**；否则，称为**空间力系**。根据力系中各力作用线的关系分为：作用线汇交于一点，称为**汇交力系**；作用线相互平行，称为**平行力系**；全部由力偶组成的力系称为**力偶系**；否则，称为**一般力系**。力系分类如下：

$$
\text{力系}\begin{cases}\text{平面力系}\\ \text{空间力系}\end{cases}\begin{cases}\text{汇交力系}\\ \text{平行力系}\\ \text{力偶系}\\ \text{一般力系}\end{cases}
$$

对同一物体作用效应相同的两个力系称为**等效力系**。使物体处于平衡状态的力系称为**平衡力系**。

2.1.4 力系的简化

用一个更简单的力系等效代替原力系的过程称为**力系的简化**。特别地，如果用一个力就可以等效地代替原力系，则称该力为原力系的**合力**，而原力系中各力称为该力的**分力**。对力系进行简化有利于揭示力系对刚体的作用效应。

2.2 静力学基本公理

公理是人们在长期的生活和生产实践中，经过反复的观察和实验总结出来的客观规律，并被认为是无须再证明的真理。

2.2.1 力的平行四边形法则

作用于物体上同一点的两个力$\boldsymbol{F}_1$和$\boldsymbol{F}_2$可以合成为一作用线过该点的合力$\boldsymbol{F}_{\mathrm{R}}$，合力$\boldsymbol{F}_{\mathrm{R}}$的大小和方向由力$\boldsymbol{F}_1$和$\boldsymbol{F}_2$为邻边所构成的平行四边形的对角线确定，如图2.2所示。记为

$$\boldsymbol{F}_{\mathrm{R}}=\boldsymbol{F}_1+\boldsymbol{F}_2 \tag{2.1}$$

即合力 $\boldsymbol{F}_R$ 等于两分力 $\boldsymbol{F}_1$ 和 $\boldsymbol{F}_2$ 的矢量和。

力的平行四边形法则既是力系合成的法则，同时也是力分解的法则。根据这一法则可将一个力分解为作用于同一点的若干个分力。在实用计算中，往往采用正交分解。

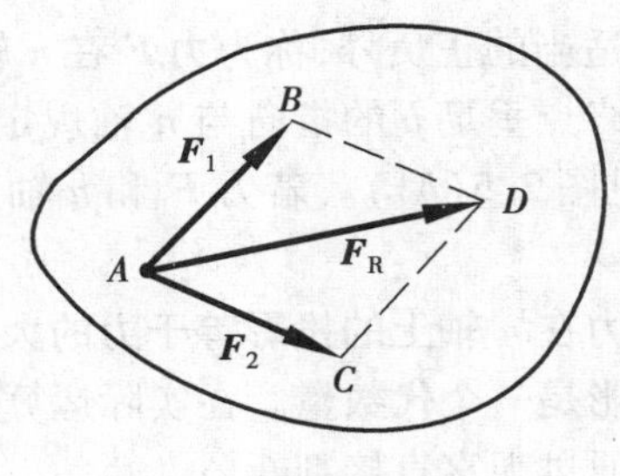

图 2.2

2.2.2　作用与反作用定律

两物体间相互作用的力总是大小相等、方向相反、作用线沿同一直线，分别且同时作用在这两个物体上。

这个定律概括了任何两个物体间相互作用的关系。有作用力，必定有反作用力。

2.2.3　二力平衡公理

物体在两个力作用下保持平衡的必要条件是：这两个力大小相等、方向相反、作用线沿同一直线（见图 2.3）。

这个公理揭示了作用于物体上最简单力系平衡时所必须满足的条件，又称为**二力平衡条件**。

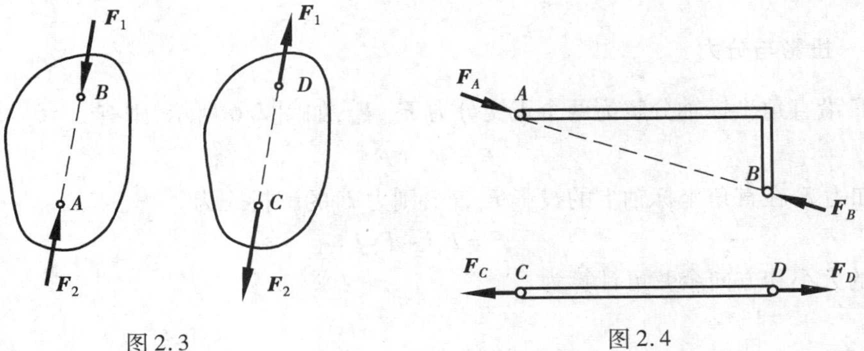

图 2.3　　图 2.4

仅在某两点受力作用并处于平衡的物体（或构件）称为**二力体（或二力构件）**。二力体所受的二力必沿此二力作用点的连线，且等值、反向（见图 2.4）。

2.2.4　加减平衡力系公理

在作用于物体的任意力系上，增加或减去若干个平衡力系，都不会改变原力系对该物体的运动效应。

这个公理的正确性是显而易见的，因平衡力系中各力对物体作用的总运动效应等于零。加减平衡力系公理是研究力系等效变换的重要依据。

2.3　力的投影与分解

2.3.1　力在轴上的投影

设有力 $\boldsymbol{F}$ 和 n 轴，从力 $\boldsymbol{F}$ 的始点 A 和终点 B 分别向 n 轴引垂线，得垂足 a, b，则线段 $\overline{ab}$ 冠

以适当的正负号,称为**力 $\boldsymbol{F}$ 在 n 轴上的投影**,用 F_n 表示。习惯上约定:若由力 $\boldsymbol{F}$ 的始点垂足 a 到终点垂足 b 的指向与 n 轴规定的正向一致,则投影 F_n 取正号(见图 2.5(a)),反之取负号(见图 2.5(b))。若力 $\boldsymbol{F}$ 和 n 轴正向之间的夹角为 α,则有

$$F_n = F\cos\alpha \tag{2.2}$$

即**力在 n 轴上的投影等于力的大小乘以该力与 n 轴正向之间夹角的余弦**。显然,**力在轴上的投影是一个代数量**。在实际运算时,通常取力与轴之间的锐角计算投影的大小,而正负号按规定通过观察直接判断。

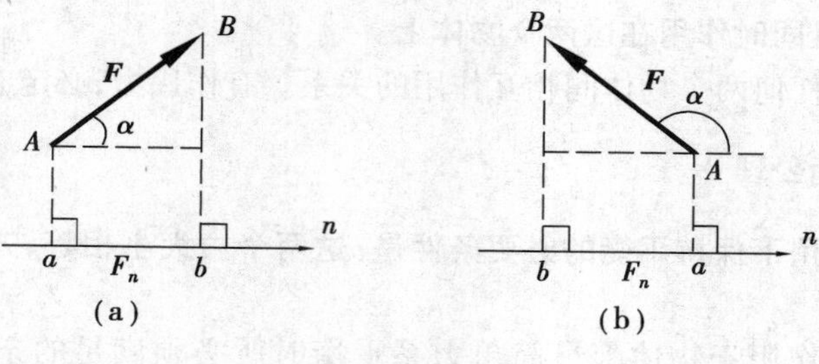

图 2.5

2.3.2 投影与分力

将力 $\boldsymbol{F}$ 沿直角坐标轴分解为两个正交分力 $\boldsymbol{F}_x$,$\boldsymbol{F}_y$,如图 2.6 所示,则有

$$\boldsymbol{F} = \boldsymbol{F}_x + \boldsymbol{F}_y \tag{2.3a}$$

若已知力 $\boldsymbol{F}$ 在直角坐标轴上的投影 F_x,F_y,则力 $\boldsymbol{F}$ 的解析式为

$$\boldsymbol{F} = F_x\boldsymbol{i} + F_y\boldsymbol{j} \tag{2.3b}$$

力 $\boldsymbol{F}$ 的大小和方向余弦可计算为

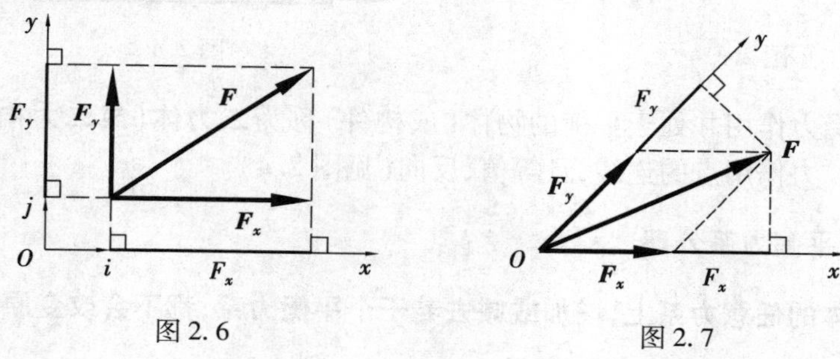

图 2.6　　　　图 2.7

$$\left.\begin{aligned} F &= \sqrt{F_x^2 + F_y^2} \\ \cos(\boldsymbol{F},\boldsymbol{i}) &= \frac{F_x}{F} \\ \cos(\boldsymbol{F},\boldsymbol{j}) &= \frac{F_y}{F} \end{aligned}\right\} \tag{2.4}$$

力沿坐标轴的分力是矢量,有大小、方向、作用线;而力在坐标轴上的投影是代数量,它无所谓方向和作用线。

在斜坐标系中,如图 2.7 所示,力沿轴方向的分力的模不等于力在相应轴上投影的大小。

2.4　平面力系中力对点之矩

人们从生产实践中已知，力除了能使物体移动外，还能使物体转动。而力矩的概念是人们在使用杠杆、滑轮、绞盘等简单机械搬运或提升重物时逐渐形成的。下面以用扳手拧螺母为例说明力矩的概念（见图2.8）。

实践表明，作用在扳手上 A 处的力 $\boldsymbol{F}$ 能使扳手同螺母一起绕螺栓中心 O（即过 O 点并垂直于图面的螺栓轴线）发生转动，也就是说，力 $\boldsymbol{F}$ 有使扳手产生转动的效应。而这种转动效应不仅与力 $\boldsymbol{F}$ 的大小成正比，而且与 O 点到力 $\boldsymbol{F}$ 作用线的垂直距离 h 成正比，即与乘积 Fh 成正比。另外，力 $\boldsymbol{F}$ 使扳手绕 O 点转动的方向不同，作用效果也不同。因此，规定 Fh 冠以适当的正负号作为力 $\boldsymbol{F}$ 使物体绕 O 点发生的转动效应的度量，并称为**力 $\boldsymbol{F}$ 对 O 点之矩**。用符号 $M_O(\boldsymbol{F})$ 表示，即

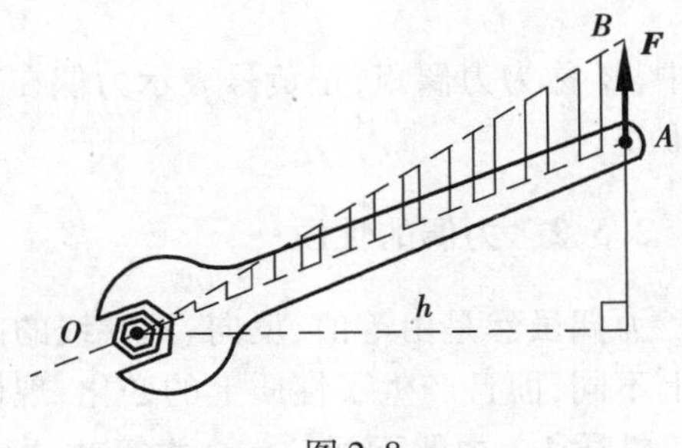

图2.8

$$M_O(\boldsymbol{F}) = \pm Fh \tag{2.5}$$

式中，点 O 称为**力矩中心**，简称为**矩心**；h 称为**力臂**；力 $\boldsymbol{F}$ 与矩心 O 决定的平面称为**力矩平面**；乘积 Fh 称为**力矩大小**，而正负号表示在力矩平面内力使物体绕过矩心且垂直于力矩平面的轴的转向，通常约定逆时针转向的力矩为正值，顺时针转向的力矩为负值。因此，**在平面力系问题中，力对点之矩是一个代数量**。力矩的常用单位是 N · m 或 kN · m。

由图2.8可知，力 $\boldsymbol{F}$ 对 O 点之矩的大小还可用以力 $\boldsymbol{F}$ 为底边，矩心 O 为顶点所构成的三角形面积的2倍来表示，即

$$M_O(\boldsymbol{F}) = \pm 2\triangle OAB\ \text{面积}$$

力矩是力使物体绕某点转动效应的度量。因此，根据分析和计算的需要，物体上任意点都可以取为矩心，甚至还可以选取研究对象以外的点为矩心。

由上所述，可得如下结论：

①当力 $\boldsymbol{F}$ 的作用线通过矩心 O（即力臂 $h=0$）时，此力对于该矩心的力矩等于零。

②力 $\boldsymbol{F}$ 可以沿其作用线任意滑动，都不会改变该力对指定点的力矩。

③同一力对不同点的力矩一般不相同。因此，必须指明矩心，力对点之矩才有意义。

2.5　力偶及其性质

2.5.1　力偶及力偶矩

等值、反向、不共线的一对平行力构成的力系称为力偶，如图2.9所示，记作$(\boldsymbol{F},\boldsymbol{F}')$。力偶中两力作用线所决定的平面称为**力偶作用面**，简称**力偶平面**，两力作用线间的垂直距离 h 称为**力偶臂**。在生活实际中，力偶的例子是屡见不鲜的。例如，用两个手指旋转水龙头、钢笔套，

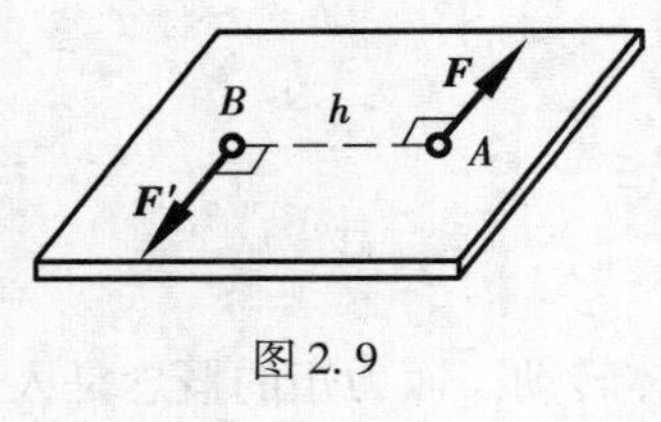

图 2.9

用双手转动汽车方向盘以及转动丝锥等。

力偶对物体的运动效应是只能使物体绕垂直于力偶作用平面的轴产生转动，而不引起移动，故称为**力偶的转动效应**。实践表明，在平面中，力偶对物体的转动效应取决于力偶中任何一个力 $\boldsymbol{F}$（或 $\boldsymbol{F}'$）的大小和力偶臂 h 的乘积 Fh（或 $F'h$）及力偶在其作用平面内的转向，记为

$$M = \pm Fh = \pm F'h \tag{2.6}$$

式中，M 称为力偶矩，正负号表示力偶在其作用平面内使物体转动的转向，一般约定逆时针转向取正。

2.5.2 力偶的性质

力偶虽然是由等值、反向、不共线的两个平行力所组成，但它与单独的一个力比较，不仅数量上不同，而且产生了性质上的变化，现概括如下：

性质 1 力偶不能与一个力等效，即力偶没有合力，因此，力偶也不能与一个力相平衡，力偶只能与力偶平衡。力偶中的二力在任一轴上投影的代数和为零，但力偶不是平衡力系，力偶是最简单的力系。

一个力对物体的运动效应既有移动效应，同时还有转动效应，但力偶对物体的运动效应只有转动效应。因此，力偶不能与一个力等效，即力偶中的两个力不可能合成为一个合力，力偶也就不能与一个力平衡，力偶只能与力偶等效，也就只能与力偶平衡。既然力偶不能合成为一个合力，其本身又不平衡，因此，力偶是一个最简单的特殊力系。力偶和力都是最基本的力学量。

性质 2 力偶中的两力对力偶平面内任意点之矩之和恒等于力偶矩，而与矩心位置无关。

请读者自己证明。

性质 3 只要保持力偶矩不变，力偶可在其作用面内任意移动和转动，也可以同时改变组成力偶的力的大小和力偶臂的长度，都不会改变原力偶对物体的运动效应。

如用两手转动方向盘时，两手的相对位置可以作用于方向盘的任何地方，只要两手作用于方向盘上的力组成的力偶之矩不变，则它们使方向盘转动的效应就是完全相同的。

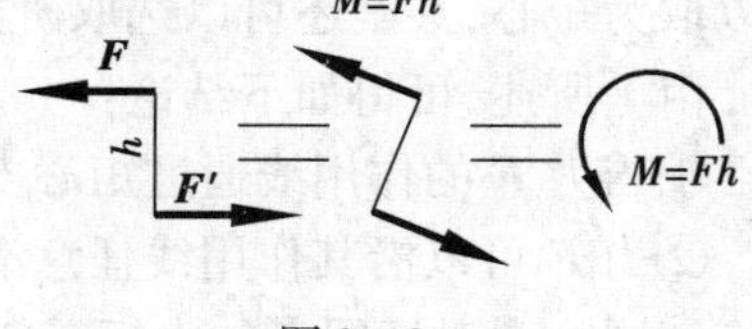

图 2.10

由此可知，力偶中的力、力偶臂和力偶在其作用面内的位置都不是力偶的特征量，只有力偶矩才是**力偶对物体运动效应的唯一度量**。因此，常用一段带箭头的平面弧线表示力偶，其中弧线所在平面代表力偶作用面，箭头表示力偶在其作用面内的转向，M 表示力偶矩大小，如图 2.10 所示。

2.6　平面一般力系的简化

2.6.1　力的平移

设有一力 $\boldsymbol{F}$ 作用于物体的 A 点(见图2.11(a)),现欲将其平移到该物体上任选的 B 点,而不改变其对该物体的运动效应。

为此,根据加减平衡力系原理,在点 B 加上两个等值、反向的力 $\boldsymbol{F}'$ 和 $\boldsymbol{F}''$,且 $\boldsymbol{F}'=-\boldsymbol{F}''=\boldsymbol{F}$,如图2.11(b)所示。显然,3个力 $\boldsymbol{F}$,$\boldsymbol{F}'$,$\boldsymbol{F}''$ 组成的新力系与原来的一个力 $\boldsymbol{F}$ 对该物体的运动效应相同。容易看出,力 $\boldsymbol{F}$ 和 $\boldsymbol{F}''$ 组成了一个力偶,因此,可以认为作用于点 A 的力 $\boldsymbol{F}$ 平行移动到另一点 B 后成为 $\boldsymbol{F}'$,$\boldsymbol{F}'=\boldsymbol{F}$,但同时又附加了一个力偶(见图2.11(c)),附加力偶的矩为

$$M=Fd=M_B(\boldsymbol{F})$$

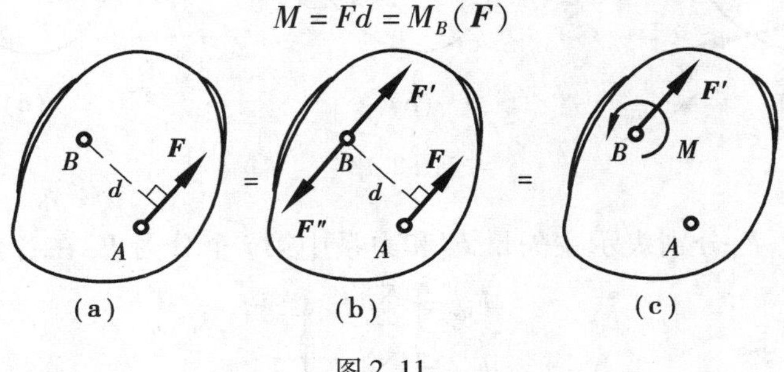

图2.11

即**作用在物体上某点 A 的力可以平移到该物体上任一点 B(称平移点),但必须在该力与该平移点所决定的平面内附加一力偶,且此附加力偶的力偶矩等于原力对平移点的力矩,才不会改变原力对该物体的运动效应**,故称为**力的平移定理**。

力的平移定理不仅是力系向一点简化的理论依据,而且可以直接用来分析工程实际中某些力学问题。例如,攻丝时,必须用两手握丝锥手柄,而且用力要相等。为什么不允许用一只手扳动丝锥呢(见图2.12(a))?因为作用在丝锥手柄 AB 一端的力 $\boldsymbol{F}$,与作用在点 C 的一个力 $\boldsymbol{F}'=\boldsymbol{F}$ 和一个力偶矩为 $M=M_C(\boldsymbol{F})$ 的力偶(见图2.12(b))对丝锥的运动效应相同。这个力偶使丝锥转动,而这个力 $\boldsymbol{F}'$ 却往往使攻丝不正,甚至折断丝锥。

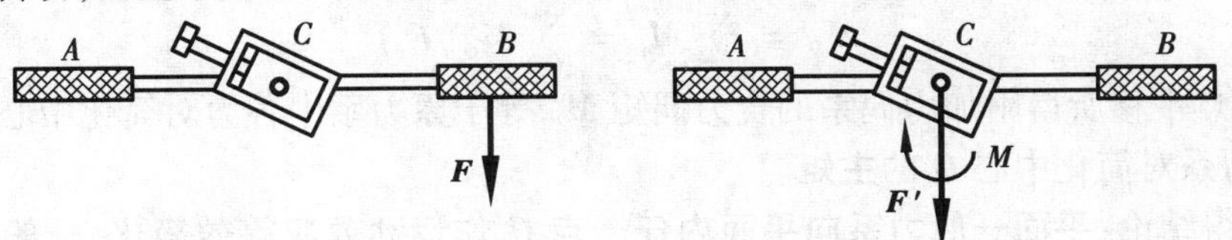

图2.12

2.6.2　平面一般力系向任一点简化

设某物体上作用一平面一般力系,如图2.13(a)所示。在力系平面内任选一点 O 为**简化中心**,根据力的平移定理,将各力平移至 O 点,并附加一个作用于该力系平面内的力偶。这样

可得到一个汇交于 O 点的平面汇交力系 $\boldsymbol{F}_1',\boldsymbol{F}_2',\cdots,\boldsymbol{F}_n'$,以及力偶矩分别为 $M_1,M_2,\cdots,M_n$ 的平面力偶系,如图 2.13(b)所示。其中

$$\boldsymbol{F}_1'=\boldsymbol{F}_1,\boldsymbol{F}_2'=\boldsymbol{F}_2,\cdots,\boldsymbol{F}_n'=\boldsymbol{F}_n,$$
$$M_1=M_O(\boldsymbol{F}_1),M_2=M_O(\boldsymbol{F}_2),\cdots,M_n=M_O(\boldsymbol{F}_n)$$

根据力的平行四边形法则,汇交于 O 点的平面汇交力系可合成为作用线通过 O 点的一个力 $\boldsymbol{F}_R'$,其力矢等于原力系中各力的矢量和,称为原力系的**主矢量**,即

$$\boldsymbol{F}_R'=\sum \boldsymbol{F}_i'=\sum \boldsymbol{F}_i \tag{2.7}$$

如果过简化中心建立直角坐标系 xOy(见图 2.13),则力系的主矢量可用解析法计算。

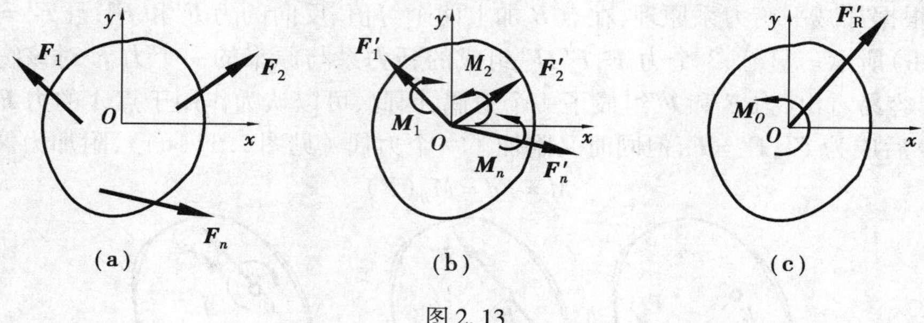

图 2.13

设 F_{Rx}',F_{Ry}' 和 F_{ix},F_{iy} 分别表示主矢量 $\boldsymbol{F}_R'$ 和力系中第 i 个分力 $\boldsymbol{F}_i$ 在各坐标轴上的投影,则

$$\left.\begin{aligned}F_{Rx}'&=\sum F_{ix}\\F_{Ry}'&=\sum F_{iy}\end{aligned}\right\} \tag{2.8}$$

即力系的主矢量在某轴上的投影等于原力系中各个分力在同一轴上投影的代数和。

由此可得主矢量的大小和方向为

$$\left.\begin{aligned}F_R'&=\sqrt{F_{Rx}'^2+F_{Ry}'^2}\\\tan\theta&=\left|\frac{F_{Ry}'}{F_{Rx}'}\right|(\theta\text{ 为 }\boldsymbol{F}_R'\text{ 与 }x\text{ 轴所夹锐角})\end{aligned}\right\} \tag{2.9}$$

$\boldsymbol{F}_R'$ 的具体指向由其投影的正负直接判断。

根据力偶的性质,平面力偶系可合成为一合力偶,其合力偶矩等于各分力偶的力偶矩的代数和,故

$$M_O=\sum M_i=\sum M_O(\boldsymbol{F}_i) \tag{2.10}$$

即力系向 O 点平移所得附加力偶系的合力偶矩 M_O 等于原力系中各力对简化中心力矩的代数和,称为原力系对简化中心 O 的**主矩**。

由此可得结论:**平面一般力系向平面内任一点 O 作运动效应等效简化,一般可得一个力和一个力偶,此力作用线通过简化中心,其大小和方向决定于力系的主矢量 $\boldsymbol{F}_R'$,此力偶的力偶矩决定于力系对简化中心的主矩** M_O(见图 2.13(c))。不难看出,力系的主矢量的大小和方向与简化中心位置无关,主矩一般与简化中心的位置有关,故分析主矩时一定要指明矩心。

2.6.3 平面一般力系合力之矩

若 $\boldsymbol{F}_R'\neq0,M_O\neq0$(见图 2.14(a))。此时,力 $\boldsymbol{F}_R'$ 和主矩 M_O 对应的力偶($\boldsymbol{F}_R'',\boldsymbol{F}_R$)在同一平

面内（见图 2.14(b)），若取 $\boldsymbol{F}_R = -\boldsymbol{F}''_R = \boldsymbol{F}'_R$，则可将 $\boldsymbol{F}'_R$ 与力偶（$\boldsymbol{F}''_R,\boldsymbol{F}_R$）进一步简化为一作用线通过 O' 点的一个合力 $\boldsymbol{F}_R$（见图 2.14(c)）。**合力的力矢等于原力系的主矢量，即 $\boldsymbol{F}_R = \boldsymbol{F}'_R = \sum \boldsymbol{F}_i$。结合式(2.8)有：力系的合力在某轴上的投影等于原力系中各个分力在同一轴上投影的代数和，故称为合力投影定理。**

简化中心 O 到合力 $\boldsymbol{F}_R$ 作用线的距离为

$$d = |M_O| / F'_R \tag{2.11}$$

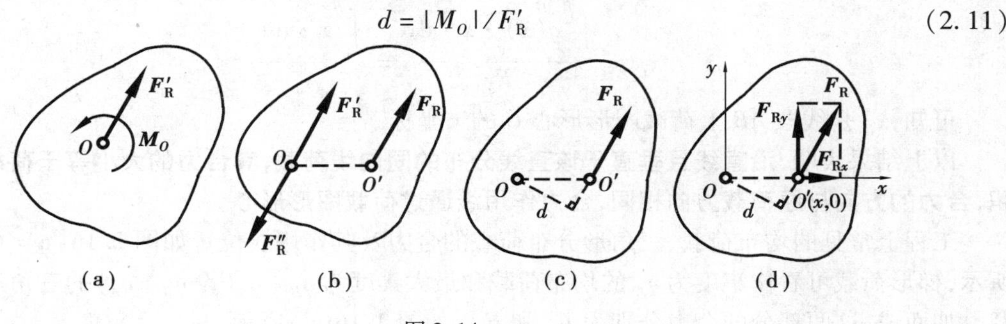

图 2.14

合力 $\boldsymbol{F}_R$ 的作用线位置也可由合力作用线与 x 轴或 y 轴的交点坐标 x 或 y 表示（见图 2.14(d)），即

$$x = \frac{M_O}{F'_{Ry}} \text{或}\ y = -\frac{M_O}{F'_{Rx}} \tag{2.12}$$

由图 2.14(b)可知，力偶（$\boldsymbol{F}''_R,\boldsymbol{F}_R$）的矩 M_O 等于合力 $\boldsymbol{F}_R$ 对 O 点的矩，即

$$M_O = M_O(\boldsymbol{F}_R)$$

与式(2.10)比较，有

$$M_O(\boldsymbol{F}_R) = \sum M_O(\boldsymbol{F}_i) \tag{2.13}$$

即平面一般力系的合力对平面内任一点的矩等于各分力对同一点的矩的代数和，故称为合力之矩定理。

2.7　沿直线分布的同向线荷载的合力

在狭长面积或体积上平行分布的荷载，都可简化为线荷载。在工程中，结构通常受到各种形式的线荷载作用。平面结构所受的线荷载，常见的是沿某一直线并垂直于该直线连续分布的同向平行力系，如图 2.15 所示。为求其合力 $\boldsymbol{F}_q$，选取图示坐标系 xAy，沿横坐标为 x 处的线荷载集度为 $q(x)$，在微段 dx 上的线荷载集度可视为不变，则作用在微段 dx 上分布力系合力的大小为

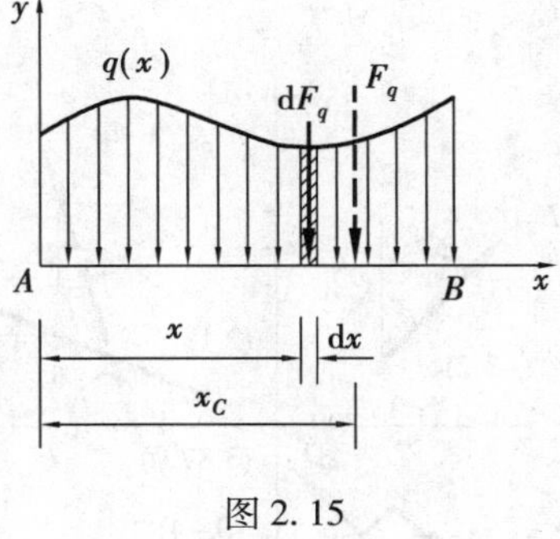

图 2.15

$$dF_q = q(x)\,dx = dx\ \text{段上荷载图形的面积}\ dA_q$$

整个线荷载的合力大小为

$$F_q = \int_A^B dF_q = \int_A^B q(x)\,dx = AB\ \text{段上荷载图形的面积}\ A_q$$

设合力 $\boldsymbol{F}_q$ 作用线与 x 轴交点坐标为 x_C,应用合力矩定理

$$M_A(\boldsymbol{F}_q) = \sum M_A(\mathrm{d}\boldsymbol{F}_q)$$

则有

$$-F_q \cdot x_C = -\int_A^B (\mathrm{d}F_q \cdot x) = -\int_A^B (q(x) \cdot x \cdot \mathrm{d}x)$$

$$x_C = \frac{\int_A^B q(x) \cdot x \cdot \mathrm{d}x}{F_q} = \frac{\int_A^B x \cdot \mathrm{d}A_q}{A_q}$$

可知,x_C 是线段 AB 上荷载图形形心 C 的 x 坐标。

以上结果表明,**沿直线且垂直于该直线分布的同向线荷载,其合力的大小等于荷载图形面积,合力的方向与原荷载方向相同,合力作用线通过荷载图形形心**。

工程上常见的均布荷载,三角形分布荷载的合力及其作用线位置如图 2.16(a)、(b)、(c)所示,梯形荷载可看作集度为 q_A 的均布荷载和最大集度为 $q_B - q_A$(设 $q_B > q_A$)的三角形分布荷载叠加而成,这两部分的合力分别为 $\boldsymbol{F}_{q1}$ 和 $\boldsymbol{F}_{q2}$,如图 2.16(d)所示。

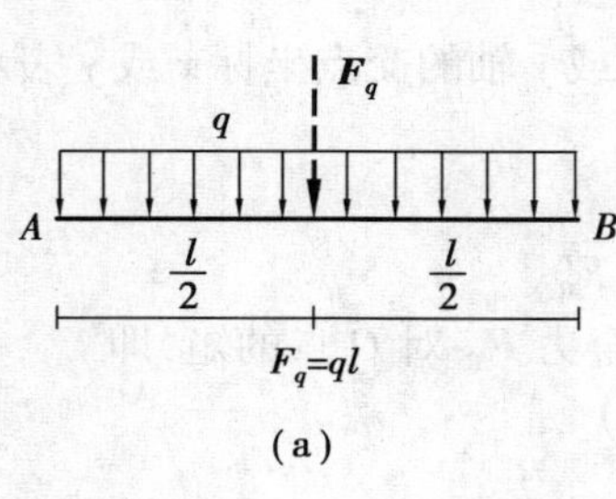

(a)

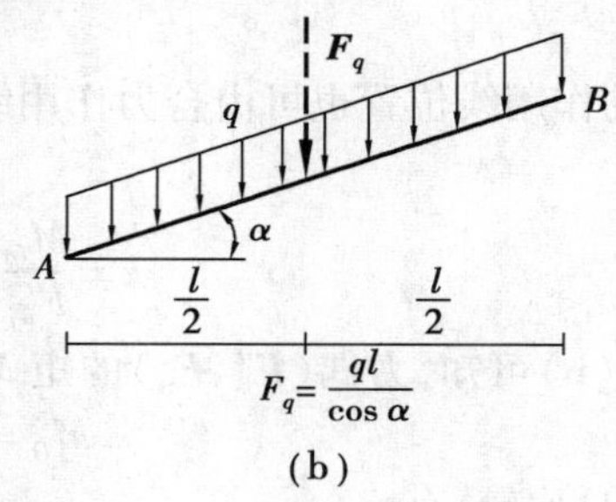

(b)

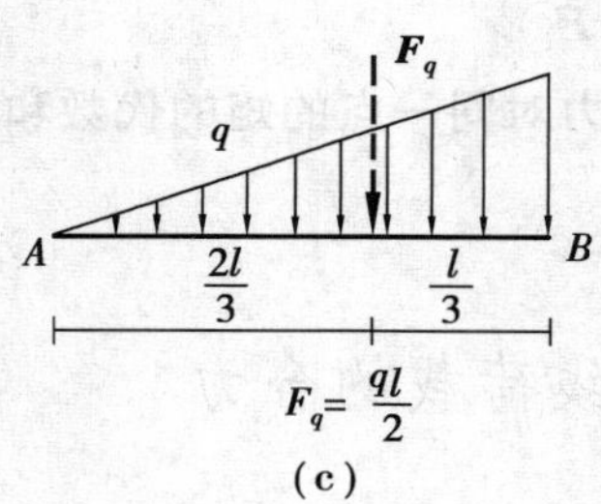

(c)

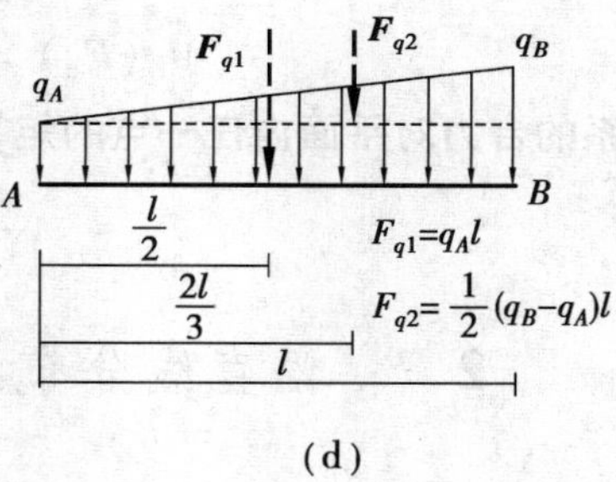

(d)

图 2.16

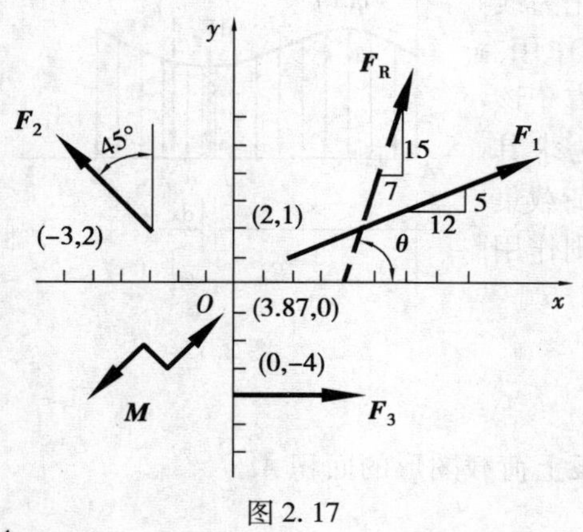

图 2.17

例 2.1 如图 2.17 所示平面一般力系。已知:$F_1 = 130$ N, $F_2 = 100\sqrt{2}$ N, $F_3 = 50$ N, $M = 500$ N·m,图中尺寸单位为 m,各力作用线位置如图。试求该力系合成的结果。

解 1)以 O 点为简化中心,建立图示直角坐标系 xOy。

2)计算主矢量 $\boldsymbol{F}'_R$

$$F'_{Rx} = \sum F_{ix} = F_1 \cdot \frac{12}{13} - F_2 \sin 45° + F_3 = 70 \text{ N}$$

$$F'_{Ry} = \sum F_{iy} = F_1 \cdot \frac{5}{13} + F_2 \cos 45^\circ = 150\ \text{N}$$

$$\left.\begin{aligned} F'_R &= \sqrt{F'^2_{Rx} + F'^2_{Ry}} = 165.3\ \text{N} \\ \tan\theta &= \left|\frac{F'_{Ry}}{F'_{Rx}}\right| = \frac{15}{7} \end{aligned}\right\}$$

3）计算主矩 M_O

$$\begin{aligned} M_O &= \sum M_O(\boldsymbol{F}) \\ &= -F_1 \cdot \frac{12}{13} \times 1 + F_1 \cdot \frac{5}{13} \times 2 + F_2 \sin 45^\circ \times 2 - F_2 \cos 45^\circ \times 3 + F_3 \times 4 + M \\ &= 580\ \text{N} \cdot \text{m} \end{aligned}$$

4）求合力 $\boldsymbol{F}_R$ 的作用线位置

由于主矢量、主矩都不为零，因此，这个力系简化的最后结果为一合力 $\boldsymbol{F}_R$。$\boldsymbol{F}_R$ 的大小和方向与主矢量 $\boldsymbol{F}'_R$ 相同，而合力 $\boldsymbol{F}_R$ 与 x 轴的交点坐标为 $x = M_O / F'_{Ry} = 3.87$ m。合力 $\boldsymbol{F}_R$ 的作用线如图 2.17 所示。

2.8　约束和约束反力

在空间自由运动的物体称为**自由体**。例如，航行的飞机、正在掉落的苹果等。如果物体的运动受到一定的限制，使其在某些方向的运动成为不可能，则这种物体称为**非自由体或受约束体**。例如，用绳索悬挂的重物，搁置在墙上的梁，沿轨道行驶的火车，等等。

对非自由体的运动所预加的限制条件称为**约束**。如上述绳索是重物的约束，墙是梁的约束，轨道是火车的约束。绳索、墙和轨道分别限制了各相应物体在它们所能限制的方向上的运动。

既然约束限制着被约束物体的运动，那么当被约束物体沿着约束所限制的方向有运动趋势时，约束对该被约束物体必然有力作用，以阻碍该被约束物体的运动，这种力称为**约束反力**或**约束力**。约束反力的方向总是与约束所能阻止的被约束物体的运动趋势方向相反，它的作用点就是约束与被约束物体的接触点，而约束反力的大小是未知的。

与约束反力相对应，凡能主动引起物体运动或使物体有运动趋势的，称为**主动力**。例如，重力、土压力、水压力等。作用在结构物体上的主动力称为**荷载**。通常主动力是已知的，约束反力是未知的。约束反力由主动力引起且随主动力的改变而改变。另外，约束的类型不同，约束反力的作用方式也不相同。

工程中的约束的构成方式是多种多样的，为了确定约束反力的作用方式，必须对约束的构成及性质进行具体分析，并结合具体工程，进行抽象简化，得到合理、准确的约束模型。下面介绍在工程中常见的几种约束类型及其约束反力。

2.8.1　光滑圆柱形铰链约束与铰结点

两物体分别被钻上直径相同的圆孔并用销钉连接起来，不计销钉与销钉孔壁间的摩擦，这类约束称为**光滑圆柱形铰链约束**，简称**铰链约束**（见图 2.18(a)）。连接两根或两根以上杆件的铰链约束又称为铰结点。铰链约束是连接两个物体或构件的常见约束方式。圆柱形铰链约束只适用于平面机构或结构,它可用如图 2.18(b)所示的计算简图表示。铰链约束的特点是只能限制被连接的两物体在垂直于销钉轴线平面内任意方向的相对移动,但不能限制被连接的两物体绕销钉轴线的相对转动和沿销钉轴线的相对滑动。因此,铰链的约束反力作用在销钉与圆孔的接触点,位于与销钉轴线垂直的平面内,并通过销钉轴线。但是由于销钉与圆孔接触点的位置随物体所受荷载的不同而异,因此,约束反力作用线方位无法预先确定(见图 2.18(c)中 $\boldsymbol{F}_A$)。在工程中,常用通过铰链中心的相互垂直的两个分力 $\boldsymbol{F}_{Ax}$,$\boldsymbol{F}_{Ay}$ 表示(见图 2.18(d))。

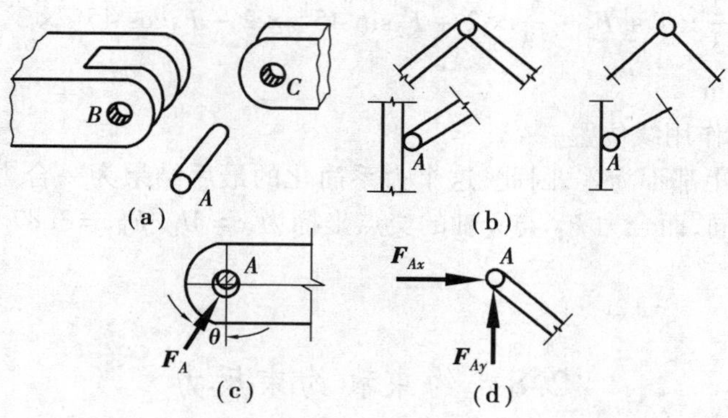

图 2.18

2.8.2 链杆约束

两端用铰链与不同的物体连接且中间不再受力(忽略自重影响)的直杆称为**链杆**(见图 2.19(a)中杆 AB)。这种约束只能限制物体上的铰结点沿链杆轴线方向的运动,而不能限制其他方向的运动。因此,链杆的约束反力沿着链杆中心线,根据实际情况既可表现为拉力,也可表现为压力,常用符号 $\boldsymbol{F}$ 表示。图 2.19(b)、(c)、(d)分别为链杆的计算简图及其约束反力的表示方法。

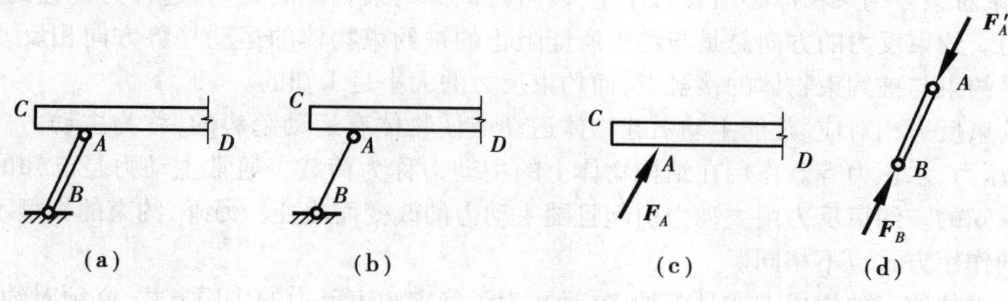

图 2.19

2.8.3 固定铰支座

将结构或构件连接在墙、柱、机座等支承物上的装置称为**支座**。将结构或构件用光滑圆柱形铰链与支承底板固定在支承物上而构成的支座,称为**固定铰支座**。如图 2.20(a)、(b)所示为其构造示意图,图 2.20(d)为其计算简图。通常,为避免在构件上钻孔而削弱构件的承载能力，可在构件上固结另一用以钻孔的物体并称为上摇座，而将底板称为下摇座（见图2.20(c)）。

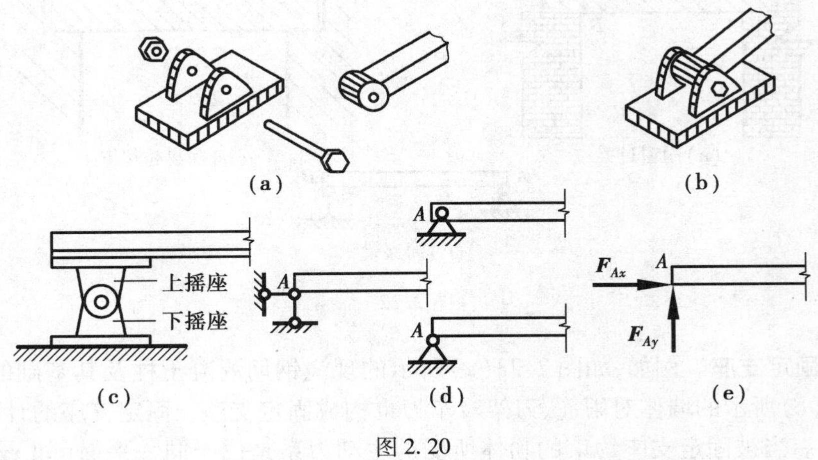

图2.20

固定铰支座就其构造和约束性质来说，与圆柱铰链约束相同。因此，固定铰支座的约束反力与圆柱铰链约束反力形式也相同，通常用两个相互垂直的分力 $\boldsymbol{F}_{Ax}$，$\boldsymbol{F}_{Ay}$ 表示（见图2.20(e)）。

2.8.4　可动铰支座

在固定铰支座的底座与支承物体表面之间安装几个可沿支承面滚动的辊轴，就构成**可动铰支座**，又称**辊轴支座**（见图2.21(a)），其计算简图如图2.21(b)、(c)所示。这种支座的约束特点是只能限制物体上与销钉连接处垂直于支承面方向的运动，而不能限制物体绕铰链轴转动和沿支承面运动。因此，可动铰支座的约束反力通过铰链中心并垂直于支承面，常用符号 $\boldsymbol{F}_A$ 表示（见图2.21(d)）。

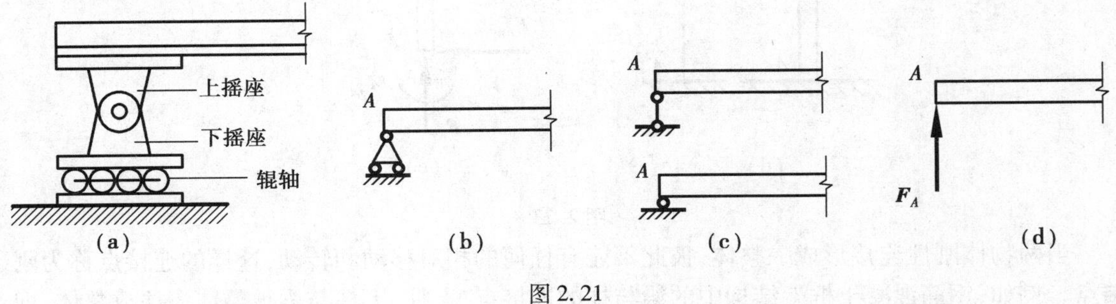

图2.21

当研究对象与支承物间用一个固定铰支座和一个可动铰支座相连，这种约束称为简支。如图2.22(a)、(b)所示的门窗过梁和简易桥梁都可以简化为如图2.22(c)所示的简支梁。

2.8.5　固定端约束与刚结点

固定端或**插入端**是常见的一种约束形式，这类约束的特点是连接处有很大的刚性，不允许连接处发生任何相对移动和转动，即约束与被约束物体彼此固结为一整体，又称为**固定端支**

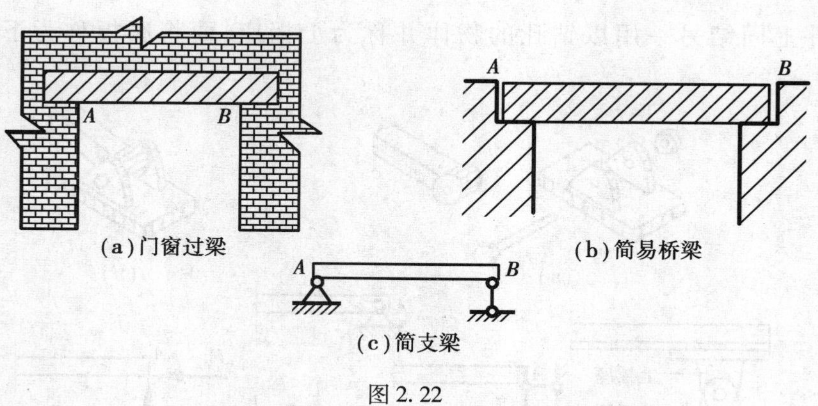

图 2.22

座,或简称为**固定支座**。例如,如图 2.23(a)所示的现浇钢筋混凝土柱及其基础的连接端,如图 2.23(b)、(c)所示的墙体对雨篷、刀架对车刀也构成固定支座。固定支座的计算简图如图 2.23(d)所示。当被固定支座约束的物体所受的主动力系是位于同一平面(如 xy 平面)的平面力系时,固定支座对被约束物体的反力系也是位于该平面内的平面力系,向支座中心 A 点简化时,通常用 3 个分量 $\boldsymbol{F}_{Ax}$,$\boldsymbol{F}_{Ay}$,M_A 来表示(见图 2.23(e))。

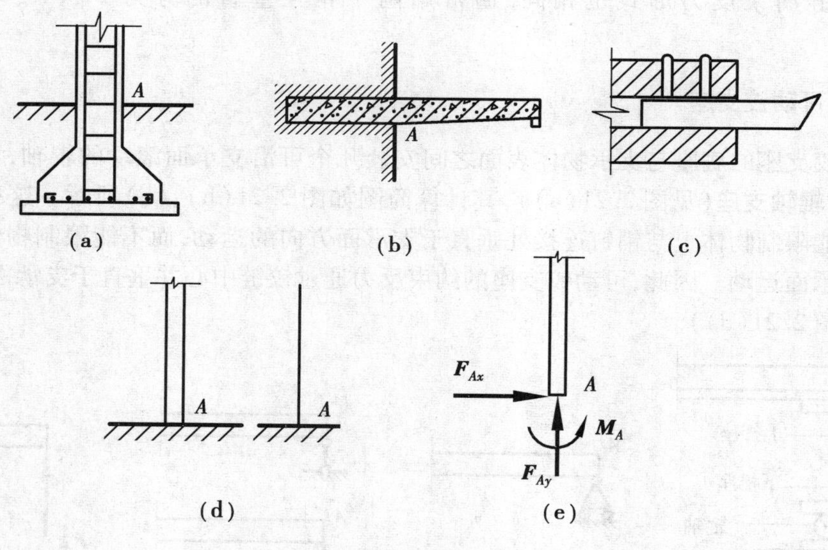

图 2.23

当两物体刚性连接形成一整体,彼此不能有任何的相对移动和转动,这样的连接点称为**刚结点**。例如,钢筋混凝土框架结构中的梁与柱的连接点,上柱、下柱与梁被整体浇注成整体,即可视为刚结点。刚结点的约束性质和约束反力的构成情况与固定支座完全一致。

2.8.6 柔索约束

由柔软而不计自重的绳索、胶带、链条等所构成的约束,统称为**柔索约束**。由于柔索约束只能限制被约束物体沿柔索中心线伸长方向的运动,因此,柔索约束的约束反力必定过连系点,沿着柔索约束的中心线且背离被约束物体,表现为**拉力**,用符号 $\boldsymbol{F}_{\mathrm{T}}$ 表示。柔索约束是工程中常见的约束。

*2.8.7　球铰链

将固结于物体一端的球体置于球窝形的支座内,就形成了**球铰链支座**,简称**球铰链**(见图 2.24(a))。这种约束的特点是只限制球体中心沿任何方向的移动,不限制物体绕球心的转动。若忽略摩擦,球铰链的约束反力必通过球心,方向待定,通常用相互垂直的 3 个分力 $\boldsymbol{F}_{Ax}$,$\boldsymbol{F}_{Ay}$,$\boldsymbol{F}_{Az}$表示。其计算简图及反力如图 2.24(b)、(c)所示。

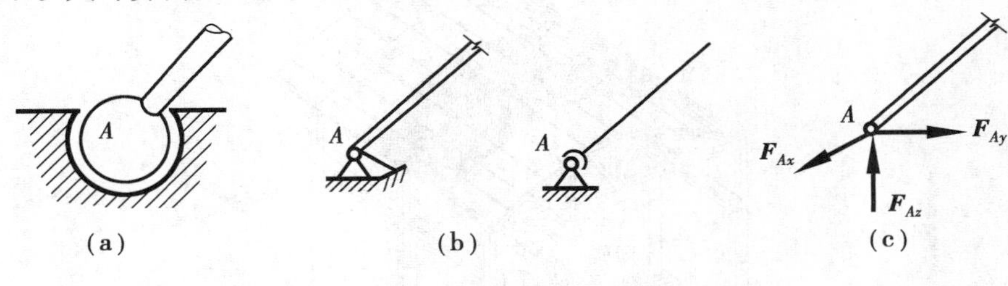

图 2.24

球形铰链约束常用于空间桁架的各根桁杆的连接。例如,如图 2.25 所示的网架结构中,各根桁杆均由球形铰链连接,而整个网架结构由球形铰支座与结构的梁、柱等其他构件连接。

图 2.25

2.9　杆件结构的计算简图

由于实际工程结构的复杂性,完全按照结构的实际情况进行力学分析既不可能,也无必要。因此,在进行结构分析之前,通常根据计算内容和精度的需要对实际结构加以简化,以能反映结构主要受力及变形特点的理想简化模型——**计算简图**替代实际结构进行分析。常见的简化内容包括对杆件、荷载以及约束的简化等。

荷载和约束的简化已在前面介绍。在杆件结构中,当杆件的长度大于其截面宽度和高度的 5 倍以上时,通常可用杆件轴线的受力变形特点来表示杆件横截面上其他位置处的相应特征,因此,在计算简图中,不论是直杆或曲杆均可用其轴线表示。

实际结构往往为空间结构,受力也是空间的。但在多数情况下,常可忽略一些次要的因素而将空间结构简化为平面结构。本书的研究重点即为由杆件构成的平面结构的受力和变形特点。

例 2.2　如图 2.26(a)所示为一工业厂房结构示意图,试讨论其计算简图的确定。

解　1)结构体系的简化与荷载的确定。

从整体上看该厂房是一个空间结构,但从其荷载传递情况来看,屋面荷载和吊车轮压等主要通过屋面板和吊车梁等构件传递到一个个的横向排架上,故在选择计算简图时,可以略去排架之间纵向联系的作用,而把这样的空间结构简化为一系列的平面排架来分析,如图 2.26(b)所示。

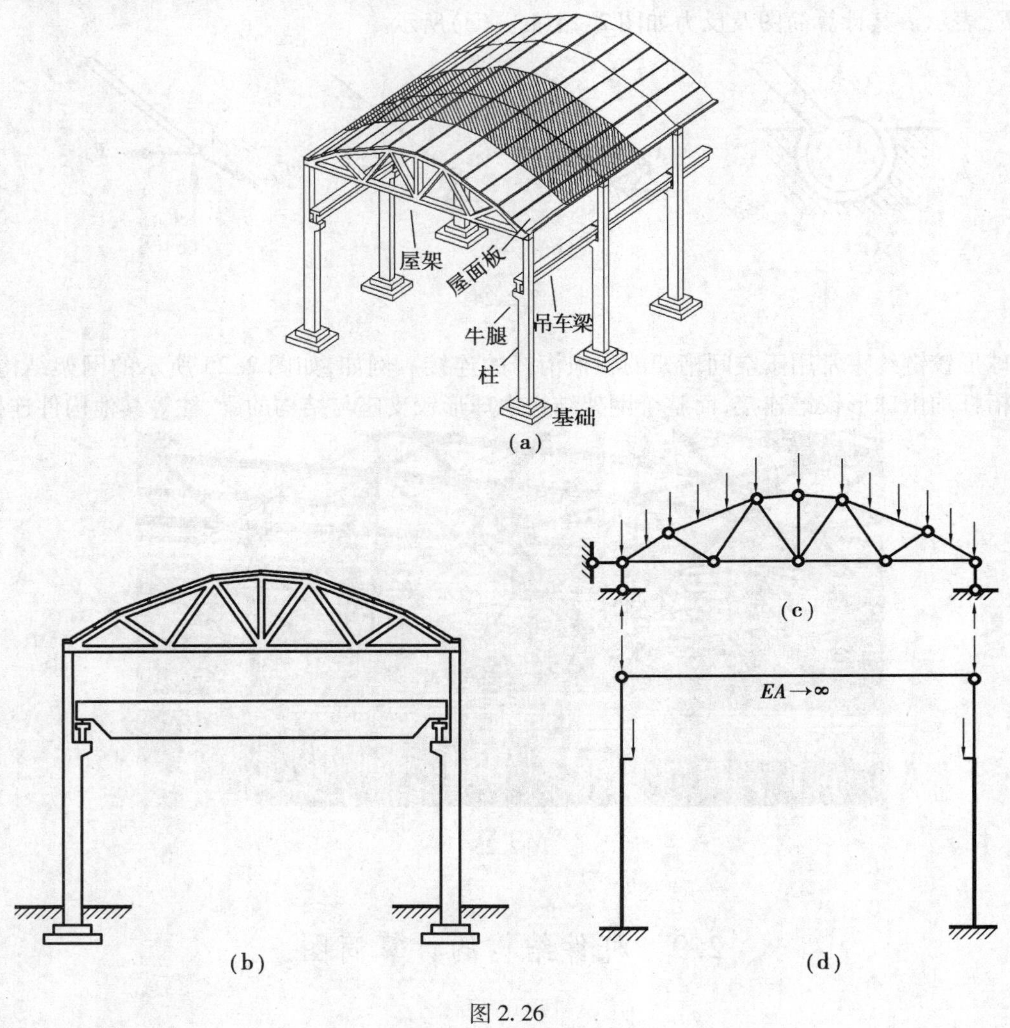

图 2.26

2)屋架的计算简图。

屋架承受屋面板传来的竖向荷载的作用,荷载大小按柱间距中线之间的阴影部分面积计算(见图 2.26(a)),并通过檩条传递给屋架。屋架的计算简图如图 2.26(c)所示。在此作了以下简化:

①屋架构件可视为杆件,故用其轴线表示。

②考虑到屋架杆件通常为钢木结构,结点为铆接或焊接,故可简化为铰结点。

③屋架的两端通常采用预埋件与柱顶焊结,允许发生微小转动,故可简化为一端固定铰支座,另一端为活动铰支座。

3)排架的计算简图。

竖向荷载作用下,排架的计算简图如图2.26(d)所示,其中,排架柱除承受屋架传来的压力外,还承受牛腿上吊车梁传来的吊车荷载的作用。所作的简化如下:

①将柱视为杆件,用其轴线表示。由于上下两段柱的截面大小不同,因此,应分别用一条通过各自截面形心的连线来表示。

②屋架以一链杆代替。由于屋架的矢高较大,在竖向荷载下的变形很小,故可认为两柱顶之间的距离在受荷载前后没有变化,即可用一根在荷载作用下轴向没有变形的杆件代替该屋架。

③柱插入基础后,用细石混凝土填实,不允许发生任何移动和转动,故柱基础可视为固定支座。

注意:计算简图的选取并不是一成不变的,应根据不同的分析计算要求、荷载和结构的具体形式,选取适当的计算简图。对次要结构可采用较简单的计算简图,对重要的结构则应采用较精确的计算简图;在初步设计阶段可选择较粗糙的计算简图,在施工图设计阶段则选择较精确的计算简图。手算可较简单,电算则可选取较复杂的计算简图。总之,结构计算简图的合理选择是一个重要而复杂的问题,需经过本书后续各章的学习以及今后的工作实践,逐渐理解和准确把握。

2.10　结构的受力分析和受力图

工程结构大都是非自由体,它们同周围物体相互连接。为了分析周围物体对所研究结构(即研究对象)的作用,往往需解除研究对象所受到的全部约束,将研究对象从周围物体中分离出来,单独画出其计算简图,称为取**隔离体**。将周围各其他物体对研究对象的全部作用用力矢表示在该隔离体图上,并弄清楚哪些作用是已知的,哪些是未知的,这样的图形称为该研究对象的**受力图**。这个分析过程称为结构的**受力分析**。

对结构进行受力分析并画出受力图,是解决力学问题的第一步,也是关键的一步。画受力图的方法如下:

①确定研究对象,取隔离体。根据题意,确定研究对象,并画出其隔离体的简图,研究对象可以是一根构件、几根构件的组合或结构系统整体。

②真实地画出作用于隔离体上的全部主动力(荷载)和已知力,不要运用力系的等效变换改变力的作用位置。

③根据约束类型,画出相对应的约束反力。约束反力(除柔索和光滑接触面约束外)指向一般自行假定。

④受力图要表示清楚每一个力的作用位置、方位、指向及名称,同一力在不同的受力图上的表示要完全一致。

⑤受力图上只画研究对象的简图及所受的全部外力,不画已被解除的约束,不画内力。每画一个力要有来源,不能多画也不能漏画。

下面举例说明如何画研究对象的受力图。

例2.3　如图2.27(a)所示的简支梁AB,自重不计,跨中C处受一集中力$\boldsymbol{F}$作用,A端为固定铰支座约束,B 端为可动铰支座约束。试画出梁 AB 的受力图。

解 1)取梁 AB 为研究对象,解除 A,B 两处的约束,并画出其简图。

2)在梁的 C 处画出主动力 $\boldsymbol{F}$。

3)在受约束的 A,B 处,根据约束类型画出约束反力。B 处为可动铰支座,其反力 $\boldsymbol{F}_B$ 过铰链中心且垂直于支承面,指向假定如图 2.27(b)所示;A 处为固定铰支座,其约束反力可用过铰链中心 A 的相互垂直的分力 $\boldsymbol{F}_{Ax}$,$\boldsymbol{F}_{Ay}$ 表示,受力图如图 2.27(b)所示。

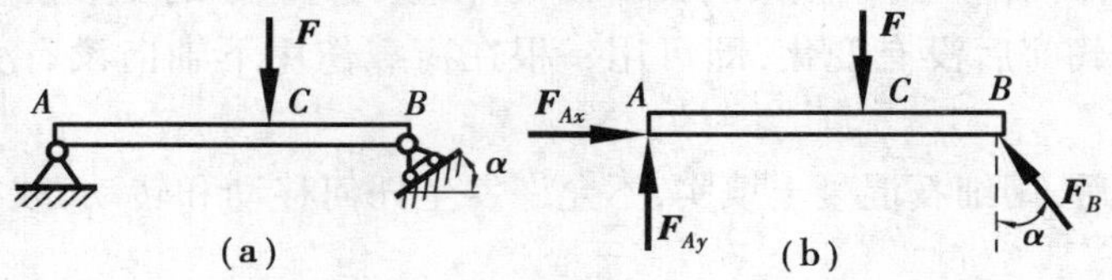

图 2.27

例 2.4 试画出如图 2.28(a)所示简支刚架的受力图(自重不计)。

解 1)以刚架 $ABCD$ 为研究对象,解除 A,B 两处的约束,并画出其简图。

2)画出作用在刚架上的主动力,D 点受水平集中力 F,CD 段受有均布荷载,其集度为 q。

3)在受约束的 A,B 处,根据其约束类型画出约束反力。B 处是可动铰支座,其约束反力 $\boldsymbol{F}_B$ 过铰链中心并垂直于支承面,指向假定如图 2.28(b)所示;A 处为固定铰支座,其约束反力作用线方位无法预先确定,用过铰链中心 A 的两个相互垂直分力 $\boldsymbol{F}_{Ax}$,$\boldsymbol{F}_{Ay}$ 表示,受力图如图 2.28(b)所示。

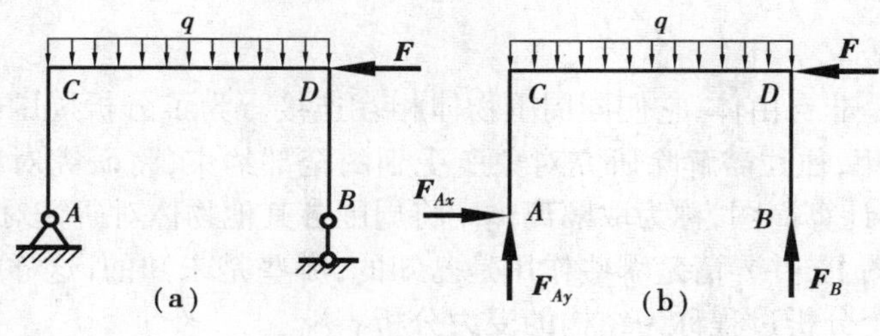

图 2.28

例 2.5 自重不计的三铰刚架及其受力情况如图 2.29(a)所示。试分别画出构件 AC,BC 和整体的受力图。

解 1)取 BC 为研究对象,解除 B,C 两处的约束,单独画出 BC 的简图。由于不计自重,BC 构件仅在 B,C 两点受力作用而平衡,故为二力构件。B,C 两处反力 $\boldsymbol{F}_B$,$\boldsymbol{F}_C$ 的作用线必沿 B,C 两点的连线,且 $\boldsymbol{F}_B=-\boldsymbol{F}_C$。受力图如图 2.29(b)所示。

2)取 AC 构件为研究对象,解除 A,C 两处的约束,单独画出其简图。AC 构件受到主动力 $\boldsymbol{F}_1$ 和 $\boldsymbol{F}_2$(注:由于力 $\boldsymbol{F}_2$ 作用在构件 AC 和 BC 的连接处,为简便,分析时一般将其划归到某一个构件上)作用,C 处受到 BC 构件对它的反力 $\boldsymbol{F}'_C$(由作用与反作用定律有 $\boldsymbol{F}'_C=-\boldsymbol{F}_C$),$A$ 处为固定铰支座,其约束反力作用线方位无法预先确定,用过铰链中心 A 的两个相互垂直分力 $\boldsymbol{F}_{Ax}$,$\boldsymbol{F}_{Ay}$ 表示。其受力图如图 2.29(c)所示。

3)取整体三铰刚架为研究对象,解除 A,B 两处的约束,C 处约束对于 ABC 整体而言是内部约束,毋须解除,画出其简图。画上主动力 $\boldsymbol{F}_1$ 和 $\boldsymbol{F}_2$,约束反力 $\boldsymbol{F}_{Ax}$,$\boldsymbol{F}_{Ay}$ 和 $\boldsymbol{F}_B$。三铰刚架 ABC

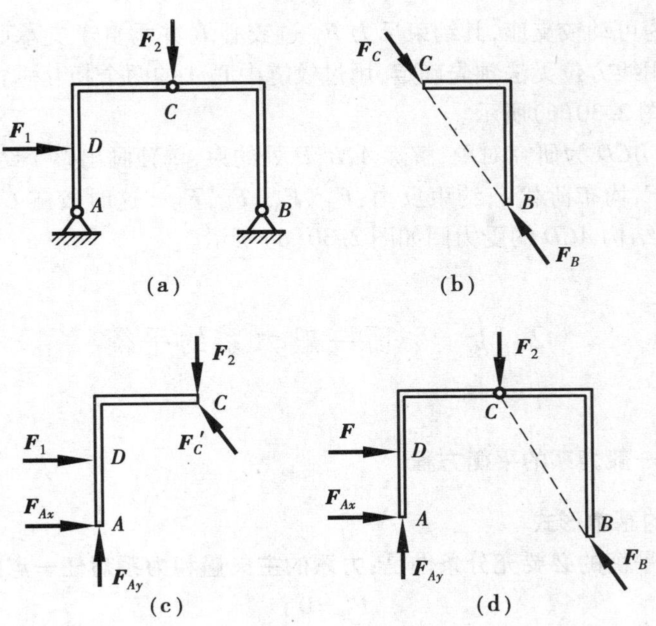

图 2.29

的受力图如图 2.29(d)所示。注意,此图中的 $\boldsymbol{F}_{Ax}$,$\boldsymbol{F}_{Ay}$和 $\boldsymbol{F}_B$ 应与 AC,BC 构件受力图中的 $\boldsymbol{F}_{Ax}$,$\boldsymbol{F}_{Ay}$和 $\boldsymbol{F}_B$ 完全一致。

例 2.6 如图 2.30(a)所示的结构,由刚架 AC 和梁 CD 在 C 处铰接而成,A 端为固定铰支座,B 处和 D 处为可动铰支座。在 G 点受集中力 $\boldsymbol{F}$,在 BE 段受均布荷载作用,荷载集度为 q,不计自重。试分别画出刚架 AC、梁 CD 和整个结构 ACD 的受力图。

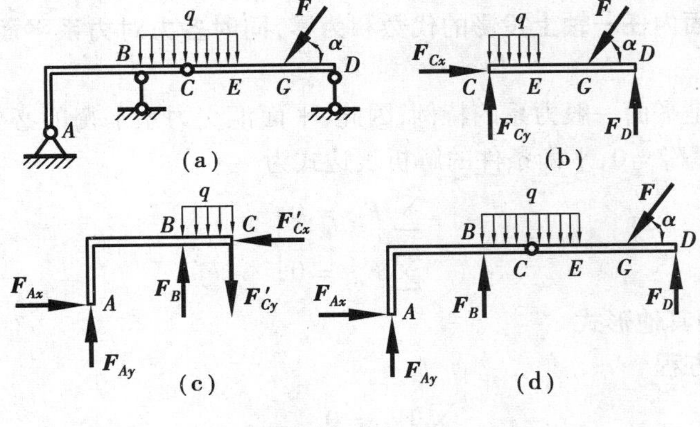

图 2.30

解 1)取梁 CD 为研究对象,解除 C,D 两处的约束,单独画出 CD 的简图。它在 G 点和 CE 段上分别受有集中力 $\boldsymbol{F}$ 和均布荷载作用。可动铰支座 D 的约束反力 $\boldsymbol{F}_D$ 过铰心 D 并垂直于支承面。铰链 C 的约束反力过铰心 C,作用线方位无法预先确定,用过铰链中心 C 的两个相互垂直分力 $\boldsymbol{F}_{Cx}$,$\boldsymbol{F}_{Cy}$表示,受力图如图 2.30(b)所示。

2)取刚架 AC 为研究对象,解除 A,C 两处约束,单独画出 AC 的简图。它在 BC 段上受有均布荷载作用,刚架 AC 在铰链 C 处受有梁 CD 给它的反作用力 $\boldsymbol{F}'_{Cx}$,$\boldsymbol{F}'_{Cy}$,且有 $\boldsymbol{F}'_{Cx} = -\boldsymbol{F}_{Cx}$,

$F'_{Cy}=-F_{Cy}$。B 处为可动铰支座,其约束反力 F_B 过铰心 B 并垂直于支承面。A 处为固定铰支座,其约束反力作用线方位无法预先确定,用过铰链中心 A 的两个相互垂直分力 F_{Ax},F_{Ay} 表示。刚架 AC 受力图如图 2.30(c)所示。

3)取整个结构 ACD 为研究对象,解除 A,B,D 处约束,单独画出整个结构 ACD 的简图。画上主动力:集中力 F,均布荷载 q;约束反力:F_{Ax},F_{Ay},F_B,F_D。这时铰链 C 处的相互作用力为内力,不画出,整个结构 ACD 的受力图如图 2.30(d)所示。

2.11 平面一般力系的平衡

2.11.1 平面一般力系的平衡方程

(1)平衡方程的基本形式

平面一般力系平衡的必要充分条件是:**力系的主矢量和力系对任一点的主矩都等于零**,即

$$\left.\begin{aligned} F'_R &= 0 \\ M_O &= 0 \end{aligned}\right\} \tag{2.14}$$

由式(2.8)和式(2.10),可将上述平衡条件用解析式表达为

$$\left.\begin{aligned} \sum F_{ix} &= 0 \\ \sum F_{iy} &= 0 \\ \sum M_O(F_i) &= 0 \end{aligned}\right\} \tag{2.15}$$

这就是平面一般力系平衡方程的基本形式。它表明,平面一般力系平衡的解析条件为:**力系中各力在力系平面内任一轴上投影的代数和为零,同时各力对力系平面内任一点力矩的代数和也为零。**

平面汇交力系是平面一般力系的特例,因此,平面汇交力系平衡的必要充分条件是:**力系的主矢量等于零**,即 $F'_R=0$,平衡条件的解析表达式为

$$\left.\begin{aligned} \sum F_{ix} &= 0 \\ \sum F_{iy} &= 0 \end{aligned}\right\} \tag{2.16}$$

(2)平衡方程的其他形式

1)二矩式平衡方程

$$\left.\begin{aligned} \sum F_{ix} &= 0 \\ \sum M_A(F_i) &= 0 \\ \sum M_B(F_i) &= 0 \end{aligned}\right\} \tag{2.17}$$

式中,A,B 两矩心所连直线不得与所选投影轴(x 轴)垂直。

在式(2.17)中,若后两式成立,则力系或简化为一作用线通过 A,B 两点的合力,或平衡。又若第一式也成立,则表明力系即使能简化为一合力,此力的作用线只能与 x 轴垂直,但式(2.17)的附加条件(A,B 两矩心所连直线不得与所选投影轴(x 轴)垂直)决定了不可能存在

此种情形，故该力系必为平衡力系。反之，如力系平衡，则其主矢量和对任一点的主矩均为零，故式(2.17)也必然成立。

2)三矩式平衡方程

$$\left.\begin{aligned}\sum M_A(\boldsymbol{F}) = 0\\ \sum M_B(\boldsymbol{F}) = 0\\ \sum M_C(\boldsymbol{F}) = 0\end{aligned}\right\} \tag{2.18}$$

式中，A，B，C 3 点不得共线。

此种平衡方程的正确性，读者可自行证明。

应当指出，平面一般力系的平衡方程虽有上述3种不同的形式，但一个在这种力系作用下处于平衡的物体却最多只能有3个独立的平衡方程式，任何第4个平衡方程式都是力系平衡的必然结果，为前3个独立方程式的线性组合，因而不是独立方程。在实际应用中，应根据具体情况灵活选用一种形式的平衡方程，力求达到一个方程式中只含一个未知量，以使计算简便。

2.11.2　力系平衡方程应用举例

力系的平衡问题，在工程实际中极为常用。求解物体平衡问题的要点：

①选择研究对象，取隔离体，进行受力分析并画受力图。

②根据受力图中力系的分布特点，特别是要分析未知力的分布特点，灵活地选择投影轴、矩心，建立平衡方程。

③求解所列平衡方程，解得题目所须求解的未知量。

例2.7　简易起重装置简图如图2.31(a)所示，被起吊重物 D 质量为 G =6 kN，用钢丝绳挂在支架的滑轮 B 上，钢丝绳的另一端缠绕在铰车 E 上。杆 AB 与 BC 铰接于滑轮轴 B 处，并以铰链 A，C 与墙连接。如两杆、滑轮和钢丝绳的自重不计，并忽略摩擦和滑轮的大小，试求重物匀速上升时杆 AB 和 BC 所受的力。

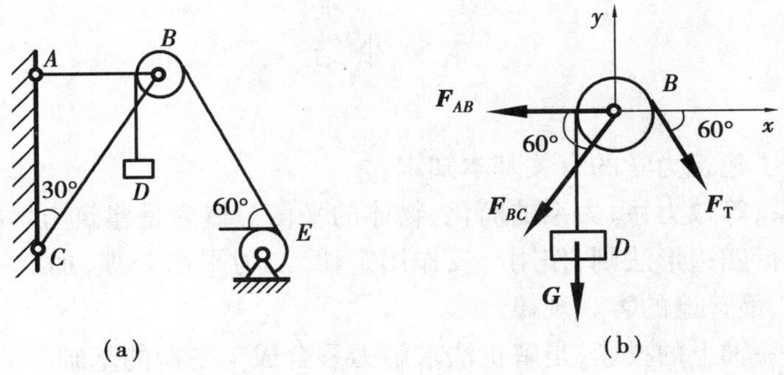

图2.31

解　选取滑轮 B 连同重物 D 一起为研究对象。作用于其上的力有：重物 D 的重力 $\boldsymbol{G}$，杆 AB 和 BC 的约束反力 $\boldsymbol{F}_{AB}$ 和 $\boldsymbol{F}_{BC}$，钢丝绳 BE 的拉力 $\boldsymbol{F}_{\mathrm{T}}$，其大小为 $F_{\mathrm{T}} = G$。其受力图如图2.31(b)所示。

建立参考系 xBy，列平衡方程，求未知力，则

$$\sum F_{iy} = 0,\ -F_{BC}\sin 60° - F_{\mathrm{T}}\sin 60° - G = 0$$

因为 $F_T=G=6$ kN，解得

$$F_{BC}=-12.93\ \text{kN}$$

又 $$\sum F_{ix}=0,\quad F_T\cos 60°-F_{AB}-F_{BC}\cos 60°=0$$

得 $$F_{AB}=9.47\ \text{kN}$$

根据作用与反作用定律知，杆 AB 受拉力 $F'_{AB}=9.47$ kN，杆 BC 受压力 $F'_{BC}=12.93$ kN。

例 2.8 如图 2.32 所示为一管道支架，其上搁有管道，设每一支架所承受的管重 $G_1=12$ kN，$G_2=7$ kN，且架重不计。求支座 A 和 C 处的约束反力，尺寸如图 2.32 所示。

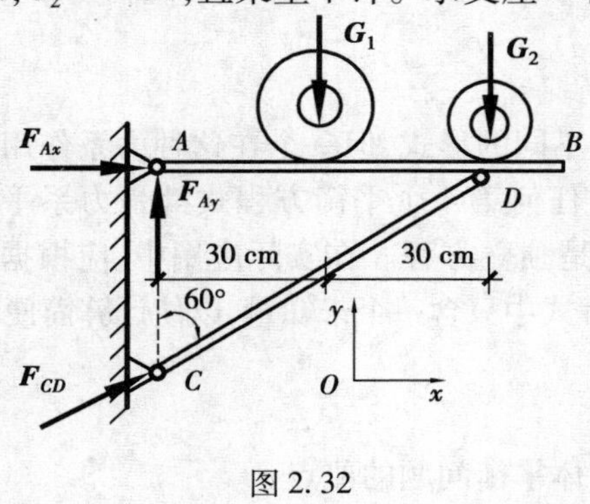

图 2.32

解 以支架连同管道一起作为研究对象，其上所受力有：已知的主动力 $\boldsymbol{G}_1$，$\boldsymbol{G}_2$ 和 3 个未知的约束反力 $\boldsymbol{F}_{Ax}$，$\boldsymbol{F}_{Ay}$，$\boldsymbol{F}_{CD}$。其受力图如图 2.32 所示。各力组成一平面一般力系。故用平面一般力系的平衡方程求解。建立参考系 xOy，列平衡方程，求未知力。

因为 A 点是两未知力 $\boldsymbol{F}_{Ax}$，$\boldsymbol{F}_{Ay}$ 的交点，故先选 A 点为矩心，建立力矩方程

$$\sum M_A(\boldsymbol{F}_i)=0$$

$$F_{CD}\cos 30°\times 60\tan 30°-G_1\times 30-G_2\times 60=0$$

$$F_{CD}=G_1+2G_2=26\ \text{kN}$$

$$\sum F_{ix}=0,\quad F_{Ax}+F_{CD}\sin 60°=0,$$

$$F_{Ax}=-F_{CD}\sin 60°=-22.5\ \text{kN}$$

$$\sum F_{iy}=0,\quad F_{Ay}+F_{CD}\cos 60°-G_1-G_2=0$$

$$F_{Ay}=G_1+G_2-F_{CD}\cos 60°=6\ \text{kN}$$

本题也可采用平面一般力系平衡方程的二矩式或三矩式进行求解，请读者自行解答。

本章小结

本章着重介绍了建筑力学的有关基本知识。

①关于力、力系、等效力系、力系的简化、物体的平衡等概念是建筑力学的基本概念。

②关于力的平行四边形法则，作用与反作用定律，二力平衡公理，加减平衡力系公理等是建筑力学的最基本、最普遍的客观规律。

③关于力在某一轴上的投影，是解析法求解力系合成与平衡的基础。

④关于平面力系中力对点之矩，力偶及其性质，是表征力或力偶使物体发生转动效应的度量。

⑤关于力的平移定理，是力系等效简化的基础。

⑥关于约束：如光滑圆柱形铰链约束与铰结点、链杆约束、固定铰支座、可动铰支座、固定支座与刚结点等约束是建筑结构各构件间及构件与基础间相互连接的纽带。约束反力是各构件间及构件与基础间相互作用的表现。

⑦关于物体的受力分析和受力图是研究建筑构件平衡与运动的前提。

⑧关于平面一般力系平衡的必要与充分条件:是解决平面平衡问题的基石。

思考题

2.1　说明下列式子的意义和区别:

(1)$\boldsymbol{F}_1=\boldsymbol{F}_2$;(2)$F_1=F_2$;(3)力 $\boldsymbol{F}_1$ 等于力 $\boldsymbol{F}_2$。

2.2　二力平衡条件及作用与反作用定律中,都是说二力等值、共线、反向,其区别在哪里?

2.3　力 $\boldsymbol{F}$ 作用在可绕中心轴 O 转动的轮上,如思考题2.3图所示。试问可以计算力 $\boldsymbol{F}$ 对轮上任一点 A 之矩吗?它的意义是什么?

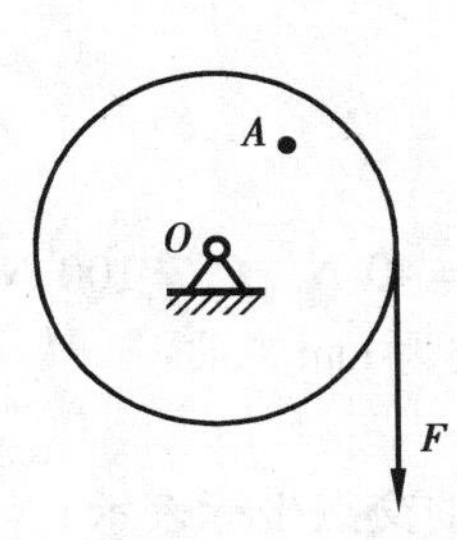

思考题2.3图

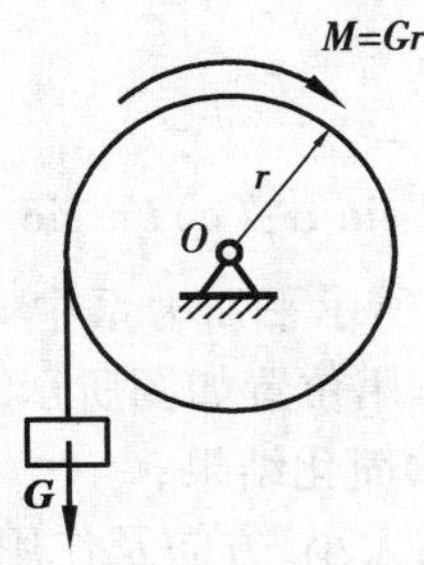

思考题2.4图

2.4　既然力偶不能与一力相平衡,为什么思考题2.4图中圆轮又能平衡?

2.5　试比较力对点之矩与力偶矩的异同?

2.6　矩为 M 的力偶和力 $\boldsymbol{F}$ 同时作用在自由体的同一平面内,如果适当地变化力 $\boldsymbol{F}$ 的大小、方向和作用点,有可能使自由体处于平衡状态吗?

2.7　某平面力系向同一平面内 A,B 两点简化的主矩皆为零,此力系简化的结果可能是一个力吗?可能是一个力偶吗?可能平衡吗?

2.8　平面汇交力系、平面平行力系、平面力偶系各有几个独立方程?

2.9　平面汇交力系的平衡方程可否取两个力矩方程,或一个力矩方程和一个投影方程?如能,其矩心和投影轴的选择有什么限制?

2.10　对物体进行受力分析时,应用了力学中哪些公理?它们是如何应用的?

2.11　试用最简便的方法绘出思考题2.11图中 A,B 处约束反力的作用线,不得用分力表示。

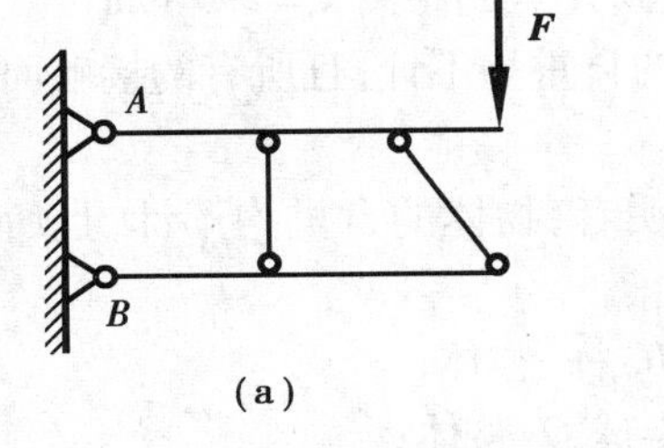

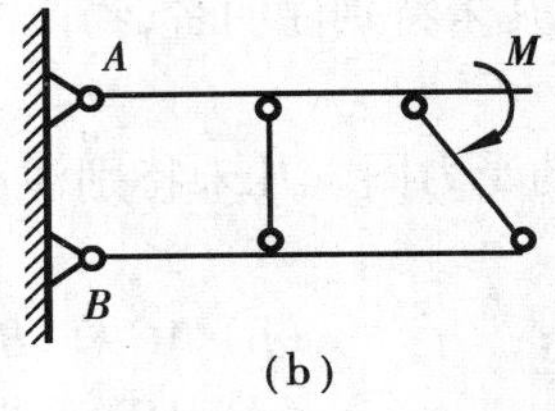

思考题2.11图

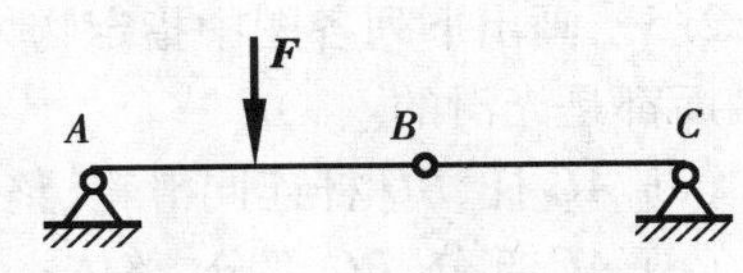

思考题2.12图

2.12　如思考题2.12图所示的体系,在图示荷载作用下能否平衡?为什么?

习题及解答

2.1　试计算如题 2.1 图所示各图中力 $\boldsymbol{F}$ 对 A 点的之矩。

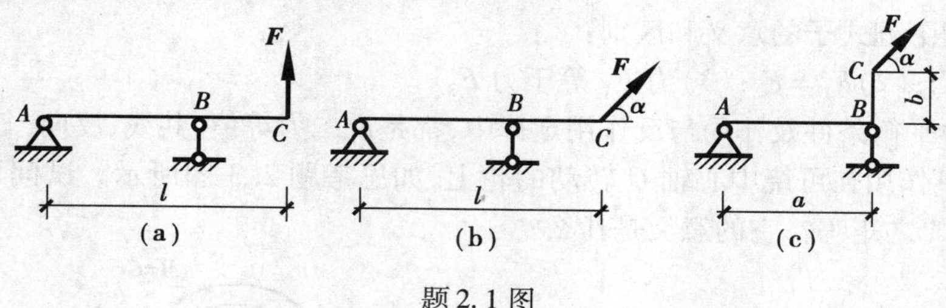

题 2.1 图

答：(a) Fl；(b) $Fl\sin\alpha$；(c) $Fa\sin\alpha - Fb\cos\alpha$

2.2　如题 2.2 图所示平面力系中 $F_1 = 40\sqrt{2}$ N，$F_2 = 40$ N，$F_3 = 100$ N，$F_4 = 80$ N，$M =$ 3 200 N · mm。各力作用位置如图所示，图中尺寸的单位为 mm。求：

(1) 力系向 O 点的简化结果；

(2) 力系的合力的大小、方向及作用位置(用与 x 轴的交点坐标表示)。

答：(1) $F'_{Rx} = -80$ N，$F'_{Ry} = -60$ N，$M_O = 600$ N · mm，逆时针；

(2) $F_{Rx} = -80$ N，$F_{Ry} = -60$ N，$x = -10$ mm

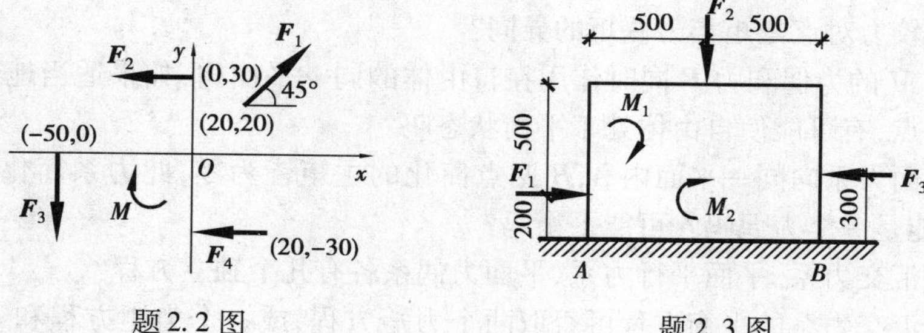

题 2.2 图　　　　　　　　　　题 2.3 图

2.3　如题 2.3 图所示平面力系由 3 个力和两个力偶组成。已知 $F_1 = 1.5$ kN，$F_2 = 2$ kN，$F_3 = 3$ kN，$M_1 = 100$ N · m，$M_2 = 80$ N · m。图中尺寸的单位为 mm。求：此力系的简化结果，包括合力的大小、方向及作用位置(可用与 A 点的水平距离表示)。

答：$F_{Rx} = -1.5$ kN，$F_{Ry} = -2$ kN，作用线与 AB 直线交点到 A 点的距离 $x = 290$ mm

2.4　画出下列各物体的受力图，凡未特别注明者，物体的自重均不计，且所有的接触面都是光滑的。

2.5　画出下列各图中指定物体的受力图。凡未特别注明者，物体的自重均不计，且所有接触面都是光滑的。

(a) AC 杆、BD 杆连同滑轮、整体；　　(b) AC 杆、BC 杆、整体；

(c) AC 部分、BC 部分、整体；　　(d) AB 杆、半球 O、整体；

(e) AB 杆、CD 杆；　　(f) 棘轮 O、棘爪 AB；

(g) 刚架 AB、刚架 CD、整体；　　(h) AB 杆、BC 杆、CD 杆、整体。

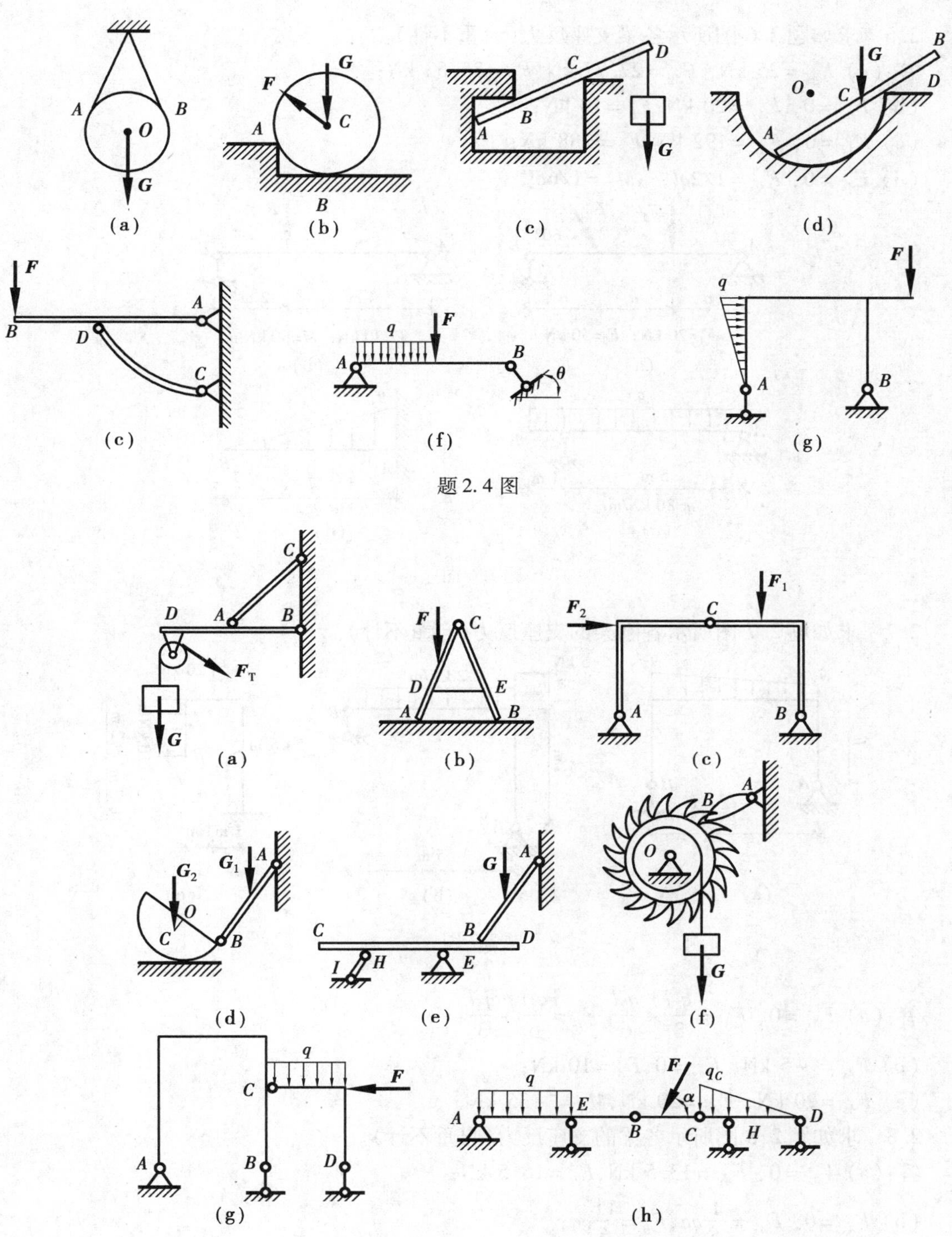
A
B
O
G
(a)
F
G
C
A
B
(b)
C
D
A
B
G
(c)
B
G
O
C
A
D
(d)
F
A
B
D
C
(c)
q
F
A
B
θ
(f)
F
q
A
B
(g)
C
D
A
B
F
T
G
(a)
F
C
D
E
A
B
(b)
F
1
F
2
C
A
B
(c)
G
2
G
1
A
O
C
B
(d)
G
A
C
B
D
I
H
E
(e)
A
B
O
G
(f)
q
C
F
A
B
D
(g)
F
q
C
q
A
E
B
α
C
H
D
(h)

题 2.4 图

题 2.5 图

2.6　求如题2.6图所示各梁支座反力(自重不计)。

答:(a) $F_{Ax}=25$ kN, $F_{Ay}=27.77$ kN, $F_B=35.53$ kN;

(b) $F_{Ax}=0$, $F_{Ay}=20$ kN, $F_B=10$ kN;

(c) $F_{Ax}=0$, $F_{Ay}=192$ kN, $F_B=288$ kN;

(d) $F_{Ax}=0$, $F_{Ay}=1/2ql$, $M_A=1/6ql^2$

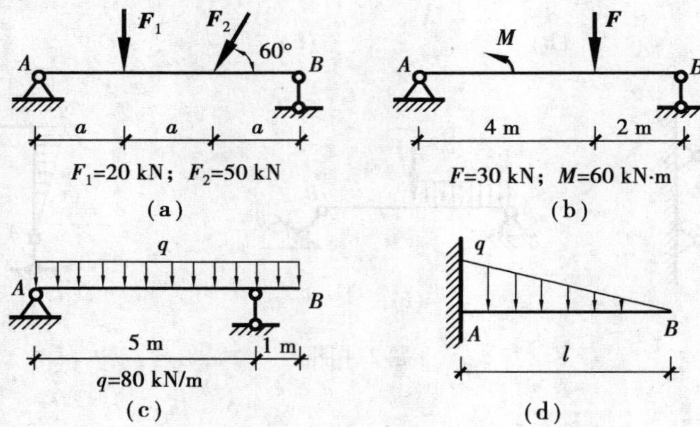

题2.6图

2.7　求如题2.7图所示各刚架的支座反力(自重不计)。

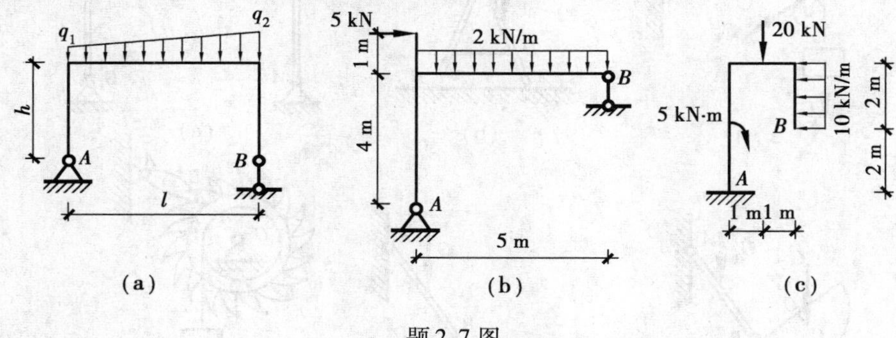

题2.7图

答:(a) $F_{Ax}=0$, $F_{Ay}=\dfrac{q_1 l}{3}+\dfrac{q_2 l}{6}$, $F_B=\dfrac{q_1 l}{6}+\dfrac{q_2 l}{3}$;

(b) $F_{Ax}=-5$ kN, $F_{Ay}=0$, $F_B=10$ kN;

(c) $F_{Ax}=20$ kN, $F_{Ay}=20$ kN, $M_A=-35$ kN·m

2.8　求如题2.8图所示各梁的支座反力(自重不计)。

答:(a) $F_{Ax}=0$, $F_{Ay}=13.5$ kN, $F_B=16.5$ kN;

(b) $F_{Ax}=0$, $F_{Ay}=\dfrac{1}{6}qa$, $F_B=\dfrac{11}{6}qa$;

(c) $F_A=3.75$ kN, $F_{Bx}=0$, $F_{By}=-0.25$ kN;

(d) $F_A=9$ kN, $F_{Bx}=0$, $F_{By}=5$ kN

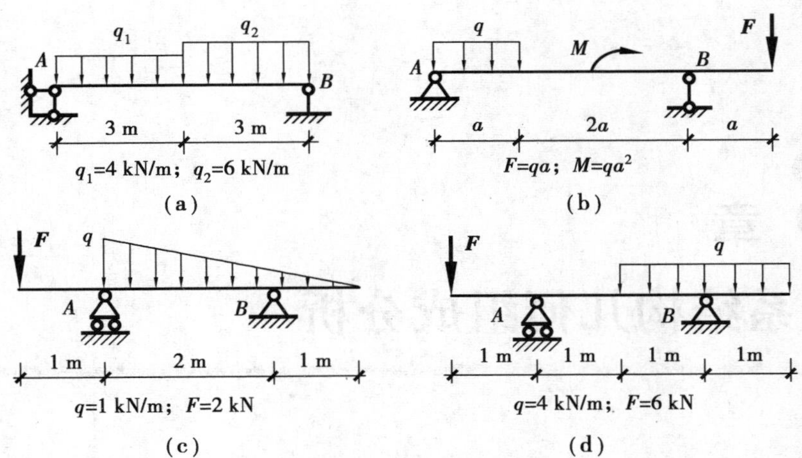

题 2.8 图

*2.9　试求如题 2.9 图所示两斜梁中 A,B 支座的反力(自重不计)。

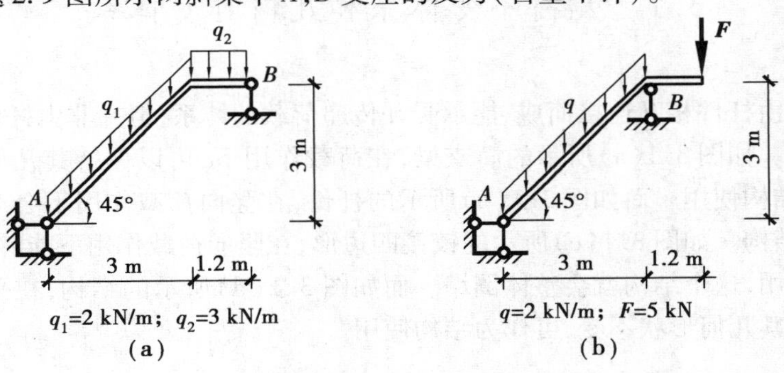

题 2.9 图

答：(a) $F_{Ax}=0$，$F_{Ay}=5.96\ \text{kN}$，$F_B=6.12\ \text{kN}$；
(b) $F_{Ax}=0$，$F_{Ay}=2.24\ \text{kN}$，$F_B=11.24\ \text{kN}$

第 3 章 平面杆系结构几何组成分析

3.1 几何不变体系和几何可变体系

杆系结构是由杆件相互连接而成、能承受并传递荷载的体系,但并非由杆件组成的任何体系都能作为结构。如图 3.1(a)所示的简支梁,在荷载作用下,可以保持其几何形状和位置不变,可作为工程结构使用。而如图 3.1(b)所示的杆件,在竖向荷载作用下会产生整体的较大位移,不能作为结构。如图 3.1(c)所示的铰接四边形,在竖向荷载作用下能够保持平衡,而一旦有水平力的作用,这个结构就会整体倒塌。而如图 3.1(d)所示的结构,在平面内任意荷载作用下都能保持其几何形状不变,可作为结构使用。

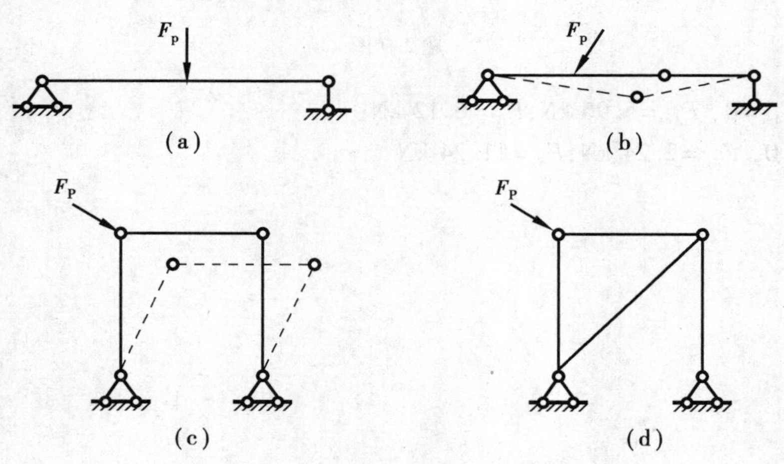

图 3.1

通常,将如图 3.1(a)、(d)所示的体系称为**几何不变体系**。若将杆件视为**刚体**(即在任意外力作用下均不产生变形的物体),这类体系受到任意荷载作用后,结构局部或整体的几何形状和位置均可保持不变。而如图 3.1(b)、(c)所示的体系在荷载作用下,其局部或整体的几何形状和位置可能发生改变,则称为**几何可变体系**。

因此，需要探讨几何不变体系的组成规律，以确保所设计的体系是几何不变的；并能运用组成规律判定一个体系的几何组成性质，由此选择合理的结构分析方法和计算路径。

3.2　无多余约束的几何不变体系的组成规则

几何组成分析时，一般忽略杆件的变形而将其视为刚体，平面内的刚体又称为**刚片**。显然，建筑物的基础或地球可看作一个刚片，结构的局部几何不变部分也可视为刚片。

如图3.2(a)所示，一个点在平面内运动时，它的位置可由两个坐标 x 和 y 来确定，则称这个点在平面内有两个**自由度**。所谓**自由度**，是指完全确定任意时刻物体位置所需的独立坐标的数目。如图3.2(b)所示，一个刚片在平面内运动时，其位置可由刚片上任一点 A 的两个坐标 x，y 以及过 A 点的任一直线 AB 绕 A 点转动时的转角 φ 来确定，因此，平面内的一个刚片有3个自由度。要使点 A 或刚片 AB 在任意干扰下位置和形状不变，可采用第2章所介绍的约束来限制其运动。不同约束能减少的自由度和限制运动的性质不同，而结构通常由多根杆件按一定的连接方式(即结点)以及支座支撑方式构成，那么，如何合理地使用各种约束方式以有效减少体系自由度而使其成为结构呢？

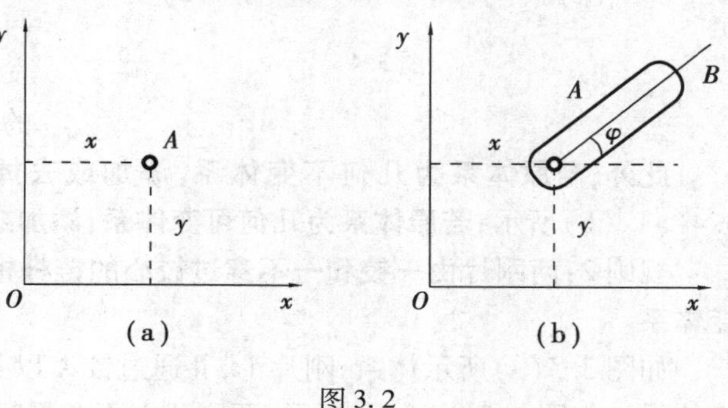

图3.2

如图3.3(a)所示梁 AB，用4根支杆与基础连接。若去掉支杆1(见图3.3(b))，杆 AB 将发生水平移动，表明支杆1对约束杆件的运动是必需的，称为**必要约束**。该约束的增减将使体系的自由度随之变化。若去掉支杆3(见图3.3(c))或支杆2(见图3.3(d))，体系仍然保持稳定，自由度为0，则支杆3或支杆2为**多余约束**，即该约束在体系中增加或去掉，不会改变体系的自由度。**几何组成规则即是讨论如何构成没有多余约束的几何不变体系的规则。**

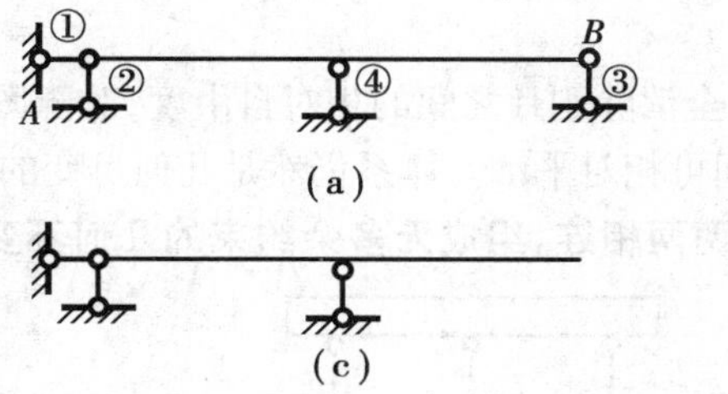

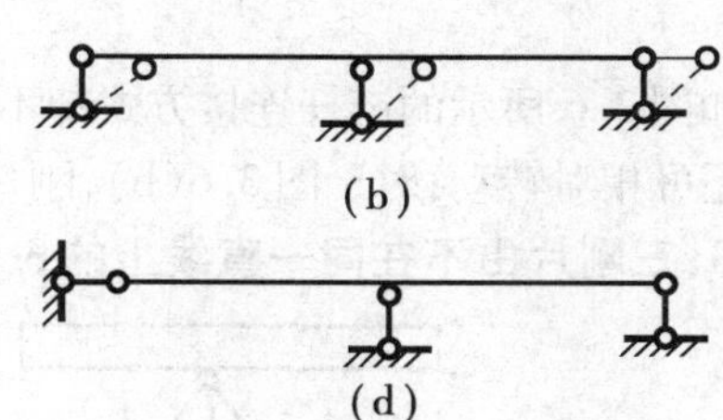

图3.3

对于平面杆系结构，组成没有**多余约束**的几何不变体系的基本规则如下：

规则1：平面上一点和一刚片用不共线两链杆相连，组成无多余约束的几何不变体系。此规则又称为二元体规则。由铰接于一点且不在一直线上的两根链杆形成的装置称为二元体。

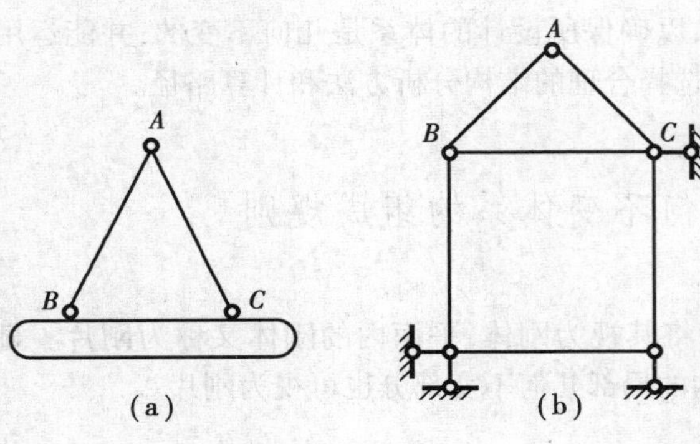

图 3.4

如图 3.4(a)、(b)所示的结点 A 与链杆 AB，AC 构成二元体。A,B,C3 个铰构成了一个铰接三角形。由三角形的稳定性可知，这样的体系是几何不变的，同时也没有多余约束。

事实上，由第 2 章可知，**链杆**能限制其上的铰结点沿链杆轴线方向的运动而不限制其转动，因此，一根链杆减少了一个自由度。点 A 相对于刚片Ⅰ有两个自由度，用两根链杆与刚片Ⅰ相连后，点 A 与刚片Ⅰ之间就不能发生相对运动了，体系成为了一个整体稳定的刚片。

此外，若原体系为几何不变体系，添加或去掉二元体后体系仍为几何不变体系，如图 3.4(a)、(b)所示；**若原体系为几何可变体系，添加或去掉二元体后体系仍为几何可变体系。**

规则 2：两刚片由一铰和一不穿过铰心的链杆相连，所组成的体系为无多余约束的几何不变体系。

如图 3.5(a)所示体系，刚片Ⅰ，Ⅱ通过铰 A 以及链杆 BC 连接，为没有多余约束的几何不变体系。如图 3.5(b)、(c)所示，两刚片由不全平行也不全交于一点的 3 根链杆相连也可组成无多余约束的几何不变体系。事实上，若将刚片Ⅱ视为连接点 A 和点 C 的链杆，该规则就是规则 1 的衍生。图 3.5(b)、(c)则可理解为刚片Ⅰ，Ⅱ之间的相对自由度为 3，用 3 根不共点也不共线的链杆连接即可有效地消除这 3 个自由度而使刚片之间无相对运动。

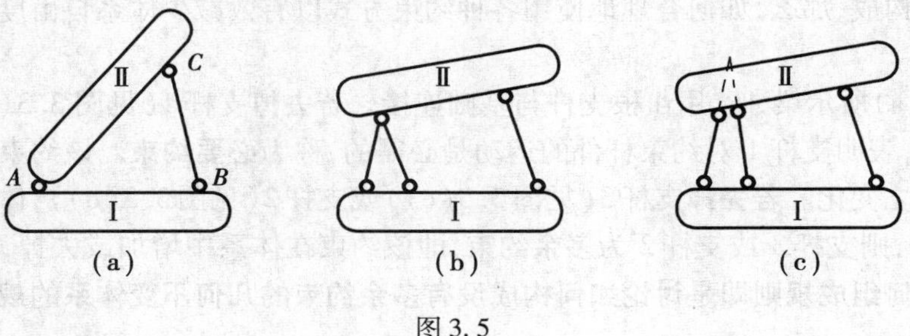

图 3.5

然而如图 3.6 所示的链杆连接方式却不能完全消除刚片之间的相对自由度，对于图3.6(a)，刚片之间还可相对转动；对于图 3.6(b)，刚片之间可相对平动。体系仍然是几何可变的。

规则 3：三刚片由不在同一直线上的 3 个铰两两相连，组成无多余约束的几何不变体系。

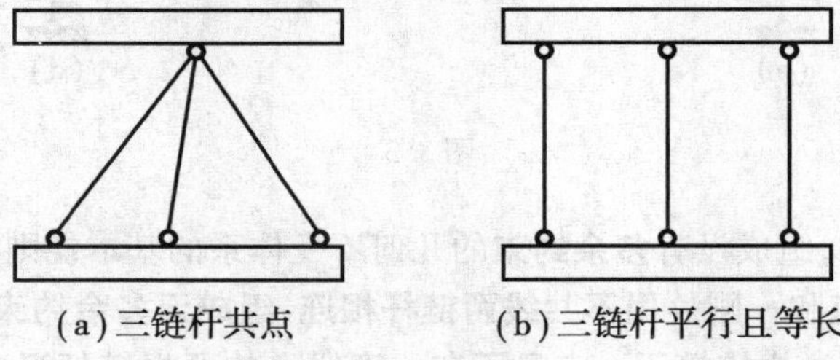

(a)三链杆共点　　(b)三链杆平行且等长

图 3.6

如图3.7(a)所示的3个刚片显然构成了一个铰接三角形，因此，该体系是没有多余约束的几何不变体系。规则3也可表现为如图3.7(b)所示的方式：刚片Ⅰ，Ⅱ，Ⅲ之间存在6个相对自由度，则需6根链杆连接，只要两两刚片之间用两根相交的链杆相连，则可构成一个铰接三角形。其中，平行链杆可认为在无穷远处相交成铰。

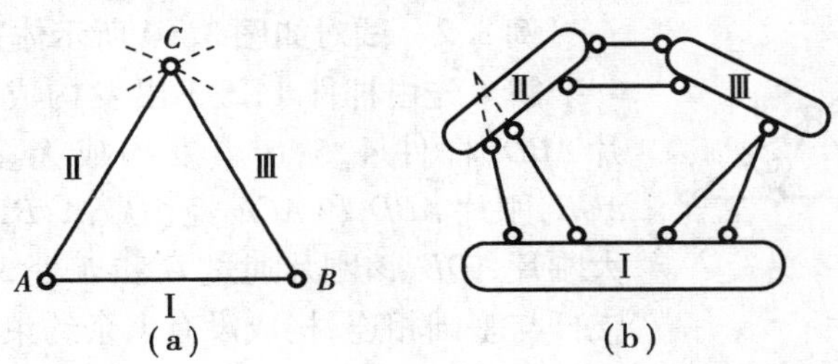

图3.7

可见，组成没有多余约束的几何不变体系的基本规则就是**铰接三角形规则：由不共线三铰形成的一个铰接三角形是几何不变体系且无多余约束。**

如图3.8(a)所示，连接刚片的链杆的交点不在刚片上，则两刚片可以绕交点发生微小的相对转动，而后成为几何不变体系；如图3.8(b)所示两刚片发生微小的相对移动后也成为几何不变体系。称这类发生微小相对运动后能成为几何不变体系的为**瞬变体系**。瞬变体系在荷载作用下内力分布极不均匀，因此也不能成为结构。本书把这类体系也归入可变体系。

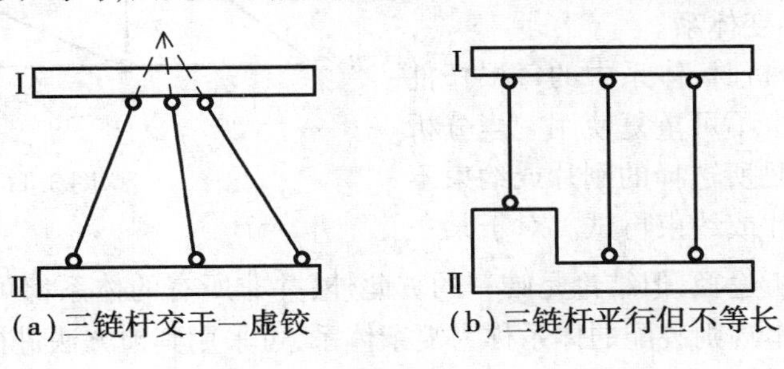

图3.8

3.3　几何组成分析举例

(1)从基础出发进行装配

即先以基础为基本刚片，将其周围构件按基本规则装配在基本刚片上，而后，由近及远逐个按基本规则将全部构件装配成整个体系。

例3.1　试对如图3.9所示体系进行几何组成分析。

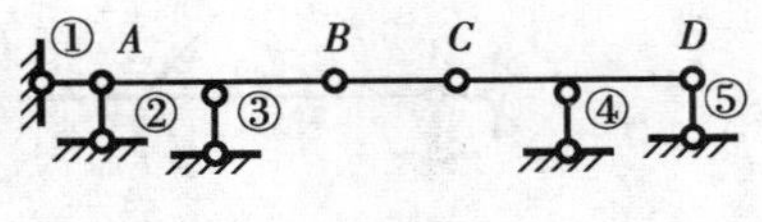

图3.9

解　将基础视为基本刚片，杆件 AB 与基本刚片之间由不全平行也不全交于一点的3支杆①、②、③相连，为几何不变且无多余约束的部分，视为扩大的刚片；该刚片与杆件 CD 之间由不全平行也不全交于一点的支杆④、⑤和链杆 BC 相连,组成无多余约束的几何不变体系。故整个体系几何不变且无多余约束。

(2)从内部几何不变体系出发进行装配

即先在体系内部选取一个或几个刚片作为基本刚片,将其周围的构件按基本规则进行装配,形成一个或几个扩大的刚片,最后,与地基装配起来形成整体体系。

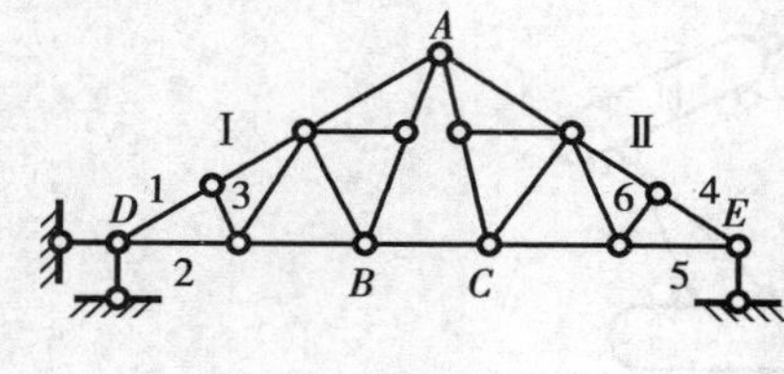

图 3.10

例 3.2　试对如图 3.10 所示体系进行几何组成分析。

解　先由杆件 1,2,3 出发构成无多余约束的基本刚片 *ABD*,杆件 4,5,6 出发构成无多余约束的基本刚片 *ACE*,刚片 *ABD* 和 *ACE* 经由铰 *A*,*B*,*C* 构成无多余约束的大刚片 *ADE*,该刚片通过 *D* 和 *E* 处 3 个不共线也不共点的支杆与基础相连,构成没有多余约束的几何不变体系。

(3)增减二元体

即利用增减二元体不改变原体系的几何组成特性这一性质使问题简化,并结合方法 1,2 确定整个体系的几何不变性质。

例 3.3　试对如图 3.11 所示体系进行几何组成分析。

解　由基础出发,依次增加二元体 *ACB*, *CDB*, *DEC*, *EFD*, *EGF*,从而构成整个体系,为无多余约束的几何不变体系。反之,也可由 *EGF* 开始依次拆除二元体,最终确定该体系为无多余约束的几何不变体系。

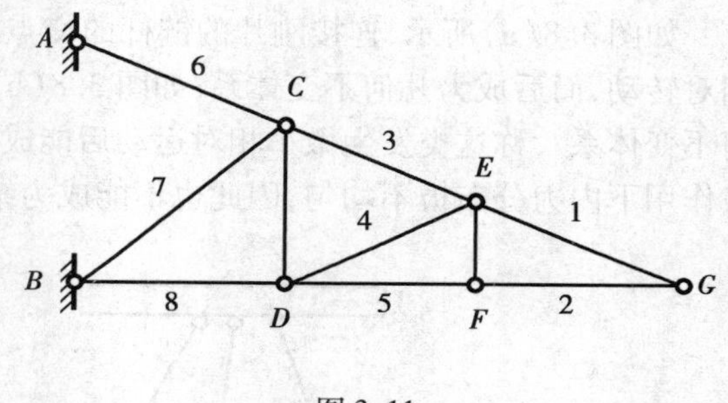

图 3.11

进行几何组成分析时,体系中的每根杆件和约束都不能遗漏,也不可重复使用。当分析进行不下去时,一般是所选择的刚片或约束不恰当,应重新选择刚片或约束再试。对于某一体系,可能有多种分析途径,但结论是唯一的。此外,并非所有的体系都可以按基本规则装配而成,不能按上述基本规则装配的体系称为复杂体系,可采用其他方法进行分析。

3.4　几何不变体系的静力特性

如图 3.12 所示的简支梁,是无多余约束的几何不变体系。未知约束反力为 3 个,构成平面一般力系,故静力平衡方程也为 3 个。**未知的约束反力数与独立的静力平衡方程数相等,在任意已知荷载作用下其全部反力和内力由静力平衡方程可以唯一确定。**这类结构又称为**静定结构**。

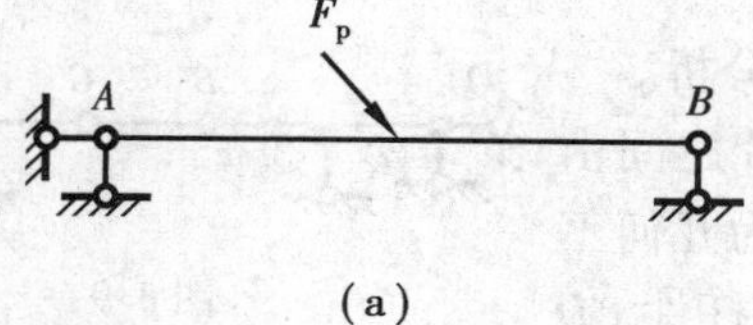

(a)

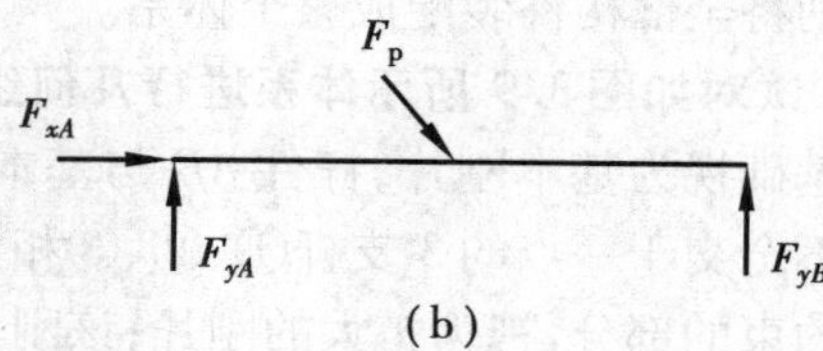

(b)

图 3.12

对于具有多余约束的结构，不能由静力平衡条件求得其全部反力和内力。如图 3.13(a)所示的连续梁，有两个竖向多余约束，未知支座反力共 5 个，而静力平衡条件只有 3 个，仅利用 3 个静力平衡方程无法求得全部支反力。这类结构称为**超静定结构，即有多余约束的几何不变体系，未知的约束反力数大于独立的静力平衡方程数，在任意已知荷载作用下其全部反力和内力不能由静力平衡条件完全确定**。

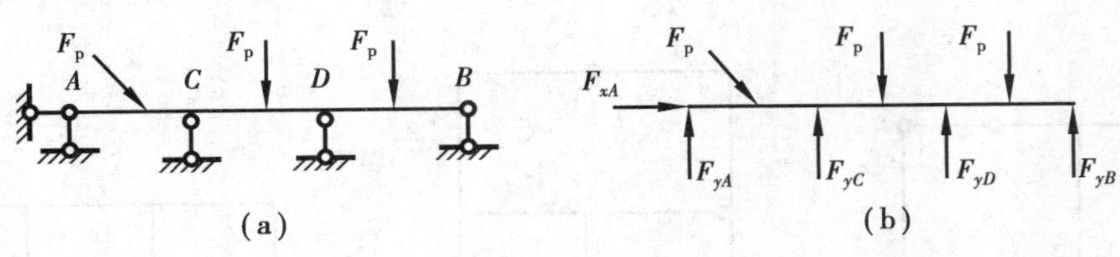

图 3.13

本章小结

结构在荷载作用下应能保持几何形状的不变，应为几何不变体系。

没有多余约束的几何不变体系的基本组成规则为铰接三角形规则，具体包括点与刚片的连接规则、两刚片的连接规则和三刚片的连接规则。

无多余约束的几何不变体系称为静定结构，有多余约束的几何不变体系称为超静定结构。

思考题

3.1　什么是几何不变体系？什么是几何可变体系？

3.2　平面内一个点和一个刚片各有几个自由度？

3.3　什么是必要约束和多余约束？几何可变体系就一定没有多余约束吗？

3.4　体系几何组成分析有哪些基本规则？它们能够对所有的体系进行几何组成分析吗？

3.5　判断下列叙述是否正确：

(1)由一个铰和一根链杆连接的两刚片一定组成无多余约束的几何不变体系。　(　　)

(2)三刚片分别用不完全平行也不共线的两根链杆两两连接，且所形成的 3 个虚铰不在同一条直线上，则组成无多余约束的几何不变体系。　(　　)

(3)有多余约束的体系一定是几何不变的。　(　　)

3.6　对超静定结构而言，多余约束是否意味着可有可无？若将超静定结构的多余约束去掉，对结构的性能会有什么影响？

习题及解答

试分析如题3.1图—题3.10图所示体系的几何组成,并确定有无多余约束,有几个多余约束。

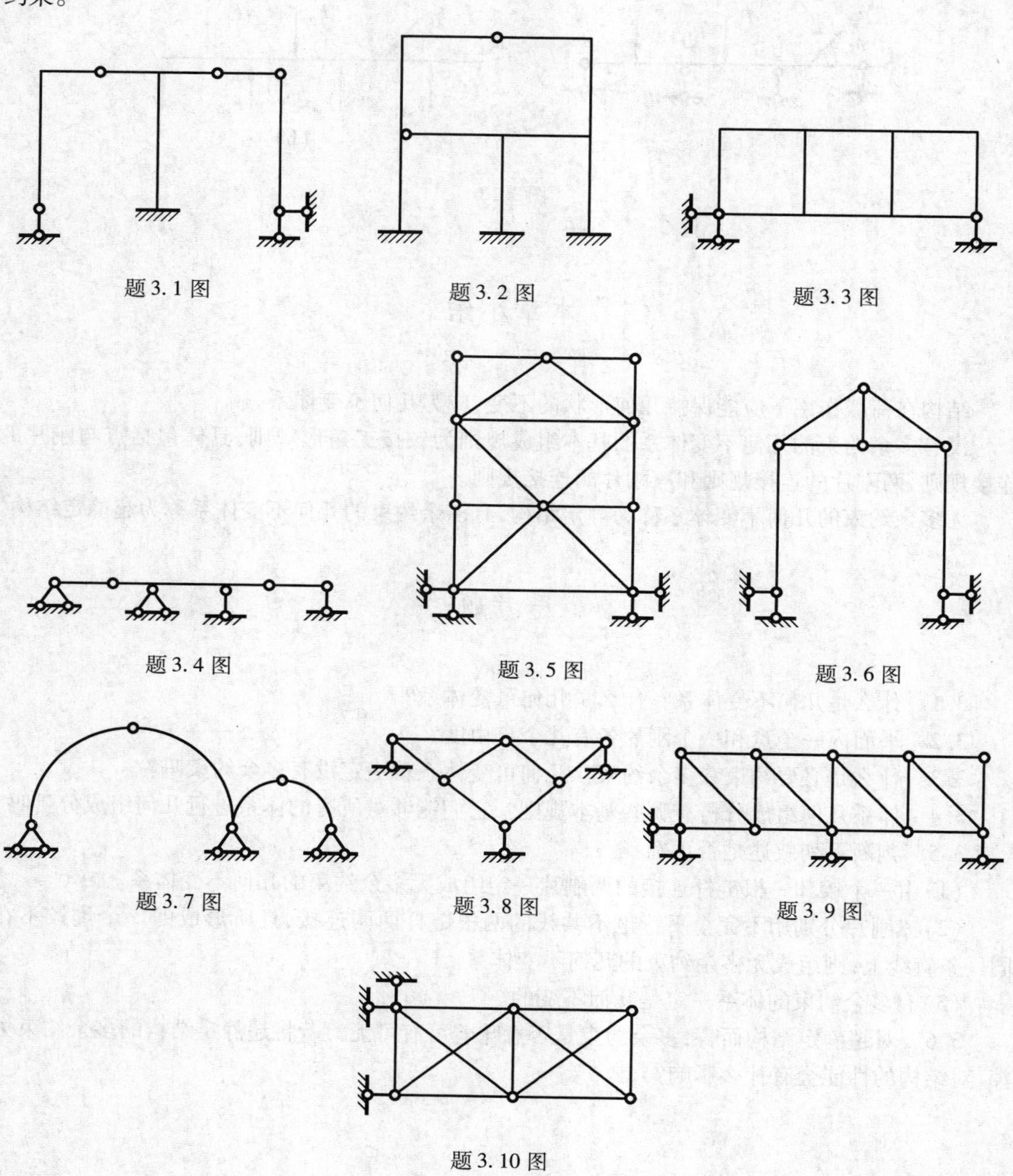

题3.1图　题3.2图　题3.3图

题3.4图　题3.5图　题3.6图

题3.7图　题3.8图　题3.9图

题3.10图

答：

3.1　无多余约束的几何不变体系

3.2　有 7 个多余约束的几何不变体系

3.3　有 9 个多余约束的几何不变体系

3.4　有 1 个多余约束的几何不变体系

3.5　有 2 个多余约束的几何不变体系

3.6　几何可变体系

3.7　无多余约束的几何不变体系

3.8　几何可变体系

3.9　有 1 个多余约束的几何不变体系

3.10　有 2 个多余约束的几何不变体系

第 4 章

静定结构内力分析

4.1 结构构件的基本变形与内力

4.1.1 内力和截面法

在外力作用下,结构构件内部各质点间产生相对位移,即构件发生变形,各质点间的相互作用力也发生了改变。这种因外力作用而引起的上述相互作用力的改变量,称为**内力**。它实际上是外力引起的"附加内力"。因此,也可以称内力为构件内部阻止变形发展的抗力。构件的强度、刚度等问题均与内力有关。经常需要知道构件在已知外力作用下某一截面(通常是横截面)上的内力值。任一截面上内力值的确定,通常采用下述**截面法**。

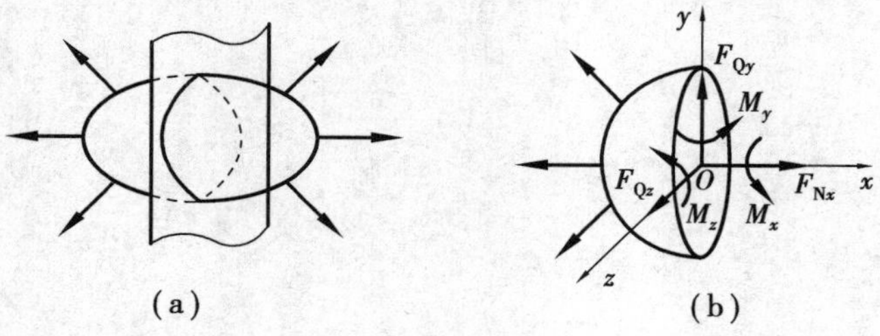

图 4.1

如图 4.1(a)所示的受力体,代表任意受力并处于平衡状态的构件。为了显示和计算某一截面上的内力,可在该截面处用一假想的平面将构件截成两部分并弃掉一部分,留下的部分称为**隔离体**。用内力代替弃掉部分对留下部分的作用。内力在截面上一般是连续分布的,称为分布内力。通常是将截面上的分布内力向截面形心处简化,得到主矢和主矩,然后进行分解,可用 6 个内力分量 F_{Nx},F_{Sy},F_{Sz}与 M_x,M_y,M_z 来表示,如图 4.1(b)所示。因为原构件处于平衡状态,所以留下的部分即隔离体也保持平衡,据此便可列出平衡方程并求出这 6 个内力分量。应该注意,后文所述的内力分量都是分布内力向截面形心简化的结果。

综上所述,用截面法求内力的步骤如下:

①截开。在需求内力的截面处,用假想的截面将构件截为两部分。

②分离。留下一部分为隔离体,弃去另一部分。

③代替。以内力代替弃去部分对留下部分的作用,绘隔离体受力图(包括作用于隔离体上的荷载、约束反力、待求内力)。

④平衡。由平衡方程来确定内力值。

在第2步进行弃留时,保留哪一部分都可以。因为截面上的内力就是物体被该截面所分离而成的两部分之间的相互作用力。

4.1.2　杆件的基本变形及其内力

(1)轴向拉伸/压缩与轴力

杆件的轴向拉伸或压缩即在一对大小相等、方向相反、作用线与杆轴线重合的外力作用下,杆的两相邻横截面沿杆轴线切向产生相对移动,而杆件的长度发生改变(伸长或缩短),如图4.2(a)、(b)所示。

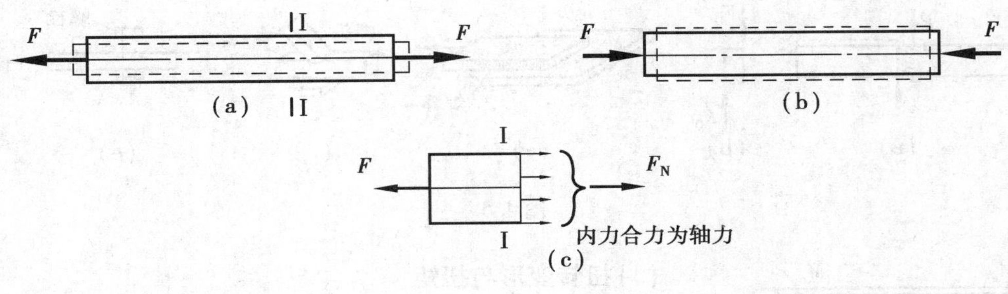

图4.2

用截面将如图4.2(a)所示受拉杆沿Ⅰ-Ⅰ截面截开,取右段为隔离体,如图4.2(c)所示。根据这部分杆段的平衡条件,截面上内力的合力作用线也应当与杆轴线重合,称此内力为**轴力**,此处为拉力。轴力通常用F_N表示,以使杆件受拉为正,受压为负。因此,图4.2(a)的轴力为正,图4.2(b)为负。

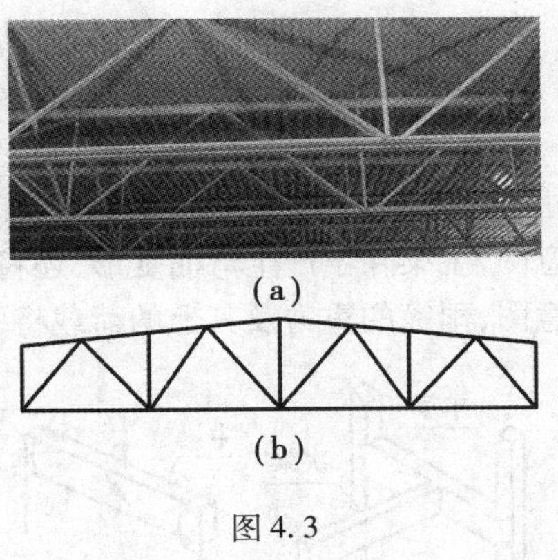

图4.3

在建筑工程中,有很多结构构件都可以简化为轴向受力杆件,如各种桁架结构中的桁杆、起吊重物的吊缆、斜拉桥的拉索、混凝土桥墩等。如图4.3(a)所示,钢屋架的计算模型可以简化为桁架结构,如图4.3(b)所示。如图4.4(a)所示的管道支架,杆①发生的变形为轴向拉伸,杆②发生的变形是轴向压缩,如图4.4(b)所示。

(2)剪切变形与剪力

剪切变形为在一对大小相等、相距很近、方向相反的横向外力作用下,杆的两力作用线之间的横截面沿力的方向发生相对错动的现象,如图4.5(a)所示。在发生剪切变形的杆段截取微段,微段侧面横向内力的合力称为剪力,记作F_Q,如图4.5(b)所示。剪力以使微段的两侧面发生顺时针方向错动的为正,反之为负。如图4.5(b)所示,剪力即为负值。

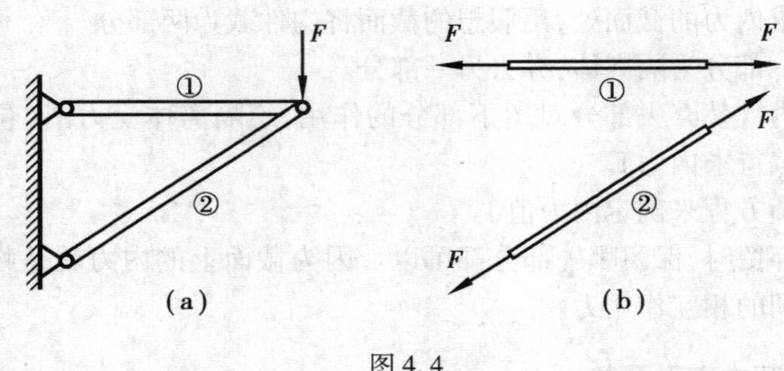

图 4.4

剪切变形是各种连接件的主要变形形式之一。在钢结构中,各种板材、型钢组合成结构构件,或者是若干构件组合成整体结构时,连接是必不可少的手段,如焊缝连接(见图 4.5(c))、榫头(见图 4.5(d))、螺栓连接(见图 4.5(e))、铆钉连接等。在这些连接中,除了拉断以外,剪切破坏是连接常见的破坏形式。在实际工程中,往往需要对其进行抗剪强度计算。

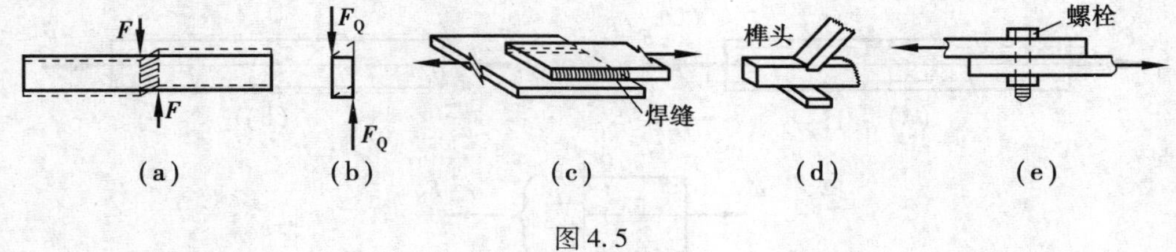

图 4.5

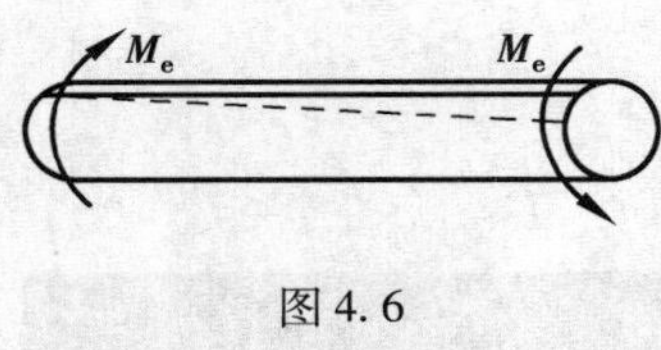

图 4.6

(3) 扭转变形与扭矩

扭转变形是在一对大小相等、转向相反、位于垂直于轴线的两平面的力偶作用下,杆的两相邻横截面绕杆的轴线产生相对转动的现象,如图 4.6 所示。对应的横截面上的内力为扭矩,记作 M_e。

在建筑工程中,单纯发生扭转变形的情况比较少见,但是许多构件的变形形式中都包含有扭转变形,属于组合变形。例如,如图 4.7(a)所示为房屋建筑中的次梁、主梁和柱子的构造示意图,主梁除了产生弯曲变形,还将产生扭转变形;如图 4.7(b)所示为门洞上方的雨篷构造示意图,雨篷的重力及其上的荷载将引起过梁产生扭转变形(见图 4.7(c))。

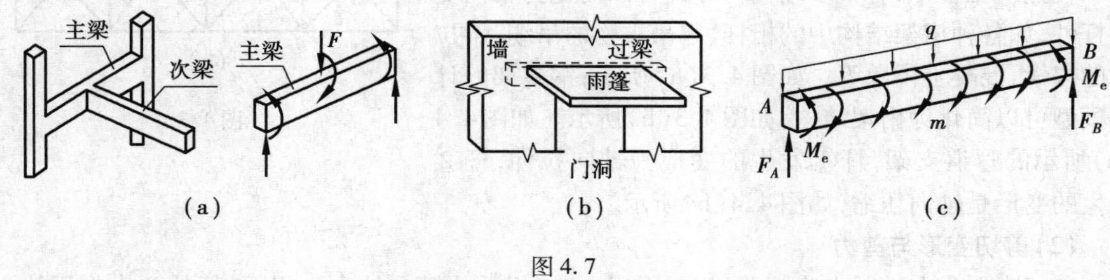

图 4.7

(4) 弯曲变形与弯矩

弯曲变形即在一对大小相等、转向相反、位于杆的纵向平面内的力偶作用下,杆的两相邻横截面绕垂直于杆轴线的直线产生相对转动,截面间的夹角发生改变,梁的轴线由直线变为曲线，如图4.8(a)所示。从中截取微段，如图4.8(b)所示。可知，为使杆件保持力矩平衡，微段两侧的力偶矩也应大小相等、方向相反，称此杆件横截面的力偶矩为**弯矩**，记作 M。在工程中，一般以使下侧纤维受拉的弯矩为正，反之为负。

以弯曲变形为主要变形的杆件称为**梁**。在建筑工程中，弯曲变形是最常见、最重要的一种基本变形形式，梁的外力往往表现为垂直于梁轴线的横向力（或者横向分力），梁的变形特点仍然是轴线的曲率发生了改变。例如，建筑工程中用得最为普遍的各种类型的梁与板，就是受弯构件，如图4.8(c)所示。

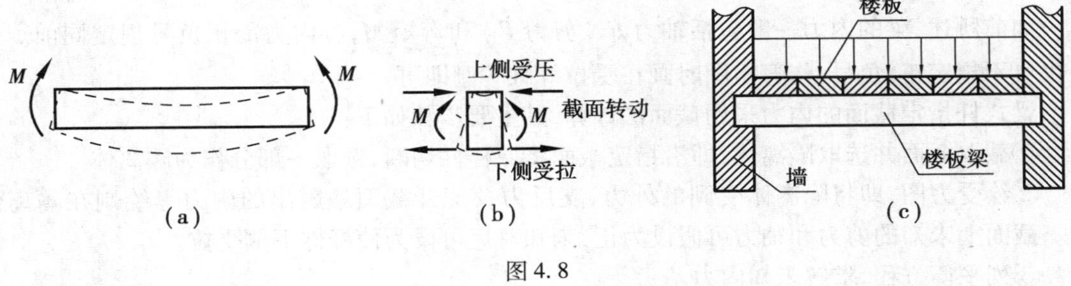

图4.8

4.2　单跨静定梁的内力计算与内力图

静定结构是无多余约束的几何不变体系，静定结构的全部支座反力和内力可由静力平衡方程唯一确定。梁是以受弯为主的结构，一般承受竖向荷载。单跨静定梁是最简单、最基本的梁，下面介绍静定结构内力计算的基本方法和内力图的绘制方法。

4.2.1　单跨静定梁的基本形式

常见的单跨静定梁包括简支梁、简支斜梁、悬臂梁及伸臂梁等，如图4.9所示。在建筑结构中，窗台上的过梁可视为简支梁，楼梯梁为简支斜梁，雨棚可视为悬臂梁，而阳台上的挑梁则为伸臂梁。

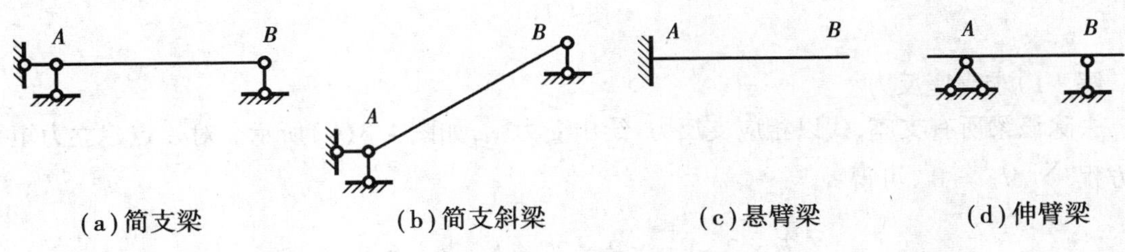

图4.9　单跨静定梁的结构形式

在垂直于杆件轴线的横向荷载作用下，静定梁的变形以挠曲为主，如图4.10所示。

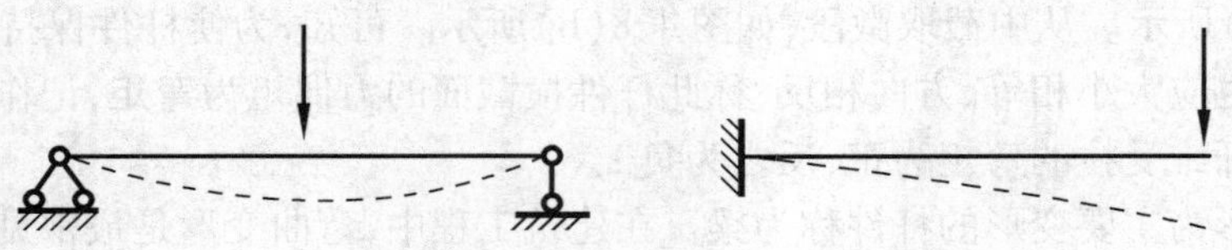

图 4.10　简支梁和悬臂梁变形图

4.2.2　梁式杆指定截面内力的计算

如前所述，梁的内力一般包括轴力 $\boldsymbol{F}_N$、剪力 $\boldsymbol{F}_Q$ 和弯矩 M，各内力的正负号规定同前。弯矩也可不规定正、负号，作弯矩图时画在受拉纤维一侧即可。

梁式杆指定截面的内力采用截面法计算，其主要步骤如下：

①截取截面并选取隔离体，即沿指定截面将原杆件切断，选取一部分作为隔离体。

②绘受力图，即将隔离体受到的外力、支反力及截开截面暴露出的内力等绘制在隔离体中。截面上未知的剪力和轴力可假设为正，未知弯矩可设为使杆件下侧受拉。

③列平衡方程，求解未知内力。

下面以一伸臂梁为例，说明如何应用截面法计算梁杆指定截面的内力。

例 4.1　试求如图 4.11(a)所示伸臂梁截面 C 的弯矩 M_C、截面 A 的剪力 $F_{QA左}$ 和 $F_{QA右}$。

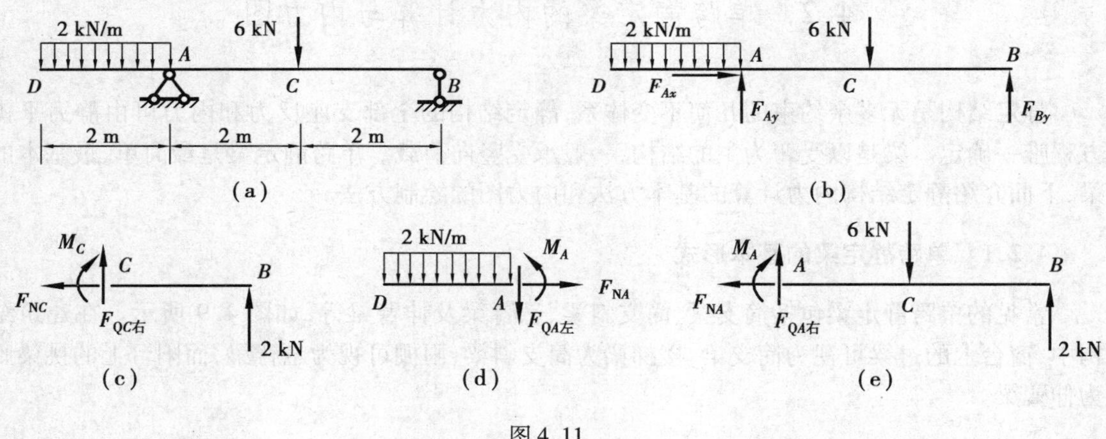

图 4.11

解　1)求支座反力

去除该梁所有支座，代以相应支反力，绘出受力图，如图 4.3(b)所示。对 A 点建立力矩平衡方程 $\sum M_A = 0$，可得

$$6 \times 2 - \frac{1}{2} \times 2 \times 2^2 - F_{By} \times 4 = 0$$

解得

$$F_{By} = 2\ \text{kN}(\uparrow)$$

再由整体的竖向投影方程 $\sum F_y = 0$，可得

$$F_{Ay} + F_{By} - 2 \times 2 - 6 = 0$$

代入前述 F_{By}，可得

$$F_{Ay} = 8\ \text{kN}(\uparrow)$$

最后由整体水平投影方程 $\sum F_x = 0$，易得 $F_{Ax} = 0$。

为简化计算，利用平衡条件计算未知支反力和内力时，通常可将方向相同的力或力偶矩写在方程的同侧。如上述力矩平衡方程 $\sum M_A = 0$ 也可写为

$$\frac{1}{2} \times 2 \times 2^2 + F_{By} \times 4 = 6 \times 2$$

力的平衡方程 $\sum F_y = 0$ 也可具体写为

$$F_{Ay} + F_{By} = 2 \times 2 + 6$$

2）用截面法求指定截面的内力

①求截面 C 的弯矩

截断 C 截面，因 CB 梁段的受力较 DAC 段简单，取其为隔离体，将支座反力、外荷载和截断 C 截面所暴露出的3个内力都绘在隔离体上，得到该隔离体的受力图，如图4.3(c)所示。

因只需求弯矩 M_C，所以对 C 点列力矩平衡方程，这样可避免 F_{NC} 和 F_{QC} 这两个未知力出现在平衡方程中。即由 $\sum M_C = 0$，得 $M_C = F_{By} \times 2 = 4\ \text{kN}\cdot\text{m}$。弯矩为正，表明与假设的下侧受拉相同。

②求截面 A 的剪力

因截面 A 作用了集中力——支座反力 F_{Ay}，故 $F_{QA左}$ 和 $F_{QA右}$ 并不相等，需分别进行求解。

先求解 $F_{QA左}$：沿 A 截面切断杆件，取 DA 段为隔离体，其受力图如图4.3(c)所示。注意，此时 F_{Ay} 并未作用在该隔离体上。由 DA 段隔离体的竖向投影平衡方程 $\sum F_y = 0$，得 $F_{QA左} = -2 \times 2 = -4\ \text{kN}$，负号表示实际剪力为负。

再求解 $F_{QA右}$：沿 A 截面切断杆件，取 AB 段为隔离体，其受力图如图4.3(e)所示，利用平衡方程 $\sum F_y = 0$，得 $F_{QA右} = 6 - 2 = 4\ \text{kN}$。

应用截面法时，应注意：

①选取受力较为简单的部分作为隔离体，以简化计算。例如，上例中求 M_C 时，应选取 C 截面以右作为隔离体。

②隔离体的受力必须完整，即应将隔离体受到的外荷载、支座反力和截开截面的内力全部绘制在受力图中。

③应熟练掌握平衡方程的列法，尽量避免求解联立方程组。

4.2.3　内力图及其与荷载的关系

为把握内力沿整个杆件的分布情况，可采用内力方程即内力沿杆件轴线的变化函数的形式，也可采用更为直观的**内力图的方式**。内力图一般以杆件轴线为基线，以垂直于基线的竖标表示对应位置处梁截面的内力值。正的剪力和轴力一般绘于基线上方，弯矩绘于杆件受拉一侧。通过内力图可以直观地看出杆件上何处内力取极值，这些地方正是结构设计时为保证结构强度而需要关注的位置。

梁式杆内力图的形状特征与外荷载的性质及其作用的位置相关，并呈现一定的规律性。

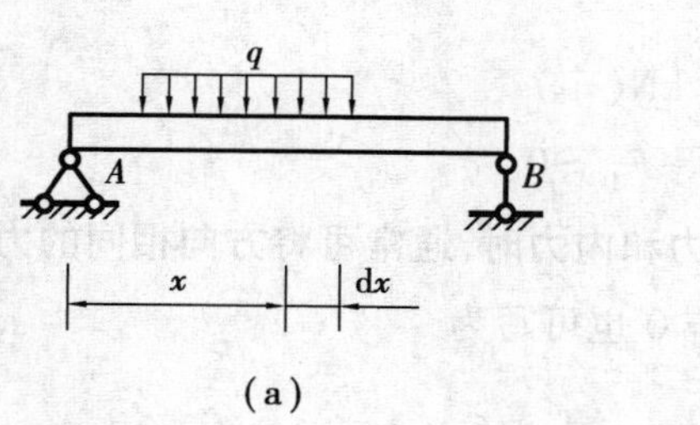

(a)

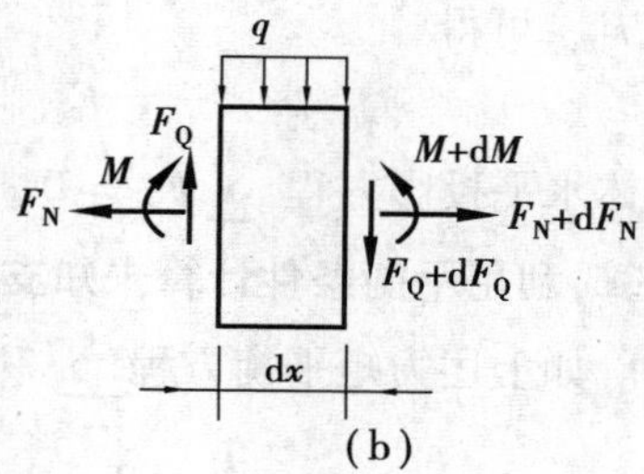

(b)

图 4.12

从如图 4.12(a)所示的梁中截取一个微段，其受力图如图 4.12(b)所示，微段上作用的荷载是均布的。利用该微段的平衡条件，可得到受弯直杆弯矩、剪力和荷载间存在的以下微分关系：

$$\frac{\mathrm{d}F_{\mathrm{Q}}}{\mathrm{d}x} = -q,\ \frac{\mathrm{d}M}{\mathrm{d}x} = F_{\mathrm{Q}},\ \frac{\mathrm{d}^2 M}{\mathrm{d}x^2} = -q \tag{4.1}$$

对式(4.1)中剪力的微分关系进行积分，可得

$$F_{\mathrm{Q}}(x) = -qx + C \tag{4.2}$$

式中，C 为待定常数，利用边界条件可确定其具体数值。

因此，式(4.1)给出了弯矩、剪力随外荷载及杆轴坐标参数 x 变化的规律。可知，剪力图上某点切线的斜率等于相应截面处的分布荷载集度。特别地，在无荷载区段，剪力图斜率为0，是平行于杆轴的直线；在均布荷载区段，剪力图为一条斜直线。弯矩图上某点切线的斜率等于相应截面的剪力值，而弯矩图的曲率则等于相应截面处分布荷载的集度，由分布荷载的方向还可确定弯矩图的凹凸方向。特别地，在无荷载区段，弯矩图为斜直线；在均布荷载区段，弯矩图为抛物线。

各种荷载作用下内力图的特征如表 4.1 所示。

表 4.1　梁杆内力图特征

受力情况	无荷载	均布荷载作用区段 $q<0$　$q>0$	集中力 F C	集中力偶 M C
剪力图特征	水平线 ⊕ ⊖	斜直线 或	C 处有突变 F	C 处无变化
弯矩图特征	斜直线 或	抛物线 下凸 上凸	C 处尖角与 F 方向一致	C 处有突变，两侧弯矩图平行 M
最大弯矩截面		在 $F_{\mathrm{Q}}=0$ 的截面	在剪力突变的截面	在紧靠 C 处的某一侧截面

利用内力图特征可简化杆件内力图的绘制。可先采用截面法求出杆件上某些特殊截面的内力，如均布荷载作用的始末截面、集中力或集中力偶作用截面、中间支座截面等，称这些截面为**关键截面**，再利用内力图特征直接绘制内力图。

例 4.2　试求作如图 4.11(a)所示伸臂梁的弯矩图和剪力图。

解　1)求支座反力

详见例4.1。

2)求作弯矩图

先计算各关键截面A,B,C,D处的弯矩。

DA段,D截面为无荷载作用的自由端,$M_D=0$,$M_A=4\ \mathrm{kN\cdot m}$,上侧受拉;$AC$段,$M_C=4\ \mathrm{kN\cdot m}$,下侧受拉;$CB$段,$B$截面为铰支端,$M_B=0$。将各关键截面的弯矩标注在图4.13(a)中。

利用弯矩图特征作各关键截面之间的弯矩图。DA段上作用了均布荷载,弯矩图为抛物线,下凸,用光滑曲线连接关键截面D,A处弯矩;AC段上无荷载作用,弯矩图为斜直线,用直线连接关键截面A,C的弯矩;同理,可作出CB段的弯矩图。最终弯矩图如图4.13(b)所示。

3)求作剪力图

首先确定各关键截面的剪力。求剪力的关键截面仍为A,B,C,D截面,但对于作用了集中力的A,C截面而言,剪力图有突变,需分别求这两个截面左侧和右侧的剪力大小。

DA段,D截面为无荷载作用的自由端,$F_{QD}=0$,由例4.1可知,$F_{QA左}=-4\ \mathrm{kN}$,$F_{QA右}=4\ \mathrm{kN}$;AC段,取如图4.13(c)、(d)所示隔离体,得$F_{QC左}=4\ \mathrm{kN}$,$F_{QC右}=-2\ \mathrm{kN}$;CB段,$F_{QB}=-2\ \mathrm{kN}$。将各关键截面的剪力标注在图4.13(e)中。

绘制剪力图。DA段上作用了均匀荷载,剪力图为斜直线,以直线连接D,A关键截面的剪力即可。AC,CB梁段均未作用外荷载,剪力图为平行于杆轴的直线。最终剪力图如图4.13(d)所示。

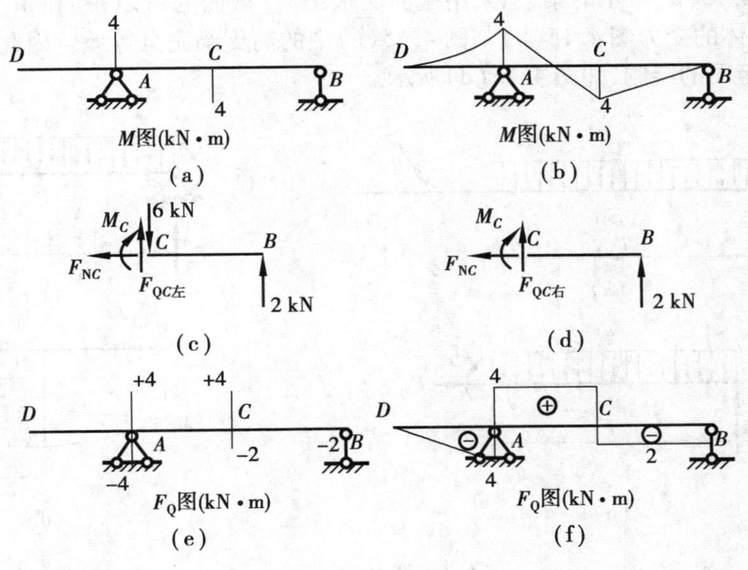

图4.13

4.2.4　区段叠加法

若作用在结构上的荷载情形较复杂,则可以进一步利用简支梁受简单荷载作用的内力图特性简化内力图作图过程。

考察如图 4.14(a)所示两端作用集中力偶、满跨布置均匀荷载的简支梁。该梁的弯矩图可视为两部分之和:仅在集中力偶作用下的弯矩图(见图 4.14(b))和仅在均匀荷载作用下的弯矩图(见图4.14(c))。叠加集中力偶和均匀荷载的弯矩图时,首先用虚线将 M_i 和 M_j 相连,以此虚线为新的基线,叠加均布荷载作用下的弯矩图,即在虚线的中点 b 处将 ab 线段延长 $ql^2/8$ 至 c 点,用光滑的曲线连接 d,c,e 3 点,即得到实际的弯矩图。

以上过程应用了**叠加原理,即对于小变形线弹性结构,所有荷载产生的总效应(内力和变形等)等于各种荷载单独作用产生效应的代数和。**

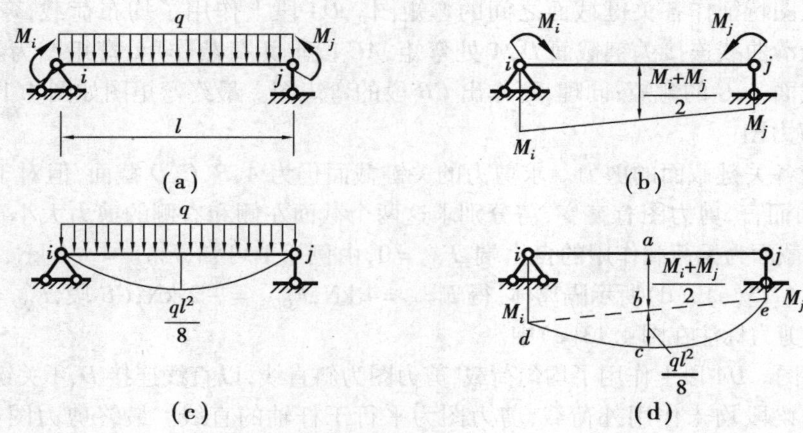

图 4.14

对于如图 4.15(a)所示的梁,当采用截面法求得 i,j 截面的弯矩 M_i 和 M_j 后,取 ij 段为隔离体,该段隔离体的受力图 4.15(b)与图 4.15(c)中的简支梁完全等效。因此,可利用叠加法进行 ij 区段弯矩图的绘制,如图 4.15(d)所示。

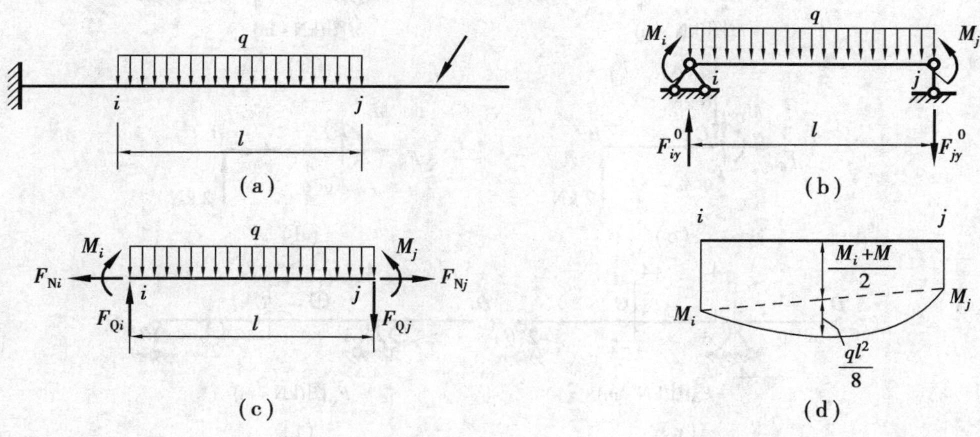

图 4.15

为便于使用区段叠加法,需熟悉简支梁在常见单一荷载作用下的内力图(见图 4.16)。

运用区段叠加法绘制任一杆件内力图的步骤如下:

①求支反力。

②将梁杆按关键截面分段,运用截面法求得各关键截面的内力。

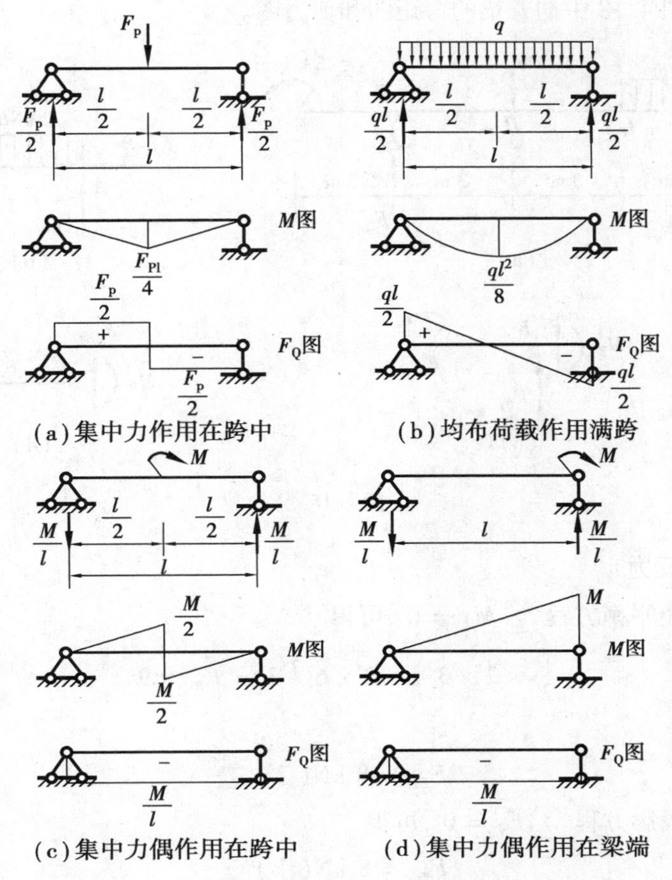

图 4.16　简支梁在单一荷载作用下的内力图

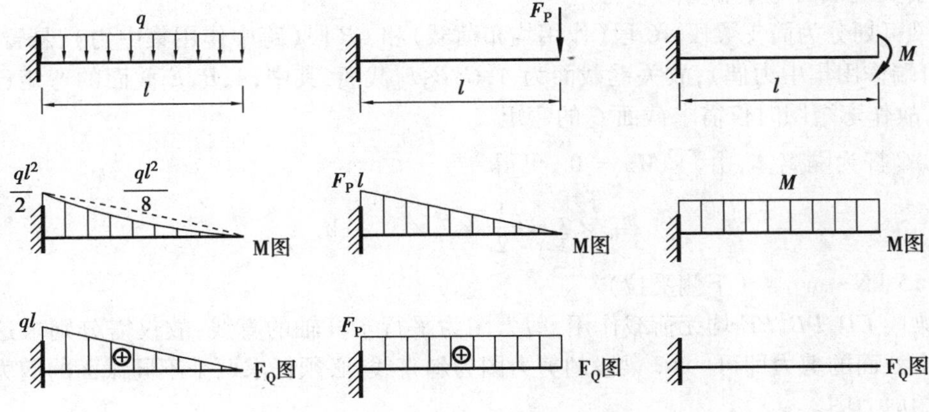

图 4.17　悬臂梁在单一荷载作用下的内力图

③根据各关键面弯矩值，利用内力图特征和区段叠加法，逐段绘制弯矩图。

④根据各关键面剪力值，利用内力图特征，逐段绘制剪力图。

⑤若需要，根据各关键面轴力值，逐段绘制轴力图。

例 4.3 试绘图 4.18 中伸臂梁的弯矩图和剪力图。

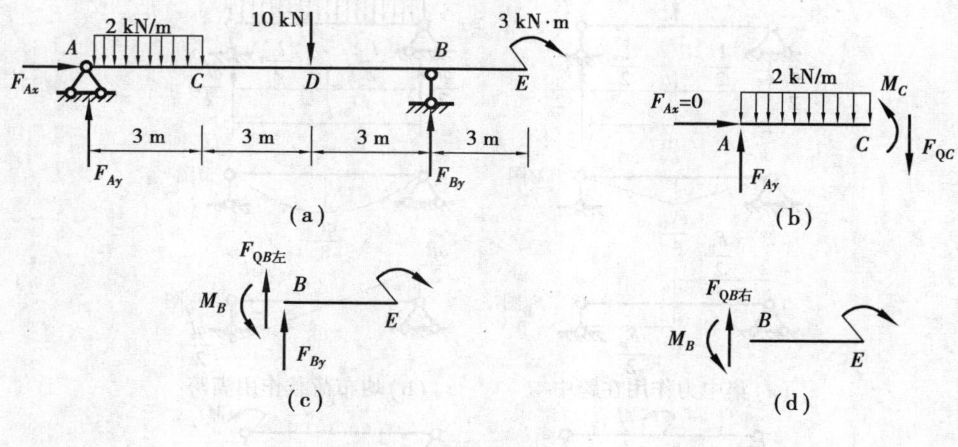

图 4.18

解 1)求支座反力

对整个梁列力矩平衡方程 $\sum M_A = 0$,可得

$$\frac{1}{2} \times 2 \times 3^2 + 10 \times 6 + 3 = F_{By} \times 9$$

解得

$$F_{By} = 8\ \text{kN}(\uparrow)$$

由整体的竖向投影方程 $\sum F_y = 0$,可得

$$F_{Ay} = 8\ \text{kN}(\uparrow)$$

由整体水平投影方程 $\sum F_x = 0$,易得 $F_{Ax} = 0$。

2)求关键截面弯矩和剪力

该梁可划分为简支梁段 AC 段(作用均布荷载)和 CB 段(跨中作用集中力)、悬臂梁段 BE 段(自由端作用集中力偶),故关键截面为 A,C,B,E 截面,其中,A,B,E 截面的弯矩已知或极易求得,故作弯矩图时仅需求截面 C 的弯矩。

取 AC 杆为隔离体,由 $\sum M_C = 0$,可得

$$F_{Ay} \times 3 = \frac{1}{2} \times 2 \times 3^2 + M_C$$

故 $M_C = 15\ \text{kN}\cdot\text{m}$ (下侧受拉)

因梁段 CD,DB,BE 均无荷载作用,剪力图为平行于杆轴的直线,故仅需分别求这些梁段上任一个截面的剪力即可。AC 梁段的剪力图为斜直线,必须任求两个不同截面的剪力才能确定该段的剪力图。

对 AC 段,由 A 结点的平衡条件易知 $F_{QA} = 8$ kN;取 AC 段为隔离体(见图 4.18(b)),利用平衡方程 $\sum F_y = 0$,可得

$$F_{QC} = 2\ \text{kN}$$

对于 DB,BE 梁段,分别沿 B 截面以左和以右将原杆件切段,由隔离体图 4.18(c)可求得

$$F_{QB左} = -8\text{ kN}$$

由隔离体图 4.18(d)可求得 $F_{QB右}=0$。

3)作图

根据内力图规则和区段叠加法,作出该梁的弯矩图和剪力图,如图 4.19 所示。

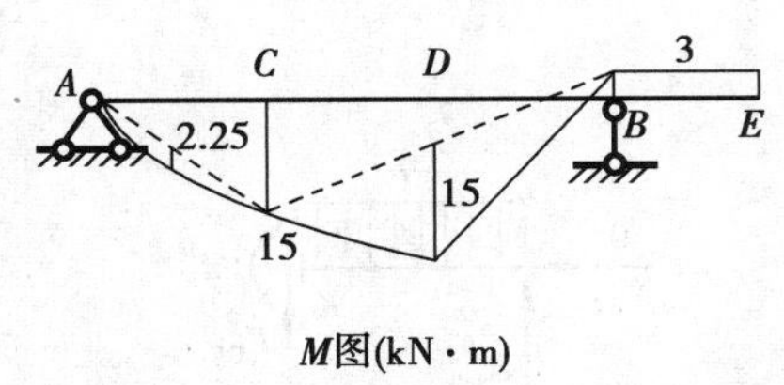

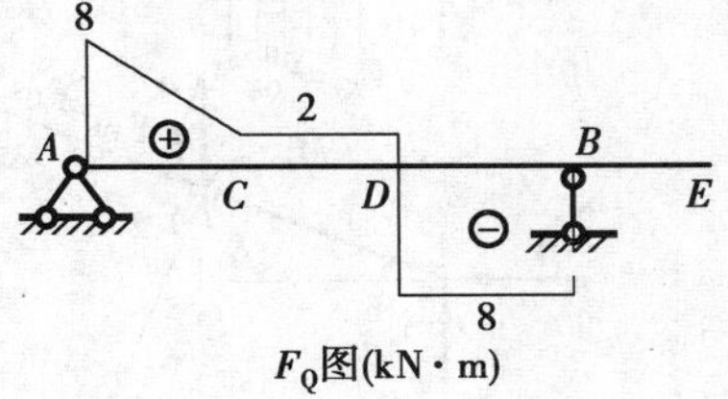

图 4.19

4.2.5　斜简支梁

在房屋建筑中,楼梯梁是常见的斜梁,如图 4.20(a)所示。其计算简图如图 4.20(b)所示。斜梁的特点是在竖向荷载作用下将产生轴力,而水平梁不会产生轴力。当跨度与斜梁在水平方向投影长度相同且荷载布置相同的水平简支梁称为斜梁的相当简支梁,如图 4.20(c)所示。

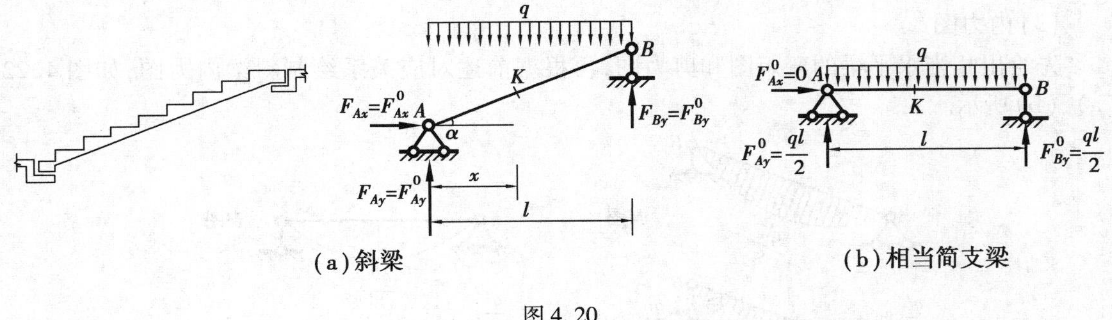

(a)斜梁　　(b)相当简支梁

图 4.20

(1)斜梁支座反力

对斜梁而言,利用整体平衡条件 $\sum F_x = 0$,得 $F_{Ax}=0$;由整体平衡条件 $\sum M_B = 0$,有

$$F_{Ay}l = ql \times \frac{l}{2}$$

解得

$$F_{Ay} = \frac{1}{2}ql(\uparrow)$$

再由 $\sum F_y = 0$,得

$$F_{By} = \frac{1}{2}ql(\uparrow)$$

可知,当斜梁受到沿水平方向分布的均匀荷载时,其支座反力与相当简支梁相同,即

$$F_{Ax} = F^0_{Ax}, F_{Ay} = F^0_{Ay}, F_{By} = F^0_{By}$$

式中,上标 0 表示该力为相当简支梁的反力。

(2)内力

分别取斜梁上任意截面 K 以左和相当简支梁对应 K 截面以左为隔离体,如图 4.21(a)、(b)所示。

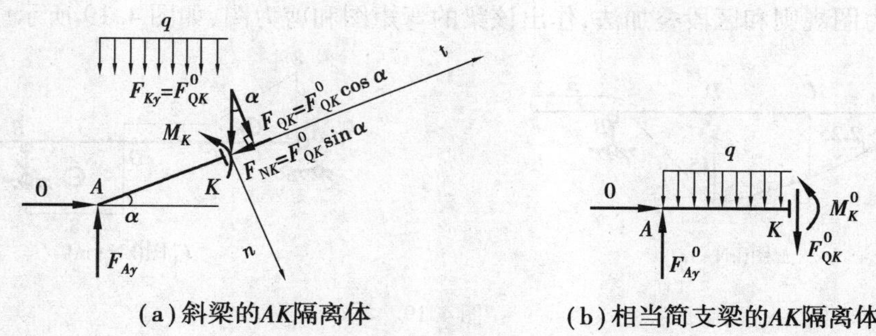

(a)斜梁的AK隔离体　　(b)相当简支梁的AK隔离体

图 4.21

对比斜梁 K 截面内力与相当简支梁 K 截面的内力,可知:

$$M_K = M_K^0, F_{QK} = F_{QK}^0\cos\alpha, F_{NK} = -F_{QK}^0\sin\alpha$$

即两者的弯矩相同,斜梁的剪力小于相当水平梁的剪力,为后者沿斜梁截面方向的投影。斜梁具有轴力,大小为相当水平梁的剪力沿斜梁轴线的投影。

(3)内力图

先绘出相当水平梁的弯矩图和剪力图,再根据前述对应关系绘制斜梁内力图,如图 4.22(a)、(b)所示。

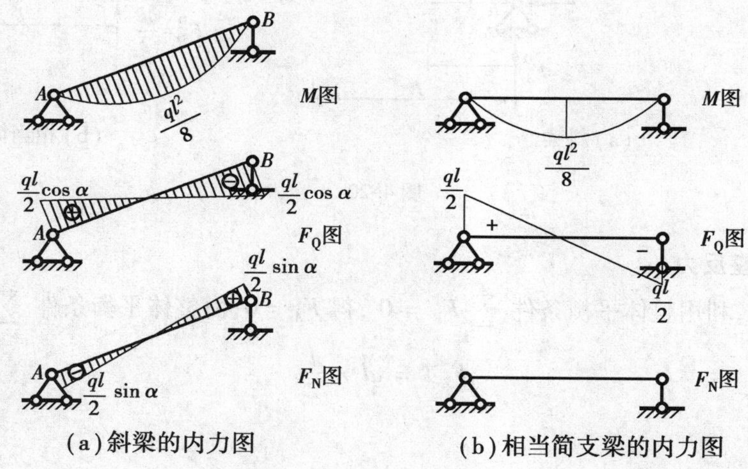

(a)斜梁的内力图　　(b)相当简支梁的内力图

图 4.22

4.3　多跨静定梁的内力计算与内力图

4.3.1　多跨静定梁的几何构造特点及传力途径

多跨静定梁是将若干根单跨梁用铰相连而形成的静定结构,在桥梁、屋架檩条、幕墙支撑等结构中得到了广泛应用。计算多跨静定梁的关键是分清其几何构造特点和传力次序,并由此确定计算步骤。

对如图 4.23(a)所示的多跨静定梁,在竖向荷载作用下,其伸臂梁 *ABC* 部分和伸臂梁 *DEF* 部分均为静定部分;而 *CD* 梁部分,必须依靠 *ABC* 段和 *DEF* 段才能成为几何不变部分。因此,就几何组成分析而言,**多跨静定梁可分为基本部分和附属部分。基本部分**是指多跨静定梁中为静定或因能独立承担荷载而可视作静定结构的部分;**附属部分**是指必须依靠基本部分才能维持其几何不变的梁段,这些梁段因缺少约束而无法独立承担荷载。

多跨静定梁的基本部分和附属部分的关系可用层次图表示,如图 4.23(b)所示。由层次图可知,荷载将通过附属部分传递给基本部分,而作用在基本部分的荷载不会传递给附属部分。多跨静定梁的传力途径如图 4.23(c)所示。

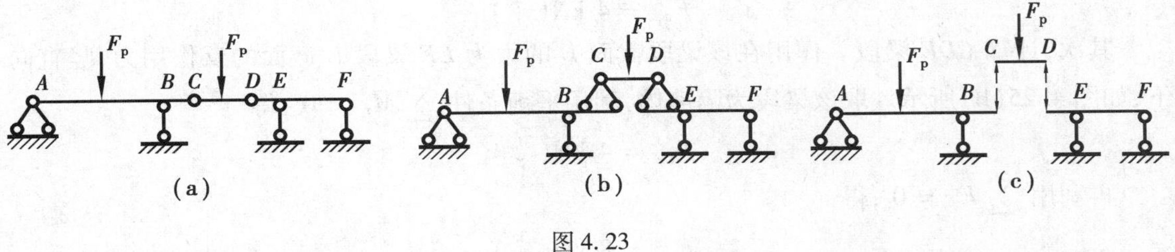

图 4.23

4.3.2　多跨静定梁的内力计算

根据多跨静定梁的传力特点,在计算多跨静定梁时,应先计算附属部分,将基本部分对附属部分的支撑作用力反向作为附属部分向基本部分传递的荷载,再计算基本部分。具体计算步骤如下:

①作层次图,以确定力的传递途径。

②计算附属部分的支座反力和向基本部分传递的反作用力。

③按照先“附属”部分后“基本”部分的顺序逐梁段绘内力图。

④将第 3 步绘制的各梁段的内力图拼接,以作出全结构的内力图。

⑤校核。可利用微分关系校核内力图、支座结点平衡条件校核支反力。

例 4.4　试绘如图 4.24 所示多跨静定梁的内力图。

解　1)作层次图。

从该梁的几何组成分析可知,*ABC* 梁段是基本部分,*CDE*,*EF* 梁段都属于附属部分,所得层次图如图 4.25(a)所示。

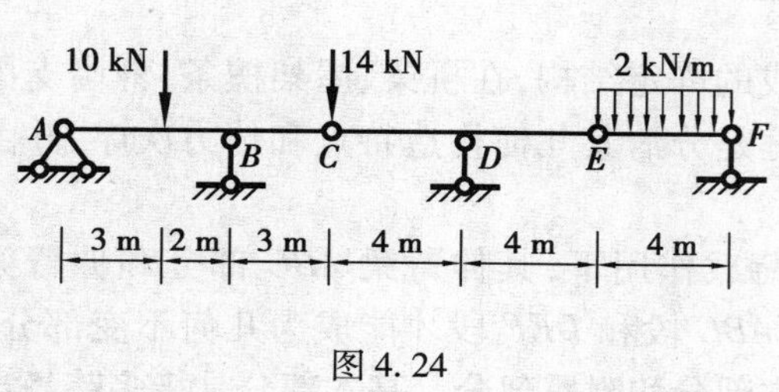

图 4.24

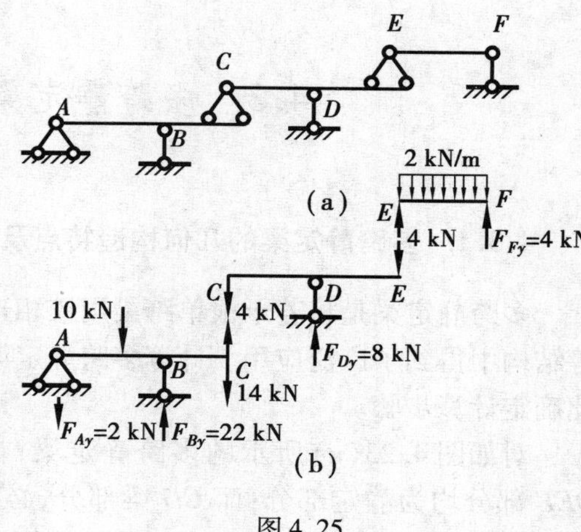

图 4.25

2)计算支反力、附属部分与基本部分的相互作用力。

首先,计算 EF 梁段。取 EF 梁段为隔离体,利用平衡条件 $\sum M_E = 0$,得

$$F_{Fy} = 4\ \text{kN}(\uparrow)$$

再利用 $\sum F_y = 0$,得

$$F_{Ey} = 4\ \text{kN}(\uparrow)$$

其次,计算 CDE 梁段。作用在该梁段截面 E 的力为 EF 梁段 E 截面的反作用力,竖直向下,如图 4.25(b)所示。取该梁段为隔离体,利用平衡条件 $\sum M_D = 0$,得

$$F_{Cy} = 4\ \text{kN}(\downarrow)$$

再利用 $\sum F_y = 0$,得

$$F_{Dy} = 8\ \text{kN}(\uparrow)$$

最后,计算基本部分 ABC 段的受力。取 ABC 梁段为隔离体,利用平衡条件 $\sum M_B = 0$,得

$$F_{Ay} = 2\ \text{kN}(\downarrow)$$

再利用 $\sum F_y = 0$,得

$$F_{By} = 22\ \text{kN}(\uparrow)$$

分层次受力图如图 4.25(b)所示。

3)逐段绘制弯矩图。

按照单跨静定梁弯矩图的绘制方法,将各梁段的弯矩图绘出,如图 4.26 所示。

4)按单跨梁剪力图的作图规律,分别绘制各梁段的剪力图,然后将其拼接在一起,形成多跨梁的剪力图,如图 4.27 所示。

与单跨静定梁相比,多跨梁不仅提供了大跨的支撑体系,内力分布也较单跨梁均匀,内力峰值较单跨梁低。

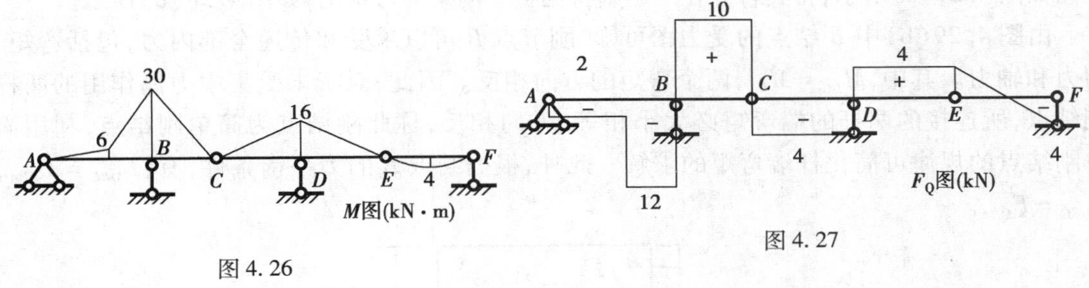

图 4.26

图 4.27

4.4　静定平面刚架的内力计算与内力图

由若干梁和柱等直杆主要用刚结点组成的结构称为刚架。刚架是常见的结构形式之一。当刚架的所有杆轴和荷载都在同一平面且为无多余约束的几何不变体系时,称为**静定平面刚架**。

4.4.1　静定平面刚架的基本形式及受力变形特点

刚架结构具有杆件少、内部空间大、制作方便等特点,在建筑工程中得到了大量应用。如图 4.28(a)所示的站台雨篷为悬臂刚架,如图 4.28(b)所示的桥架为简支刚架,如图 4.28(c)所示的屋架为三铰刚架,这 3 种刚架是静定平面刚架最基本的几何组成形式。

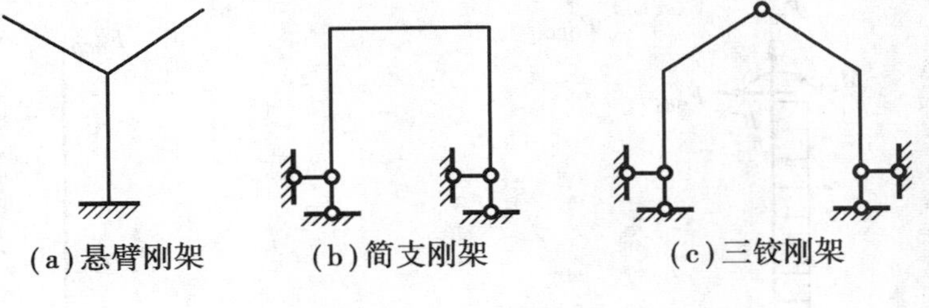

图 4.28

在刚架中,由刚结点所连接的杆件在刚结点处不能发生相对转动和移动,在变形过程中,刚结点处的杆件夹角将保持不变,因此,刚结点能够承受并传递包括弯矩在内的所有内力。刚架各杆的内力通常有弯矩、剪力和轴力,而内力的正负号规定与梁相同。

刚架中杆件的受力分析本质上与单跨静定梁相同,可在各杆杆端处将刚架拆分为单杆,先由刚架的整体或局部平衡条件,求出支座反力与杆端节点约束力,再用截面法逐杆求解各杆关键截面的内力,然后利用内力图特征和区段叠加法绘制单杆的内力图,最后将所有单杆内力图拼接得到整个刚架的内力图。这种方法称为**杆梁法**。通常,剪力和轴力图可绘在杆件的任一侧,但须注明正负,弯矩图绘在杆件受拉侧,毋须标注正负。

以如图 4.29(a)所示的刚架为例,可将其离散为 AB,BC 和 CD 3 根杆件以及刚结点 B 和 C(见图 4.29(b)),再分别求每根杆节点处的支座反力或约束力。图中,为区分相交于同一点的各杆杆端的内力,引入双下标表示方法,第 1 个下标表示内力所在截面,第 2 个下标表示隔离体另一端的截面编号,例如,M_{BA} 为 BA 杆 B 端的弯矩,F_{QCD} 为 CD 杆 C 端的剪力。各杆的弯矩图如图 4.29(c)所示,将其合并在一起则得到整个刚架的弯矩图,如图 4.28(d)所示。

由图 4.29(b)中 B 结点的受力图可知,刚节点 B 可以承受和传递全部内力,包括弯矩、剪力和轴力。其中,$M_{BC}=M_{BA}$,两个弯矩的方向相反。因此,对于未受集中力偶作用的两杆刚结点,所连接的两杆的端弯矩必大小相等、方向相反,称此刚结点为**简单刚结点**,利用简单刚结点的规律可简化杆端弯矩的求解。此外,根据结点 B 的力平衡条件,有:$F_{QBC}=F_{NBA}$,$F_{NBC}=F_{QBA}$。

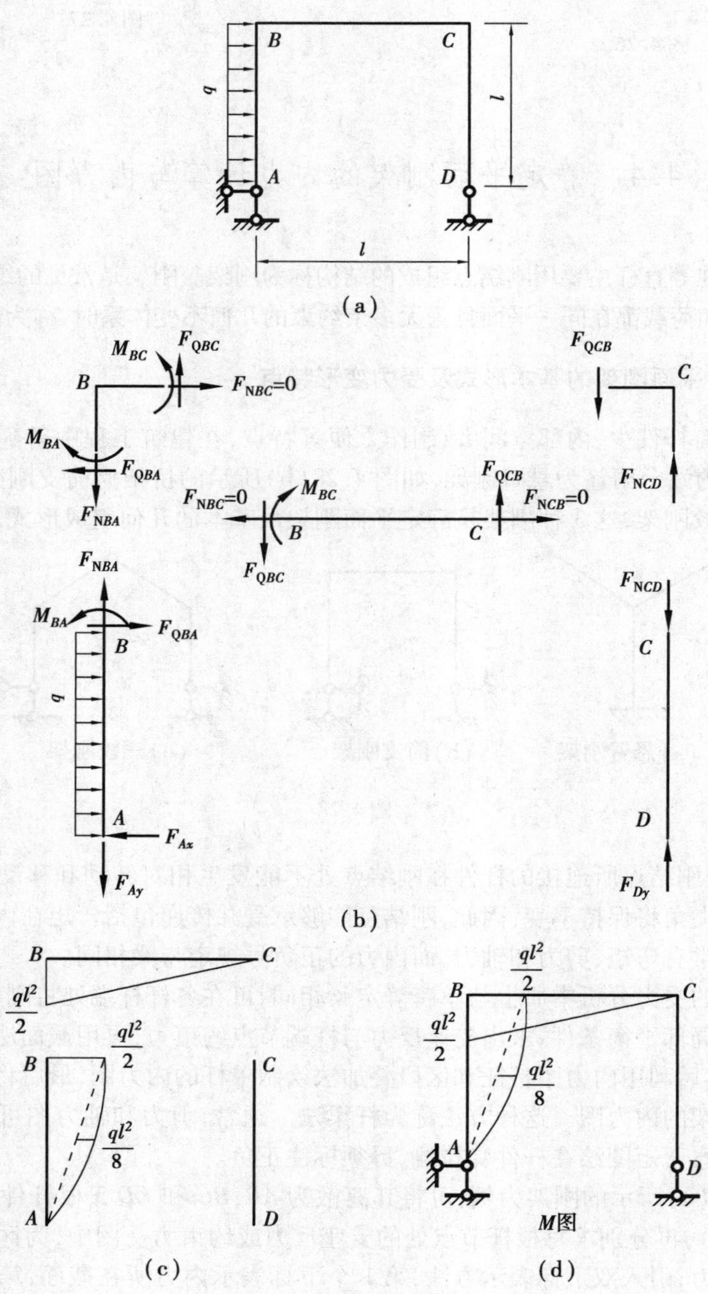

图 4.29

因刚结点能承受和传递弯矩,故可降低结构中的弯矩峰值,改善结构的受力状况,从而达到节省材料的效果。如图4.30(a)所示刚架与其相同跨度和荷载情况下的简支梁相比,梁中的弯矩峰值大大减小,弯矩的分布更为合理。

刚架结构的杆件在受力后将产生变形,但刚结点在变形前后其原有夹角不变,如图4.30(c)所示。因此,与相同跨度和荷载情况下的简支梁相比,刚架的刚度增大,竖向变形较小,可形成比梁更大的空间。

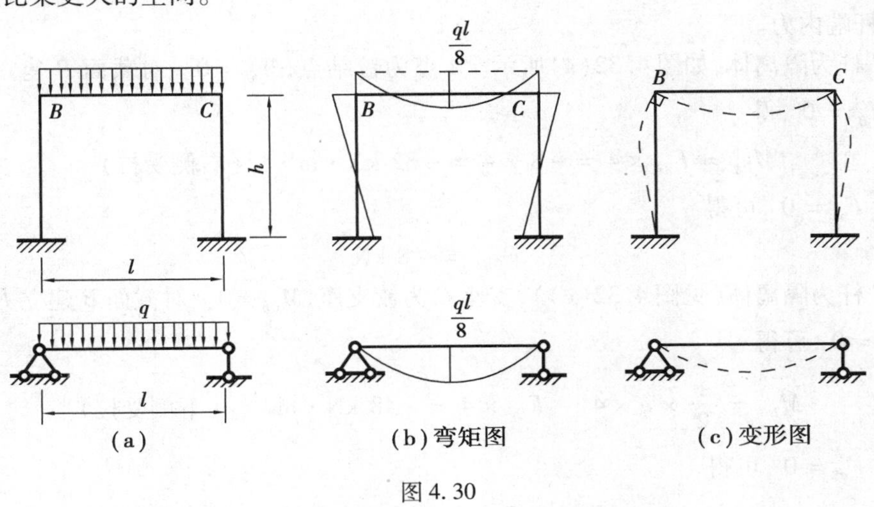

图4.30

4.4.2　静定平面刚架的内力计算和举例

刚架的内力计算采用**杆梁法**,并分段绘制内力图。绘制刚架内力图的一般步骤如下:

①求支座反力。

②在结点处将各杆截开,将刚架离散为若干根单杆。

③依次计算各杆控制截面弯矩,绘制各杆弯矩图。通常,刚架各杆的控制截面取在梁端截面和柱顶截面。

④根据内力图特征,由弯矩图求作各杆剪力图。

⑤根据结点力的平衡条件计算各杆轴力,并绘制各杆轴力图。由于轴向荷载一般不作用在杆件上,因此,各杆轴力图一般为平行于杆件轴线的直线。

⑥将各杆内力图拼接在一起得到刚架内力图。

⑦校核。

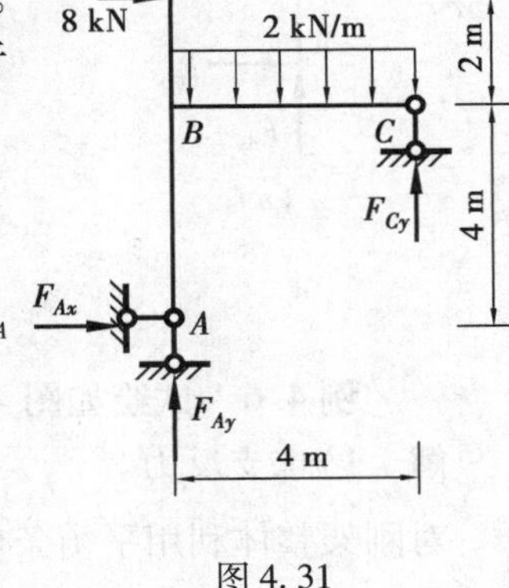

图4.31

例4.5　求如图4.31所示刚架的杆端内力 M_{BA},M_{BC},F_{QBA} 和 F_{QBC}。

解　1)求支反力。

对刚架整体利用平衡条件 $\sum M_A = 0$,有

$$8 \times 6 + \frac{1}{2} \times 2 \times 4^2 = F_{Cy} \times 4$$

可得

$$F_{Cy} = 16\ \text{kN}(\uparrow)$$

由 $\sum F_x = 0$，可得

$$F_{Ax} = -8\ \text{kN}(\leftarrow)$$

再由 $\sum F_y = 0$，可得

$$F_{Ay} = -8\ \text{kN}(\downarrow)$$

2)求杆端内力。

取 AB 杆为隔离体，如图 4.32(a)所示。A 点为铰结点，$M_{AB}=0$。对截面 B 建立力矩平衡方程 $\sum M_B = 0$，得

$$M_{BA} = F_{Ax} \times 4 = -8 \times 4 = -32\ \text{kN}\cdot\text{m} \quad \text{(右侧受拉)}$$

由 $\sum F_x = 0$，可得

$$F_{QBA} = -8\ \text{kN}$$

取 BC 杆为隔离体(见图 4.32(c))，支座 C 为铰支座，$M_{CB}=0$。对截面 B 建立力矩平衡方程 $\sum M_B = 0$，可得

$$M_{BC} = \frac{1}{2} \times q \times 4^2 - F_{Cy} \times 4 = -48\ \text{kN}\cdot\text{m} \quad \text{(下侧受拉)}$$

由 $\sum F_y = 0$，可得

$$F_{QBC} = 2 \times 4 - 16 = -8\ \text{kN}$$

校核：由结点 B 的力矩平衡(见图 4.32(b))可知，所求得的截面弯矩正确。

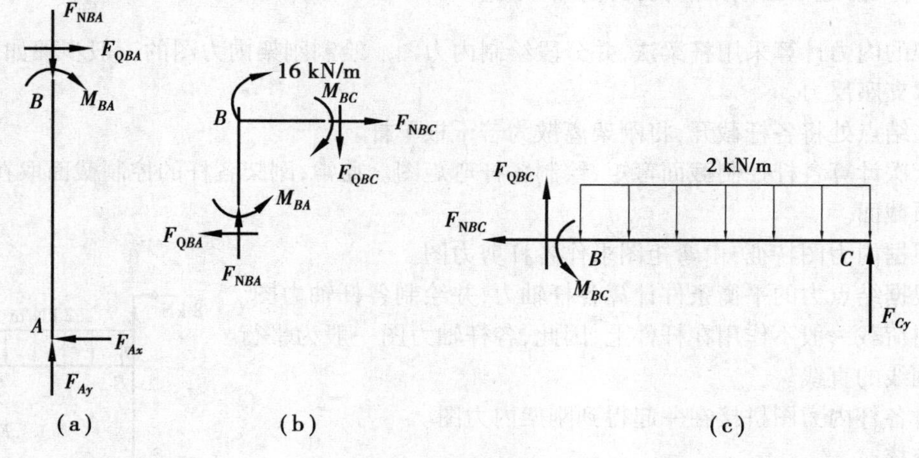

图 4.32

例 4.6 试绘如图 4.33 所示刚架的内力图。

解 1)求支反力。

对刚架整体利用平衡条件 $\sum M_A = 0$，有

$$F_{Dy} = ql(\downarrow)$$

由 $\sum F_x = 0$，可得

$$F_{Ax} = ql(\rightarrow)$$

由 $\sum F_y = 0$，可得

$$F_{Ay} = 2ql(\uparrow)$$

2）作弯矩图。

将刚架在节点处截断，形成如图4.34所示由单杆AB，BC，CD以及刚节点B，C构成的体系。

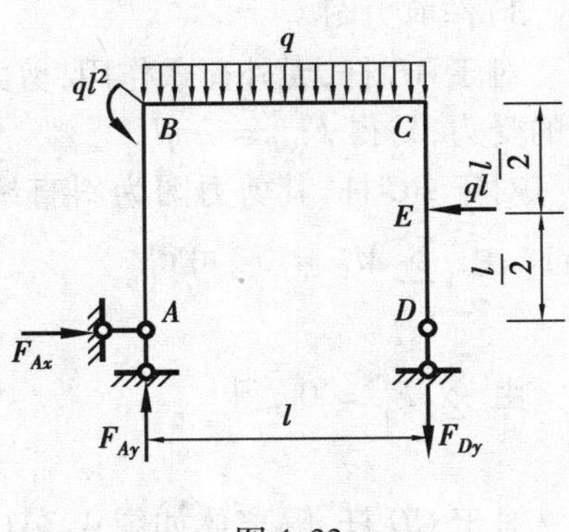

图4.33

对于AB杆（见图4.34(a)）：因无外荷载作用，弯矩图为斜直线。关键截面为A，B截面。因A结点为铰结点，有$M_{AB}=0$；对AB杆利用平衡条件 $\sum M_B = 0$，可得$M_{BA}=ql^2$，左侧受拉。

对于BC杆（见图4.34(b)）：其上作用了均布荷载，弯矩图为抛物线，关键截面为B，C截面。取B结点为隔离体，如图4.34(c)所示。利用结点B的平衡条件 $\sum M_B = 0$，有$M_{BC} = 2ql^2$，上侧受拉。注意，由于B结点作用了集中力矩，因此结点B不是简单刚结点，$M_{BC} \neq M_{BA}$。将BC杆沿C截面切开，取CD部分为隔离体，如图4.34(d)所示。由杆件CD的力矩平衡条件 $\sum M_C = 0$，得$M_{CB} = \frac{1}{2}ql^2$，上侧受拉。

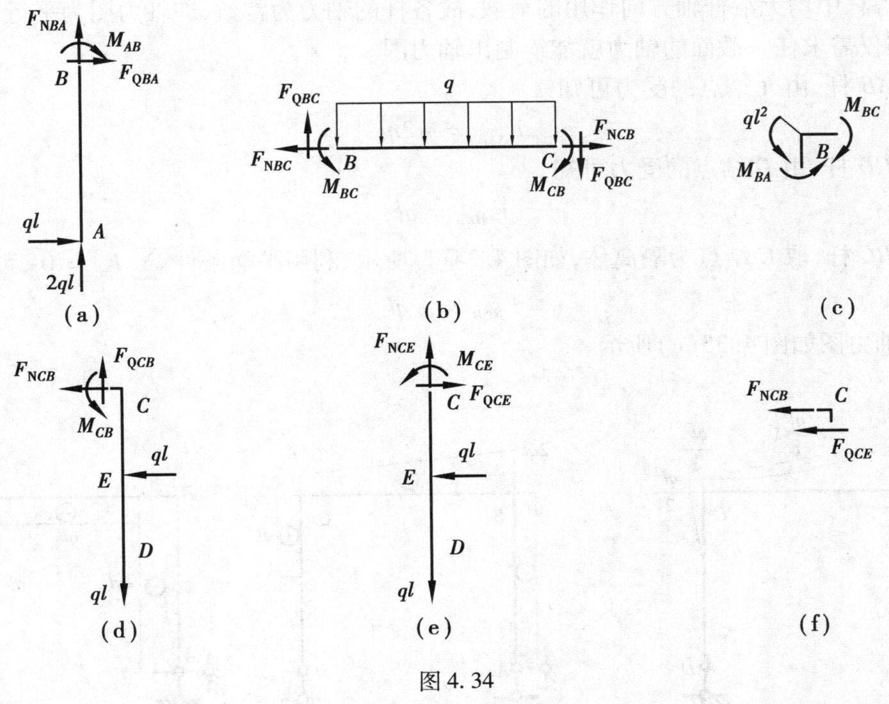

图4.34

对于CD杆：其杆中部作用了集中力，弯矩图为折线，关键截面为C，D截面。D结点为铰结点，$M_{DC}=0$；C结点为简单刚结点，有$M_{CD}=M_{CB}=\frac{1}{2}ql^2$，右侧受拉。

根据各杆弯矩图特征，可作出刚架弯矩图如图4.35(a)所示。

3)作剪力图。

对于 AB 杆,无外荷载作用,剪力图为平行于杆轴的直线,关键截面为 A 截面。根据 A 结点的受力,易得 $F_{QAB}=-ql$。

对于 BC 杆,其剪力图为斜直线,关键截面为 B,C 截面。以 BC 杆为隔离体(见图 4.34(b)),由 $\sum M_C=0$,可得

$$F_{QBC}=2ql$$

由 $\sum F_y=0$,得

$$F_{QCB}=ql$$

对于 CD 杆,隔离体如图 4.34(e)所示,杆中部截面 E 作用了集中力,在该截面剪力发生突变,而 CE,ED 段剪力图均为平行于杆轴的直线。由结点 D 的受力可知

$$F_{QDE}=0$$

由 CD 杆平衡条件 $\sum F_x=0$,可得

$$F_{QCE}=ql$$

最终剪力图如图 4.35(b)所示。剪力图也可根据荷载、弯矩、剪力之间的关系由各杆弯矩图直接得到。

4)作轴力图。

刚架各杆中均无沿杆轴方向作用的荷载,故各杆的轴力为常数,即轴力图为平行于杆轴的直线,各杆仅需求任一截面的轴力就能绘制出轴力图。

对于 AB 杆,由 A 结点的受力可知

$$F_{NAB}=-2ql$$

对于 CD 杆,由 D 结点的受力可知

$$F_{NDC}=ql$$

对于 BC 杆,取 C 结点为隔离体,如图 4.34(f)所示,利用平衡条件 $\sum F_x=0$,可得

$$F_{NCB}=-ql$$

最终轴力图如图 4.35(c)所示。

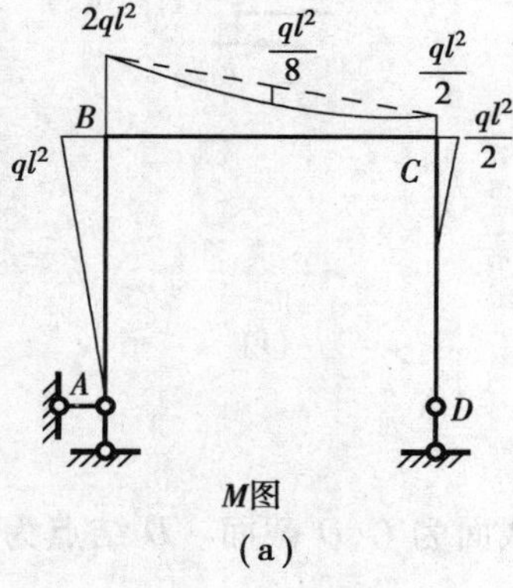

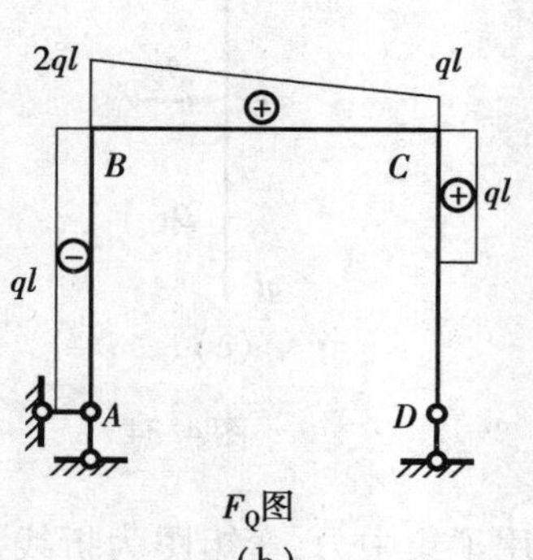

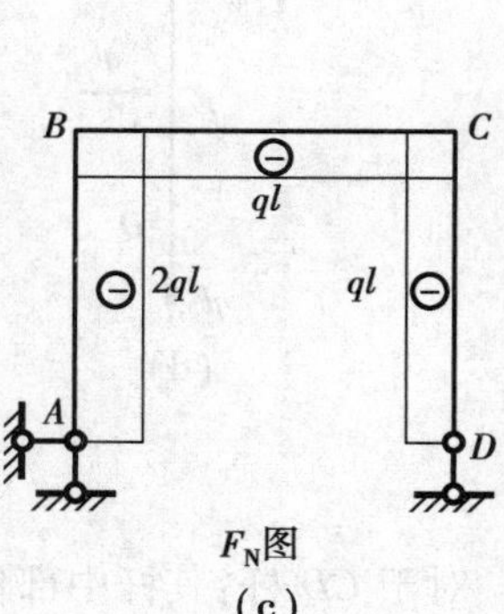

图 4.35

5)校核(略)。

任取刚架的一部分作为隔离体,检查其平衡条件,若满足,则计算无误。

例 4.7 试绘如图 4.36 所示三铰刚架的内力图。

解 1)求支反力。

因三铰刚架有 4 个未知支反力,依靠 3 个整体平衡方程是无法完全求出这 4 个支反力的,但注意到铰 B 处的弯矩为 0,故沿 B 铰将三铰刚架切开,取 B 铰以左或以右为隔离体,利用补充平衡方程 $\sum M_B = 0$,可求出所有支反力。

对整个刚架而言,由 $\sum M_A = 0$,得

$$F_{Cy} = 10\ \text{kN}(\uparrow)$$

由 $\sum M_C = 0$,得

$$F_{Ay} = 10\ \text{kN}(\uparrow)$$

由 $\sum F_x = 0$,得 $F_{Ax} = F_{Cx}$,方向如图 4.36(a)所示。

沿铰 B 将原结构切开,取铰 B 以左为隔离体(见图 4.35(b)),由 $\sum M_B = 0$,得

$$F_{Ax} = 5\ \text{kN}(\rightarrow)$$

故

$$F_{Cx} = 5\ \text{kN}(\leftarrow)$$

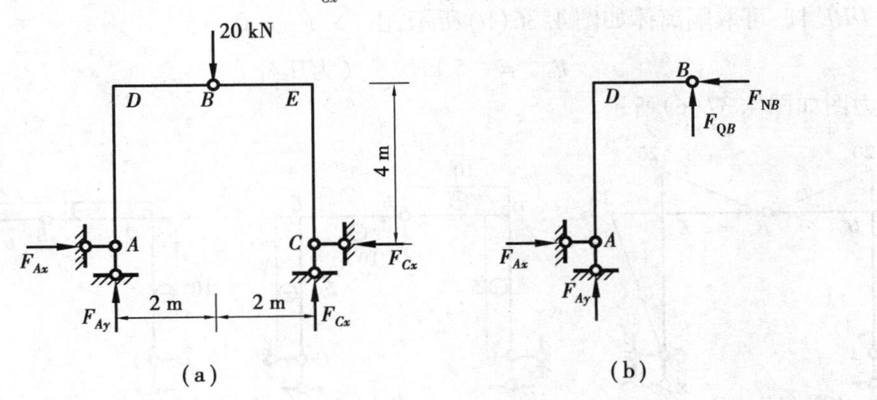

图 4.36

2)作弯矩图。

对 AD 杆:取 AD 杆为隔离体,可得

$$M_{AD} = 0$$

$$M_{DA} = 20\ \text{kN} \quad (\text{左侧受拉})$$

对 DB 杆:D 结点为简单刚节点,故

$$M_{DB} = M_{DA} = 20\ \text{kN} \quad (\text{上侧受拉})$$

$$M_{BD} = 0$$

因结构及作用的荷载均对称,故 BE,EC 杆的弯矩分别与 DB,DA 杆对称。弯矩图如图 4.37(a)所示。

3)作剪力图。

该例中,各杆均未作用外荷载,剪力图平行于杆轴线,只需求各杆任一截面的剪力即可确定其剪力图。

对 AD 杆,从 A 结点的受力可知

$$F_{QAD} = -5\ \text{kN}$$

对 CE 杆,从 C 结点的受力可知

$$F_{QCE} = 5\ \text{kN}$$

对 DB 杆,在铰 B 左侧作截面切断杆件,取 B 截面以左为隔离体,利用 $\sum F_y = 0$ 得

$$F_{QBD} = 10\ \text{kN}$$

同理,可得

$$F_{QBE} = -10\ \text{kN}$$

剪力图如图 4.37(b)所示。

4)作轴力图。

对 AD 杆,从 A 结点的受力可知

$$F_{NAD} = -10\ \text{kN} \qquad (为压杆)$$

对 CE 杆,从 C 结点的受力可知

$$F_{NCE} = -10\ \text{kN} \qquad (为压杆)$$

对 DBE 杆,可取隔离体如图 4.36(b)所示,由 $\sum F_x = 0$, 得

$$F_{NB} = -5\ \text{kN} \qquad (为压杆)$$

轴力图如图 4.37(c)所示。

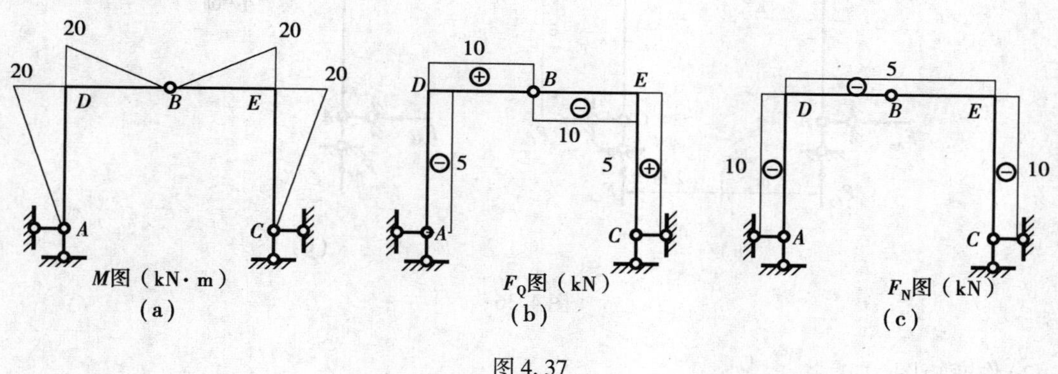

图 4.37

4.5 静定三铰拱的支反力与内力

拱是在竖向荷载作用下将产生水平反力的曲线型结构。拱能够采用石材、混凝土等价格较为低廉的建筑材料形成大跨度的结构,是房屋、桥梁和水工结构中常用的结构形式,如拱桥、剧院看台中的圆弧梁等。

4.5.1　拱的基本形式及受力变形特点

按照拱中包含铰的个数，拱结构可分为无铰拱、二铰拱和三铰拱，如图 4.38 所示。从内力上分析，前两者属于超静定结构，后者则属于静定结构。本节只讨论静定三铰拱。

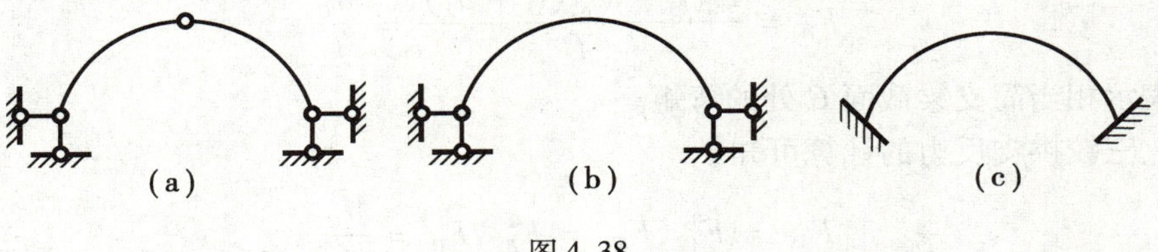

图 4.38

三铰拱的两端支座处称为拱趾；两拱趾间的水平距离称为跨度；拱轴上距起拱线最远处称拱顶；拱顶距起拱线之间的竖直距离称为拱高；拱高 f 与跨度 l 之比称为高跨比（见图4.39），是控制拱受力的重要数据。

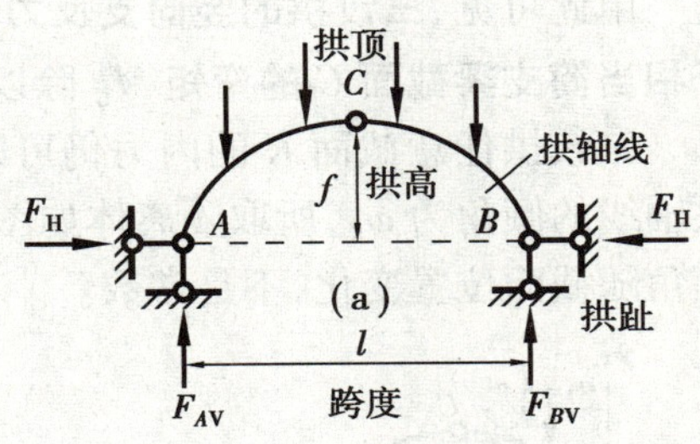

图 4.39　三铰拱计算简图及各部分名称

4.5.2　静定三铰拱支座反力及内力计算

如图 4.40(a)所示的三铰拱。作与该三铰拱跨度相同的[illegible]平简支梁，在简支梁对应截面处作用与三铰拱相同[illegible]见图 4.40(b))，称该水平梁为相当水平梁。

[illegible]40(a)所示三铰拱，由整体平衡方程

$$F_{AV}l = F_{p1}b_1$$

则

$$F_{AV} = \frac{F_{p1}b_1}{l} = F_{AV}^0$$

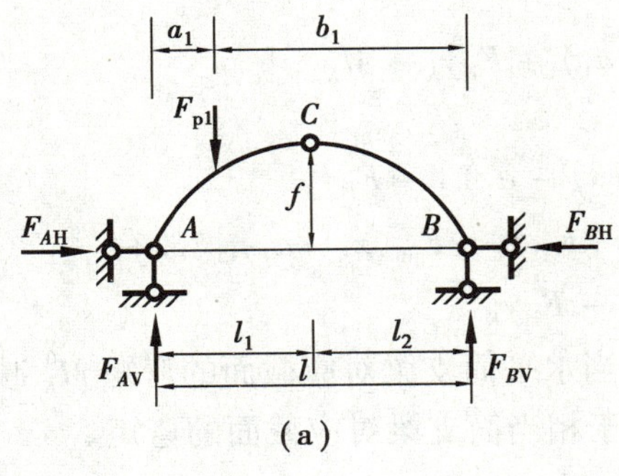

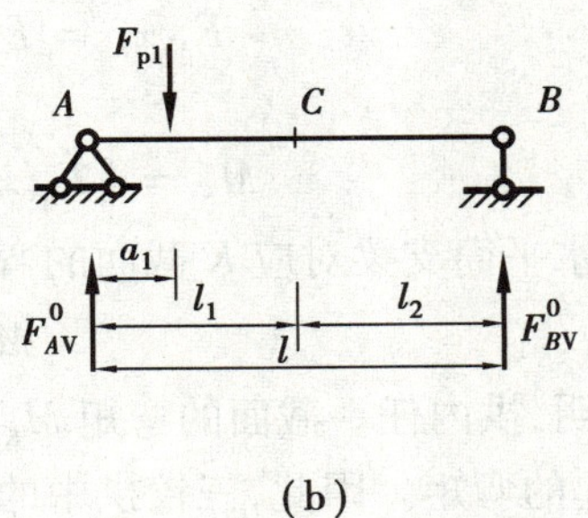

图 4.40　三铰拱支座反力计算

同理，由 $\sum M_A = 0$，可得

$$F_{BV} = \frac{F_{p1}a_1}{l} = F_{BV}^0$$

由此可见，拱的竖向反力与相当简支梁的竖向反力相同。

利用整体平衡方程 $\sum F_x = 0$,得

$$F_{AH} = F_{BH} = F_H$$

因在铰 C 处已知弯矩为0,故取拱顶铰 C 以左部分为隔离体,由 $\sum M_C = 0$ 有

$$F_H = \frac{F_{AV}l_1 - F_{p1}(l_1 - a_1)}{f} = \frac{M_C^0}{f}$$

式中,M_C^0 表示相当简支梁截面 C 处的弯矩。

从以上三铰拱支反力的计算可知

$$F_{AV} = F_{AV}^0, F_{BV} = F_{BV}^0, F_H = \frac{M_C^0}{f} \tag{4.3}$$

由此可见,**三铰拱的竖向支反力 F_{AV},F_{BV} 与相当简支梁的竖向支反力相同,而水平推力等于相当简支梁截面 C 的弯矩 M_C^0 除以拱高。**

三铰拱任意截面 K 的内力仍可采用截面法求取。设 K 截面形心坐标为 x_K,y_K,形心处与拱轴线的倾角为 φ_K,所取隔离体如图4.41(b)所示。注意,三铰拱为曲线型结构,截面形心的倾角随截面位置变化,不是常数。

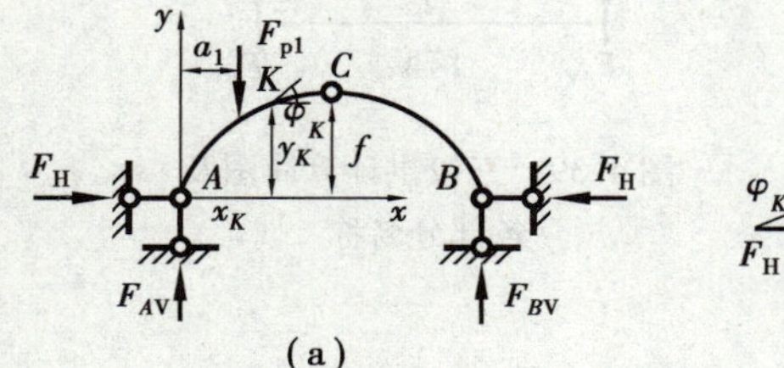

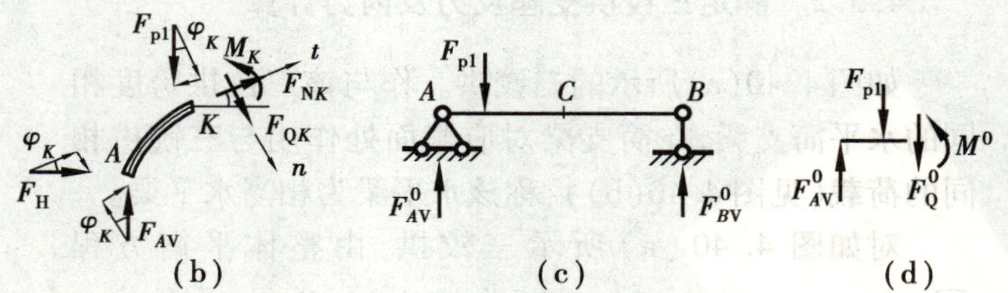

图4.41 三铰拱内力计算

(1)弯矩的计算

对隔离体 AK 而言,由 $\sum M_K = 0$,得

$$F_{AV}x_K = F_{p1}(x_K - a_1) + F_H y_K + M_K$$

整理得

$$M_K = [F_{AV}x_K - F_{p1}(x_K - a_1)] - F_H y_K$$

因相当水平简支梁对应 K 截面的弯矩 $M_K^0 = [F_{AV}x_K - F_{p1}(x_K - a_1)]$,故有

$$M_K = M_K^0 - F_H y_K$$

上式表明,拱内任一截面的弯矩 M_K 等于相当水平简支梁对应截面的弯矩 M_K^0 减去水平推力 F_H 所引起的弯矩。因此,三铰拱中的弯矩小于相当简支梁对应截面的弯矩。

(2)剪力的计算

对于如图4.41(b)所示的隔离体,所有力沿 K 截面法线方向 n 投影求和,有 $\sum F_n = 0$,则

$$F_{QK} = F_{AV}\cos\varphi_K - F_{p1}\cos\varphi_K - F_H\sin\varphi_K = (F_{AV} - F_{p1})\cos\varphi_K - F_H\sin\varphi_K$$

从如图4.41(d)所示的隔离体可知,相当水平简支梁上截面 K 的剪力为 $F_{QK}^0 = F_{AV} - F_1$,故有

$$F_{QK} = F_{QK}^0\cos\varphi_K - F_H\sin\varphi_K$$

(3)轴力的计算

对于如图4.41(b)所示的隔离体,所有力沿K截面切线方向t投影求和,有$\sum F_t = 0$,则

$$F_{NK} = -(F_{AV} - F_p)\sin\varphi_K - F_H\cos\varphi_K = -F_{QK}^0\sin\varphi_K - F_H\cos\varphi_K$$

综上所述,三铰拱与相应简支梁内力的关系为

$$\left.\begin{aligned} M &= M^0 - F_H y \\ F_Q &= F_Q^0\cos\varphi - F_H\sin\varphi \\ F_N &= -F_Q^0\sin\varphi - F_H\cos\varphi \end{aligned}\right\} \tag{4.4}$$

由此可见,三铰拱的内力值不仅与荷载及3个铰的位置有关,还与拱轴线的形状有关。

与简支梁相比,三铰拱的弯矩和剪力都将减小,而轴力将增大,且为轴压力。在竖向荷载作用下,拱在支座处将产生水平推力,导致拱中各截面的弯矩比相应简支梁对应截面的弯矩小得多,故拱结构以承受压力为主,这是拱结构多采用抗压强度较高而抗拉强度较低的砖、石、混凝土等传统建筑材料来建造的根本原因。

4.5.3　合理拱轴线

当三铰拱承受竖向荷载作用时,令式(4.4)中的弯矩$M = M^0 - F_H y = 0$,可得

$$y = \frac{M^0}{F_H} \tag{4.5}$$

式(4.5)表示一拱轴线的方程,式中拱推力F_H与三铰的位置以及荷载有关,M^0与荷载有关。则当3个铰的位置以及荷载均给定时,存在一条拱轴线,可使各截面弯矩为零,三铰拱只承受轴压力,称这条轴线为**合理拱轴线**。对于三铰位置给定的拱,不同的荷载作用对应不同形式的合理拱轴线。

弯矩作用下,杆件截面一侧受压,另一侧受拉,内力在横截面上的分布是不均匀的,而轴力在横截面上的分布是均匀的(详见第5章)。因此,设计时应尽量采用针对荷载形式的合理拱轴线以尽量减少三铰拱中的弯矩,使各截面均匀受压。

如图4.42(a)所示,三铰拱承受沿水平方向均匀分布的竖向荷载时,其合理拱轴线为二次抛物线,这也是在桥梁或大跨屋盖中广泛采用抛物线型拱的原因。

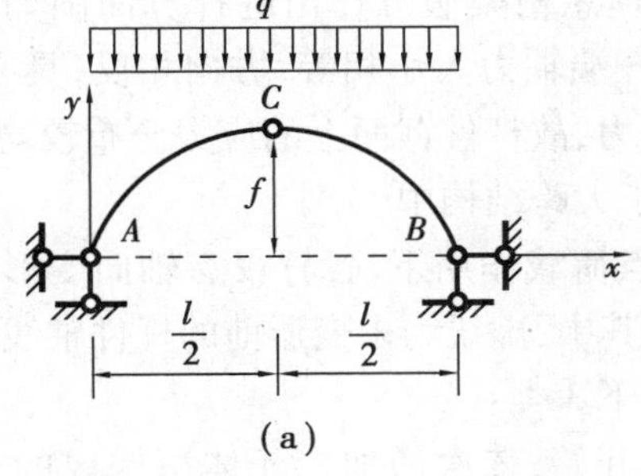

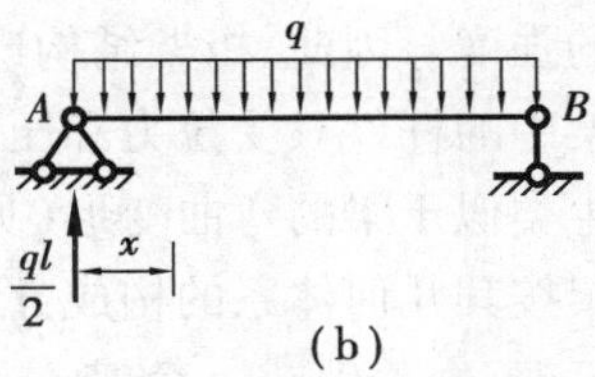

图4.42

4.6 静定平面桁架的内力计算

由若干直杆组成的格构体系称为桁架,通常采用钢、木或钢筋混凝土材料制作,是大跨度结构广泛采用的形式之一,如房屋结构中的屋架和天窗架、铁路和公路中的桁架桥、建筑施工用的支架等,图 4.43(a)、(b)分别为钢筋混凝土屋架和桁架桥示意图。当桁架所有的杆件和所受荷载均在同一个平面内且桁架为静定结构时,称为静定平面桁架。

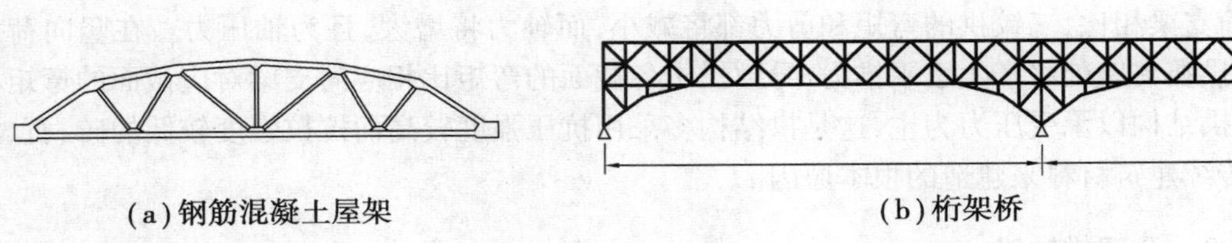

(a)钢筋混凝土屋架　　(b)桁架桥

图 4.43

4.6.1 静定平面桁架计算简图及常见类型

实际桁架的构造是多种多样的,受力较为复杂。为便于分析桁架受力,通常作如下假设:

①桁架的结点都是光滑的铰结点。

②杆件均为直杆并通过铰的几何中心。

③荷载和支座反力均作用在结点上。

满足以上 3 条假设的桁架称为理想桁架。实际桁架与理想桁架有一定区别。例如,木结构中采用螺栓连接或榫接,与铰接并不完全相同;又如,由于制造和装配误差,各杆轴线并不一定完全通过铰的几何中心或并不相交于一点;杆件的自重也不是结点荷载,等等。通常按照上述 3 条假设计算的桁架内力称为主内力;由实际情况与 3 条假设不同而产生的附加内力称为次内力。次内力主要为弯矩,其影响效应通常可忽略不计。本节只讨论主内力的计算。

对于图 4.43(a)中的钢筋混凝土屋架,根据理想桁架假设作出的计算简图如图 4.44 所示。图中任一杆件只有轴力而无弯矩和剪力,且杆端轴力大小相等,方向相反,具有同一作用线,则桁架中的杆件习称二力杆,内力为拉力或压力,故杆件截面上的应力分布较均匀,可以充分发挥材料的强度。因此,桁架结构广泛地应用于大跨结构中。

由于桁架中的杆件只受拉力和压力,故在结点荷载作用下,各杆仅有轴向变形,但桁架结构整体将产生类似于梁的弯曲变形(见图 4.45),其中,虚线为未变形前的杆件轴线。

平面桁架按其几何体系的构成方法可分为以下 3 类:

①简单桁架:由基础或一个基本铰结三角形开始,依次增加二元体所构成的桁架(见图 4.46(a))。

②联合桁架:由几个简单桁架按照几何不变体系的基本组成规则联成的桁架(见图4.46(b)、(c))。

③复杂桁架:不是按照上述两种方式组成的其他桁架(见图 4.46(d))。

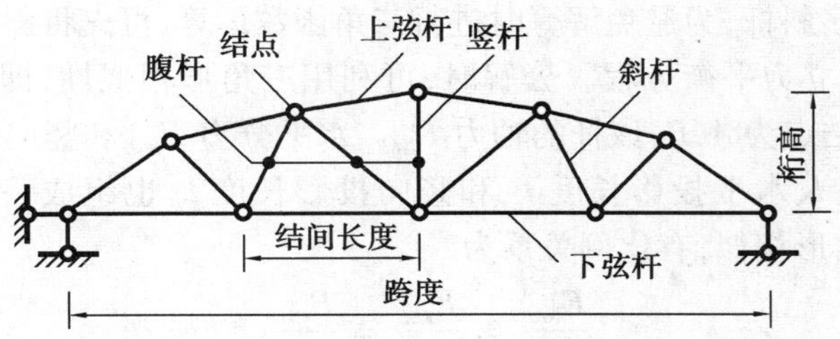

图4.44

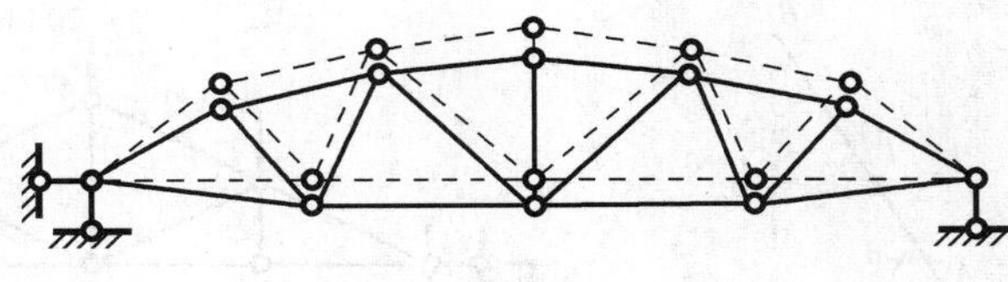

图4.45

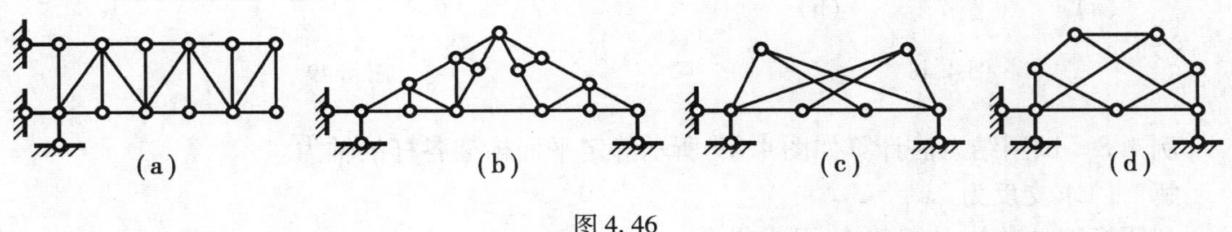

图4.46

平面桁架按外轮廓形状可分为平行弦桁架(见图4.47(a))、三角形桁架(见图4.47(b))、抛物线桁架(见图4.47(c))、梯形桁架(见图4.47(d))。

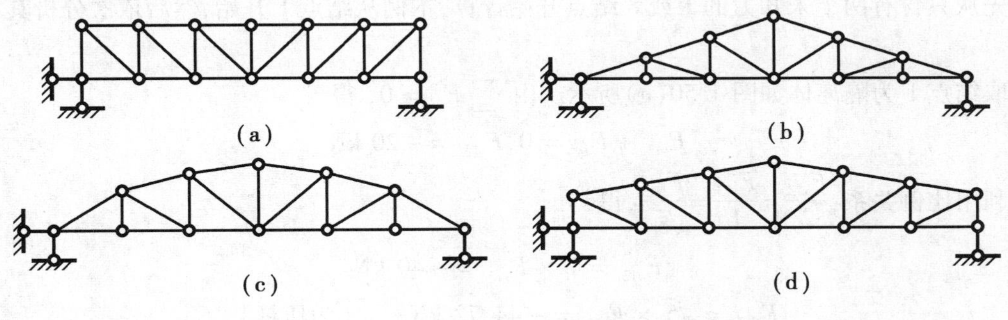

图4.47

4.6.2　结点法

求静定平面桁架内力时,通常取桁架的某部分作为隔离体,利用隔离体的平衡方程求出各杆轴力。当所取隔离体仅为一个结点时,称为结点法;当所取隔离体包含两个以上结点时,称为截面法。本小节讨论结点法。

对于平面内的一个点只能列两个力平衡方程,故每次截取的结点上的未知力个数不应多于两个。在实际计算时,应从未知力不超过两个的结点开始,以此推算。

桁架结构中有较多斜杆,为避免解算时进行三角函数运算,可先将斜杆的轴力分解为水平分力和竖向分力,再建立力平衡方程。分解时,可利用三角形相似性,即对任意一根斜杆(见图4.48(a)),设两端结点为A,B,该杆的轴力F_{NAB}、水平分力F_{xAB}和竖向分力F_{yAB}组成一个直角三角形;该杆的长度l、水平投影长度l_x和竖向投影长度l_y也组成一个直角三角形,如图4.48(b)所示。两三角形相似,有比例关系为

$$\frac{F_{NAB}}{l}=\frac{F_{xAB}}{l_x}=\frac{F_{yAB}}{l_y}$$

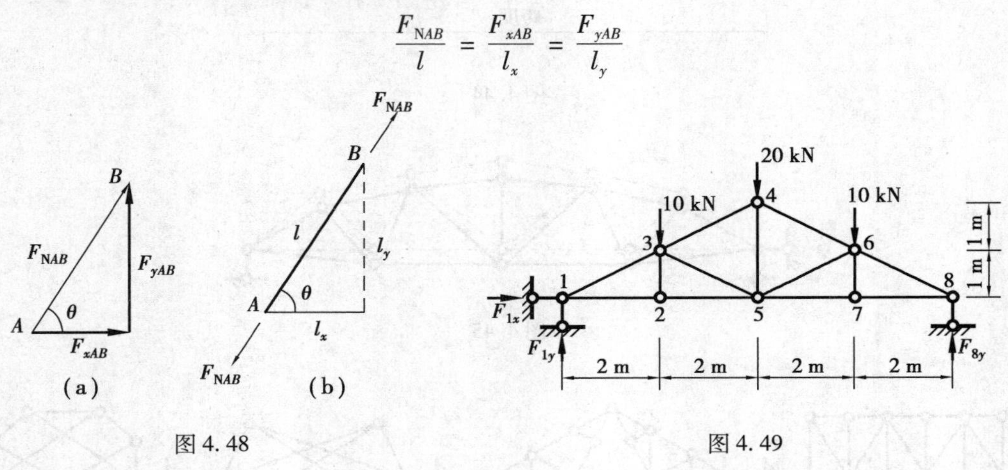

图4.48　　图4.49

例4.8　试用结点法计算如图4.49所示静定平面桁架各杆的轴力。

解　1)求支反力。

利用桁架的整体平衡条件,可求得

$$F_{1x}=0, F_{1y}=20\ \text{kN}(\uparrow), F_{8y}=20\ \text{kN}(\uparrow)$$

2)计算各杆轴力。

先从只含有两个未知力的1或8结点开始计算,本例从结点1开始,然后依次分析其相邻结点。

取结点1为隔离体如图4.50(a)所示。由$\sum F_y=0$,得

$$F_{y13}+F_{1y}=0, F_{y13}=-20\ \text{kN}$$

利用比例关系:$\frac{F_{x13}}{2}=\frac{F_{y13}}{1}=\frac{F_{N13}}{\sqrt{5}}$,得

$$F_{x13}=2\times F_{y13}=-40\ \text{kN}$$

$$F_{N13}=\sqrt{5}\times F_{y13}=-44.72\ \text{kN}\qquad(\text{为压杆})$$

根据平衡方程$\sum F_x=0$,得

$$F_{N12}=40\ \text{kN}$$

取结点2为隔离体如图4.50(b)所示。由$\sum F_y=0$,得

$$F_{N23}=0$$

由$\sum F_x=0$,得

$$F_{N25}=F_{N12}=40\ \text{kN}\qquad(\text{为拉杆})$$

取结点3为隔离体如图4.50(c)所示。由$\sum F_y=0$,得

$$F_{y34}+20=F_{y35}$$

由 $\sum F_x=0$，得

$$F_{x34}+F_{x35}+40=0$$

利用比例关系，联解以上两个方程，即可得到 F_{N34} 和 F_{N35} 的轴力。

为避免联解方程组，可用力矩方程求 F_{N34} 和 F_{N35} 的轴力。

对结点5建立力矩平衡方程，将 F_{N34} 移动到结点4进行分解，F_{N35} 移动至结点5进行分解，如图4.50(d)所示。

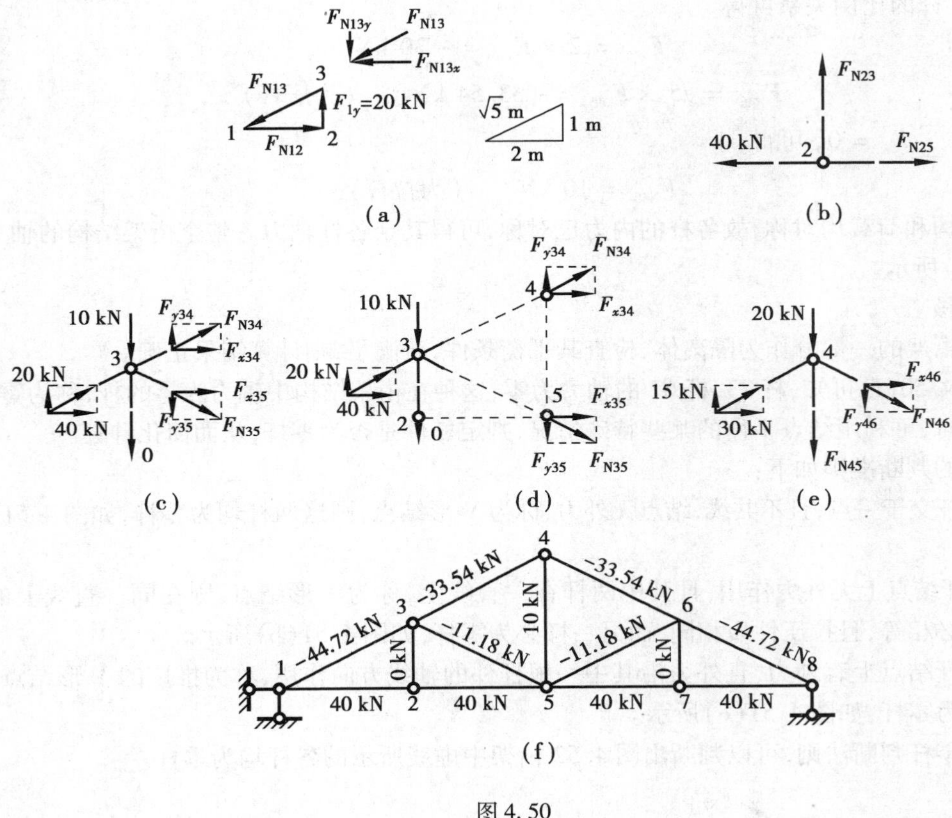

图4.50

由 $\sum M_5=0$，可得

$$20\times2+40\times1+F_{x34}\times2=10\times2$$

解得

$$F_{x34}=-30\ \text{kN}$$

由34杆的比例关系可得

$$F_{y34}=\frac{1}{2}\times F_{x34}=-15\ \text{kN}$$

$$F_{N34}=\frac{\sqrt{5}}{2}\times F_{x34}=-33.54\ \text{kN}\qquad（为压杆）$$

再由 $\sum F_y=0$，可得

$$F_{y35} = -5\ \text{kN}$$

由 35 杆的比例关系可得

$$F_{x35} = 2 \times F_{y35} = -10\ \text{kN}$$

$$F_{N35} = \sqrt{5} \times F_{y35} = -11.18\ \text{kN} \qquad (为压杆)$$

取结点 4 为隔离体如图 4.50(e)所示。

由 $\sum F_x = 0$, 可得

$$F_{x46} = -15\ \text{kN}$$

由 46 杆的比例关系可得

$$F_{x46} = 2 \times F_{y46} = -30\ \text{kN}$$

$$F_{N46} = \sqrt{5} \times F_{y46} = -33.54\ \text{kN} \qquad (为压杆)$$

再由 $\sum F_y = 0$, 可得

$$F_{N45} = 10\ \text{kN} \qquad (为拉杆)$$

因结构和荷载均对称,故各杆的内力也对称,可得其余各杆轴力。整个桁架结构的轴力如图 4.50(f)所示。

3)校核。

任取桁架的一部分作为隔离体,检查其平衡条件,若满足,则计算结果正确。

由图 4.50(f)可知,杆 23、杆 67 的轴力为零,这种在桁架结构中轴力为零的杆,称为**零杆**。计算桁架时,可利用结点平衡的某些特殊情况,判定杆件是否为零杆,从而简化计算。

零杆的判断准则如下:

①两杆交于一点,且不共线,结点无外力,称为 V 形结点,则这两杆均为零杆,如图 4.51(a)所示。

②3 杆结点上无外力作用,且其中两杆在一直线上,称为 T 形结点,则在同一直线上的两杆的轴力必相等,且拉压性质相同,而另一杆必为零杆,如图 4.51(b)所示。

③两杆结点上有外力,且外力沿其中一根杆件的轴线方向作用,称为推广的 V 形结点,则另一杆必为零杆,如图 4.51(c)所示。

应用零杆判断法则,可以判断出图 4.52 桁架中虚线所示的各杆均为零杆。

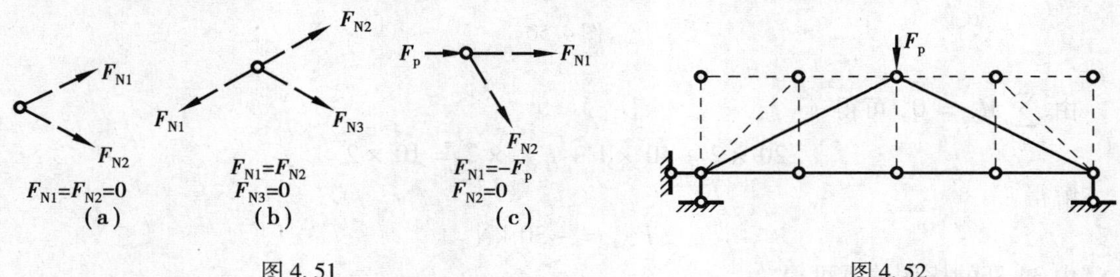

图 4.51

图 4.52

此外,如图 4.53 所示,某些特殊结点还存在等力杆。

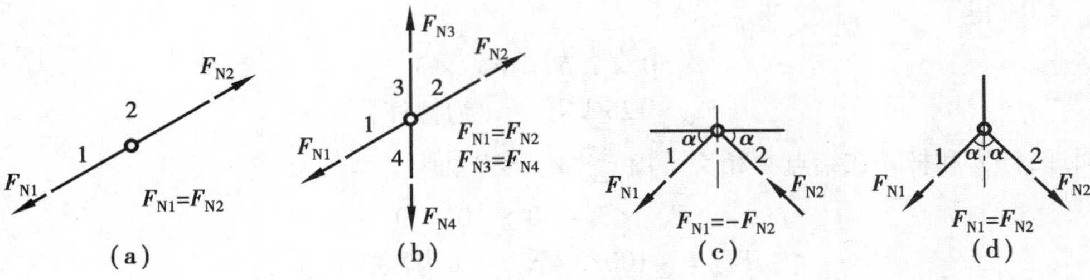

图4.53　等力杆

4.6.3　截面法

在桁架的轴力分析中，有时仅需求出某些指定杆件的轴力，这时采用截面法较为方便。该方法利用某适当截面，截取桁架的某一部分（至少包括两个结点）为隔离体，再根据该隔离体的平衡方程求解杆件的轴力。因隔离体包含两个以上的结点，在通常情况下，将构成平面一般力系，因此，只要隔离体上未知力的数目不多于3个，则可以利用平面一般力系的3个平衡方程，求出这一截面上的全部未知力。

为简化内力计算，应用截面法计算静定平面桁架时应注意：

①选择恰当的截面，尽量避免求解联立方程组。

②利用力的平移定理，可将杆件的未知轴力移至恰当位置再进行分解，以简化计算。

例4.9　某桁架吊车梁的计算简图如图4.54所示，试用截面法计算 a,b,c 3杆的内力。

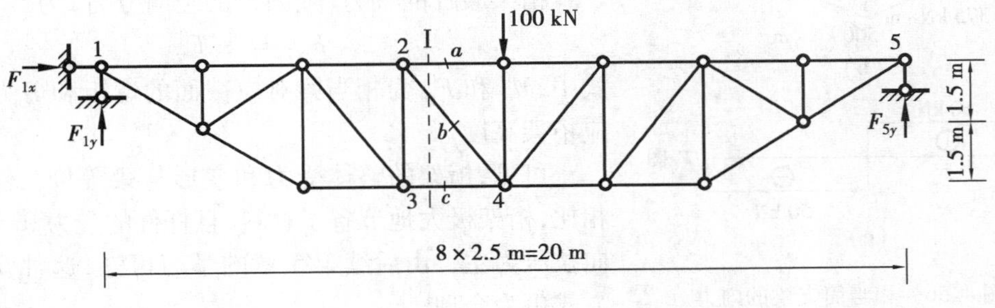

图4.54

解　该桁架吊车梁可采用结点法求解，但须从端部开始，共需求解7个结点后才能求出 a,b,c 3杆的内力。在这种情况下，采用截面法将大大提高计算效率。

1）计算支座反力。

利用桁架的整体平衡条件，可求得

$F_{1x}=0, F_{1y}=50\ \text{kN}(\uparrow), F_{5y}=50\ \text{kN}(\uparrow)$

2）计算指定杆件内力。

沿截面Ⅰ—Ⅰ将 a,b,c 3杆截断，取截面左边部分为隔离体，如图4.55所示。

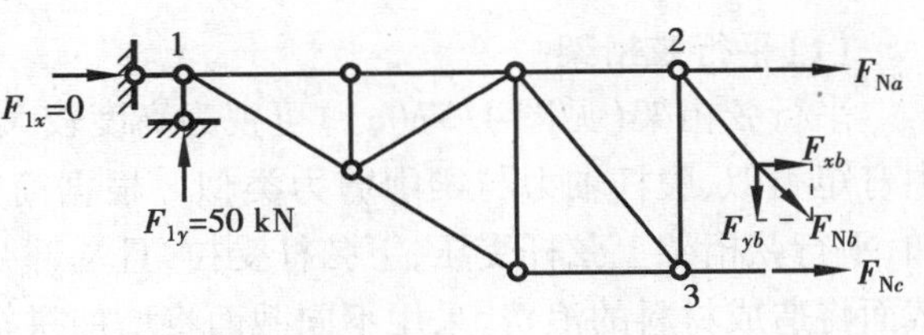

图4.55

因杆 a 和杆 b 在结点2相交，则由

$\sum M_2 = 0$，得

$$50 \times 7.5 = F_{Nc} \times 3$$

故 $$F_{Nc} = 125 \text{ kN} \quad （为拉杆）$$

同理，杆 b 和杆 c 在结点 4 相交。由 $\sum M_4 = 0$，得

$$F_{Na} \times 3 + 50 \times 10 = 0$$

故 $$F_{Na} = -100/3 \text{ kN} \quad （为压杆）$$

因只有杆 b 存在竖向分力，故由 $\sum F_y = 0$，得

$$F_{yb} = 50 \text{ kN}$$

根据杆 b 的比例关系，可得

$$F_{Nb} = \frac{3}{3.905} \times F_{yb} = 38.4 \text{ kN} \quad （为拉杆）$$

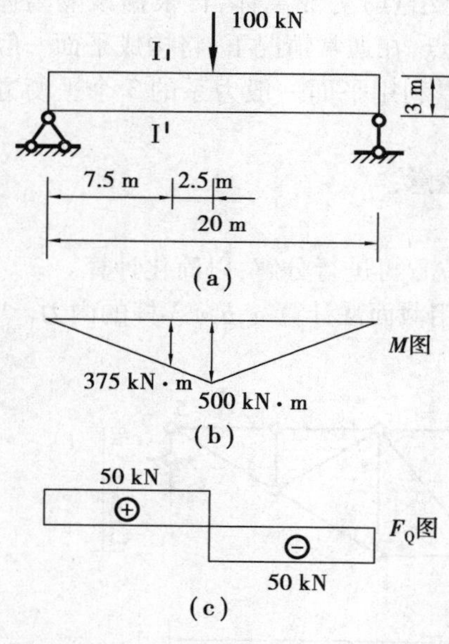

图 4.56 相当简支梁的内力

相同跨度和高度的简支梁在相同荷载作用下的弯矩图和剪力图如图 4.56 所示。比较 Ⅰ—Ⅰ 截面处梁的弯矩和剪力与桁架杆件轴力可知，在 Ⅰ—Ⅰ 截面处，弦杆 c 的轴力对结点 2 产生的作用与梁中相应截面处的弯矩相当，腹杆 b 轴力的竖向分力与梁中相应截面处的剪力相当。即桁架弦杆内力（或其水平分量）为

$$F_{Nx} = \frac{M^0}{r}$$

桁架腹杆的轴力（或斜杆的竖向分力）为

$$F_{Ny} = \pm F_Q^0$$

式中，M^0 和 F_Q^0 为相当梁对应截面的弯矩和剪力，r 为对应桁架高度。

可见，桁架的整体受力和变形与梁等价。然而与梁相比，桁架极大地节省了材料，且杆件的受力和变形以轴向拉压为主。由后续第 5 章的学习可知，这种受力变形方式更为合理。

4.6.4 3 种简支桁架受力特点的比较

因平行弦桁架、三角形桁架和抛物线桁架在房屋建筑结构中得到了广泛应用，现对这 3 种简支梁式桁架的受力性能进行比较。在相同跨度及荷载作用下，3 种桁架的内力图如图 4.57 所示。

(1) 平行弦桁架

平行弦桁架（见图 4.57(a)）可视为高度较大的简支梁，其上下弦杆轴力形成的作用与梁中弯矩类似，腹杆轴力与梁中剪力类似。根据简支梁的内力图（见图 4.57(d)、(e)、(f)）可知，平行弦桁架上弦杆受压，下弦杆受拉，且端部弦杆内力小，而中间弦杆内力大，如采用相同截面将造成材料的浪费，采用不同截面将增加拼接难度。但这种桁架的腹杆、弦杆长度相等，利于标准化，在实际结构中得到了广泛的应用。例如，厂房中的吊车梁，桁架桥等。

(2)抛物线桁架

从图4.57(b)可知,在结点荷载作用下,抛物线桁架下弦杆轴力相等,上弦杆的轴力基本相等,腹杆的内力为零。故抛物线桁架最能发挥材料的性能,经济性较好,但其上弦按抛物线变化,不利于放样制作和现场拼接,因此,常用于大跨结构中或不需现场拼装的现浇屋架中。

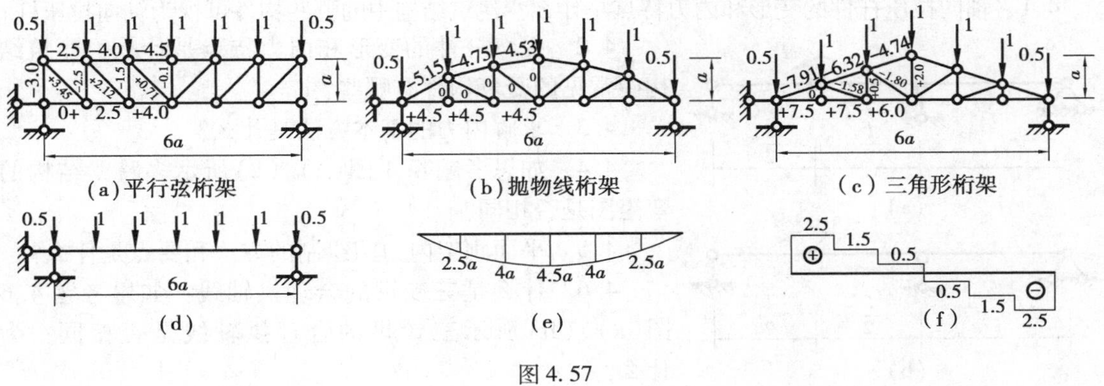

图4.57

(3)三角形桁架

三角形桁架上下弦杆轴力的变化规律刚好与平行弦桁架相反,即端部弦杆内力大,而中间弦杆内力小,各杆内力差异较大,不利于工业化生产。同时,由于端部杆件的夹角为锐角,使该处结点构造复杂,制造较为困难,但因三角形桁架上弦的外形符合屋面对排水的要求,所以多用于跨度较小、坡度较大的屋盖结构中。

可见,具有不同外形的桁架,其受力性能也具有显著区别,因此,在设计桁架时,应根据不同类型桁架特点,综合考虑材料、制作工艺以及结构的差异,选用合理的桁架形式。

本章小结

杆件结构绘制内力图的基本方法是:首先,利用截面法计算杆件关键截面的内力;其次,利用区段叠加法、内力图特征绘制单杆的内力图;最后,将单杆的内力图拼接而成结构的内力图。

对于多跨静定梁,应按照先计算附属部分,再计算基本部分的过程,逐杆绘制内力图。绘制静定刚架内力的方法是杆梁法,且在求弯矩时可利用简单刚结点的特点简化计算。

对于三铰拱的支座反力和截面的内力,可分别利用三铰拱与相当水平简支梁支座反力和内力的关系进行计算。在给定荷载和结构布置的情况下,使三铰拱各截面弯矩为零的拱轴线,称为合理拱轴线。

静定平面桁架的内力计算通常采用结点法和截面法。利用结点法求解时,将斜杆的轴力分解为水平分力和竖向分力可避免三角函数的运算。利用V形结点、T形结点和推广的V形结点可直接进行零杆的判断。在利用截面法求解时,应尽量选择适当的截面以避免求解联立方程。

思考题

4.1 轴向拉压杆件的变形和内力特点是什么？建筑结构中的哪些构件可视为轴向拉压杆？

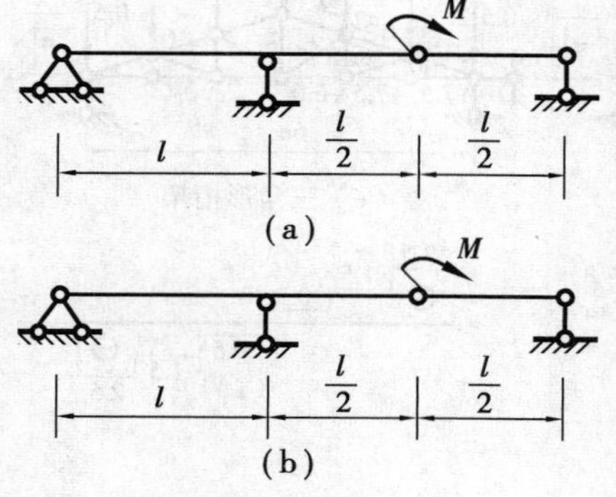

思考题 4.4 图

4.2 受弯杆件的变形和内力特点是什么？建筑结构中常见的受弯构件有哪些？

4.3 求解内力的基本方法是什么？

4.4 如思考题 4.4 图(a)、(b)所示多跨梁结构的弯矩图是否相同？

4.5 平面刚架内力图绘制的方法和要点是什么？

4.6 什么是三铰拱的合理拱轴线？如思考题 4.6 图(a)、(b)所示三铰拱的合理拱轴线是否相同？为什么？

4.7 桁架中的零杆是否可从实际结构中去掉？为什么？

4.8 若要减小梁的跨中弯矩，可采取哪些措施？

4.9 简支平行弦桁架与等跨度的简支梁相比，杆件的内力分布有何差异？

4.10 试分析比较三铰刚架与三铰拱的受力性能差异。

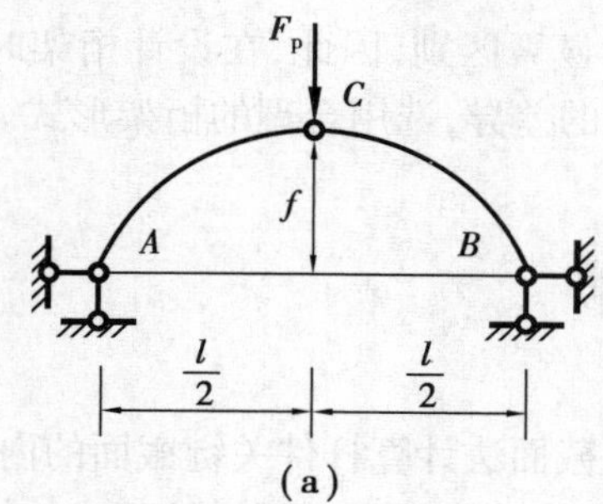

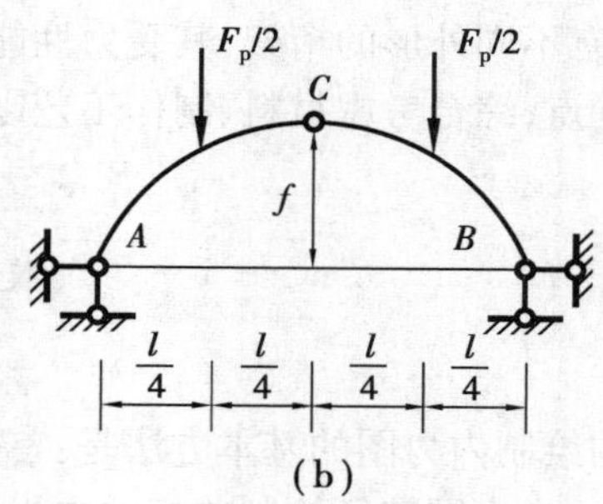

思考题 4.6 图

习题及解答

4.1 判断题：

(1)在使用内力图特征绘制某受弯杆段内的弯矩图前，必须先求出该杆段两端的端弯矩。 ( )

(2)区段叠加法仅适用于弯矩图的绘制，不适用于剪力图的绘制。 ( )

(3)多跨静定梁在附属部分受竖向荷载作用时，必会引起基本部分的内力。 ( )

(4)如题 4.1(4)图所示的多跨静定梁，*CDE* 和 *EF* 部分均为附属部分。 ( )

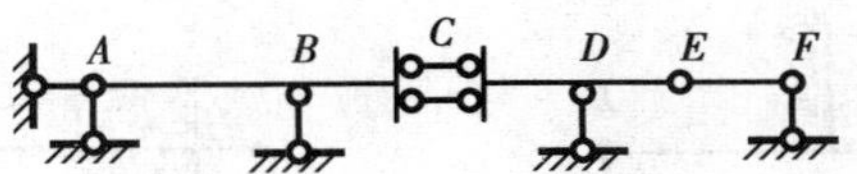

题4.1(4)图

(5)三铰拱的水平推力不仅与3个铰的位置有关,还与拱轴线的形状有关。　(　　)

(6)所谓合理拱轴线,是指在任意荷载作用下都能使拱处于无弯矩状态的轴线。　(　　)

(7)改变荷载值的大小,三铰拱的合理拱轴线形状也将发生改变。　(　　)

(8)利用结点法求解桁架结构时,可从任意结点开始。　(　　)

答:(1)×;(2)×;(3)√;(4)√;(5)×;(6)×;(7)×;(8)×

4.2　作如题4.2图所示单跨和多跨静定梁的 M 图和 F_Q 图。

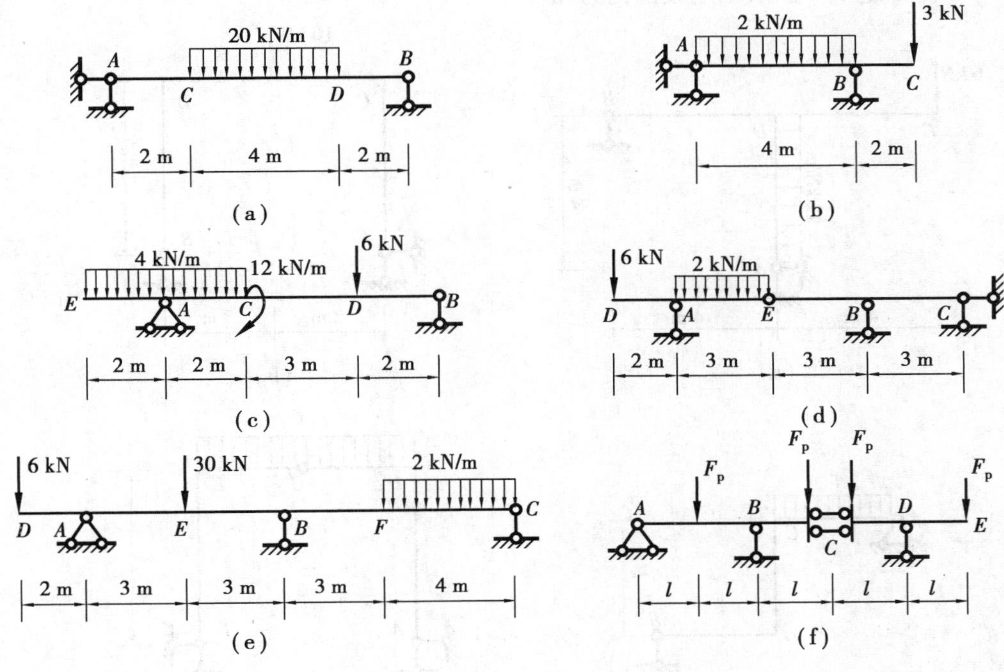

题4.2图

答:(a) $F_{QCA}=-40$ kN, $M_{CD}=80$ kN·m;(下侧受拉)

(b) $F_{QAB}=-2.5$ kN, $M_{CB}=-6$ kN·m(上侧受拉);

(c) $F_{QCD}=0$, $M_{CD右}=12$ kN·m(下侧受拉);

(d) $F_{QBE左}=1$ kN, $M_{BE}=-3$ kN·m(上侧受拉);

(e) $F_{QBE右}=-15$ kN, $M_{EB}=33$ kN·m(下侧受拉);

(f) $F_{QBC右}=F_p$; $M_{BC}=-F_pl$(上侧受拉)

4.3　改正如题4.3图所示刚架的弯矩图中的错误部分。

答:(a) BC 杆跨中弯矩不为0;

(b) BC 杆应为下侧受拉

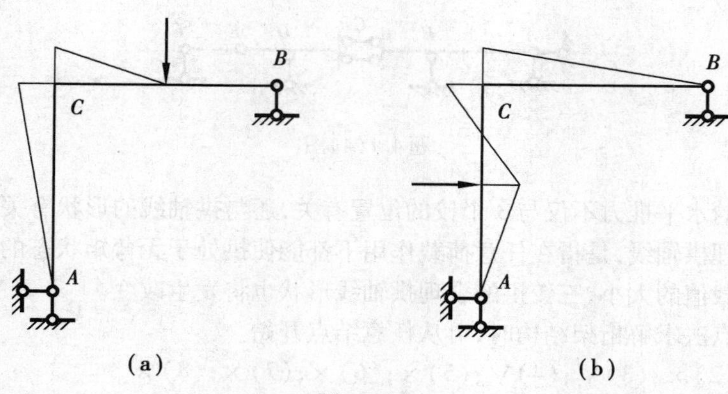

题 4.3 图

4.4　作如题 4.4 图所示刚架的内力图。

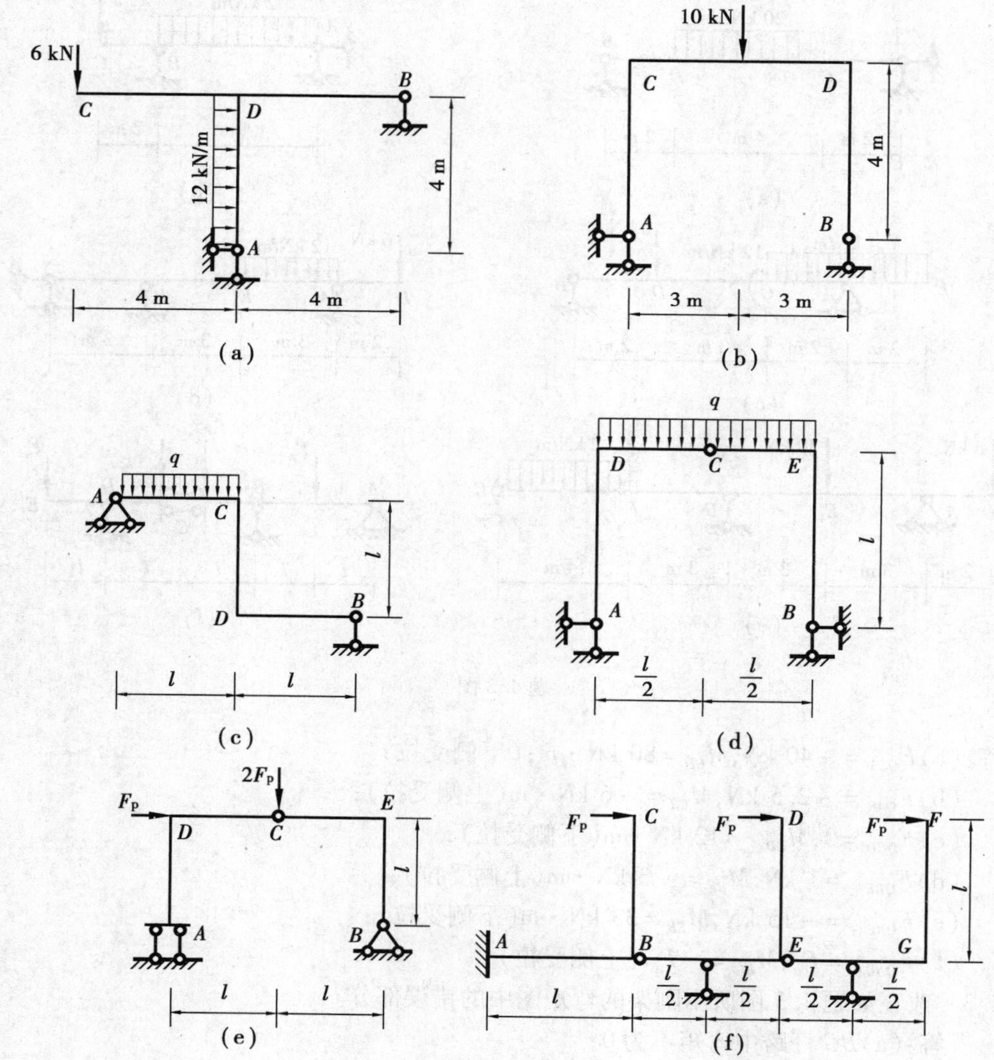

(a)　(b)

(c)　(d)

(e)　(f)

题 4.4 图

答：(a) $F_{QDA}=0, M_{DA}=96\ \text{kN}\cdot\text{m}$（左侧受拉）；

(b) $F_{QCA}=0, M_{CA}=0; M_{DB}=0$；

(c) $F_{QDB}=-\dfrac{1}{4}ql, M_{CD}=M_{DC}=\dfrac{1}{4}ql^2$（左侧受拉）；

(d) $F_{QEC}=-\dfrac{1}{2}ql, M_{EB}=\dfrac{3}{8}ql^2$（上侧受拉）；

(e) $F_{QEB}=-F_p, M_{AD}=F_pl$（左侧受拉）；

(f) $F_{QBE}=0, M_{AB}=F_pl$（上侧受拉）

4.5 求如题4.5图所示三铰拱的水平推力 F_H。

答：$F_H=\dfrac{1}{2}F_p$

*4.6 求如题4.6图所示三铰拱支反力和指定截面 K 的内力。已知轴线方程 $y=\dfrac{4f}{l^2}x(l-x)$。

答：$F_{Ay}=8\ \text{kN}, F_{Ax}=\dfrac{64}{5}\ \text{kN}, M_K=40\ \text{kN}\cdot\text{m}, F_{QK}=8.2\ \text{kN}$

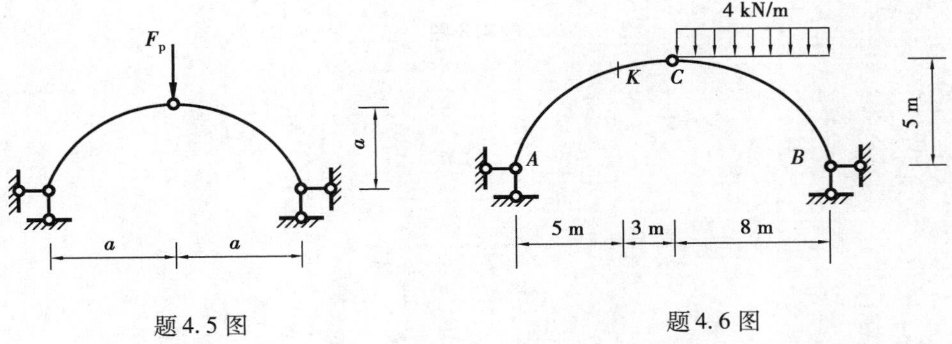

题4.5图　　题4.6图

4.7 试用结点法求如题4.7图所示桁架杆件的轴力。

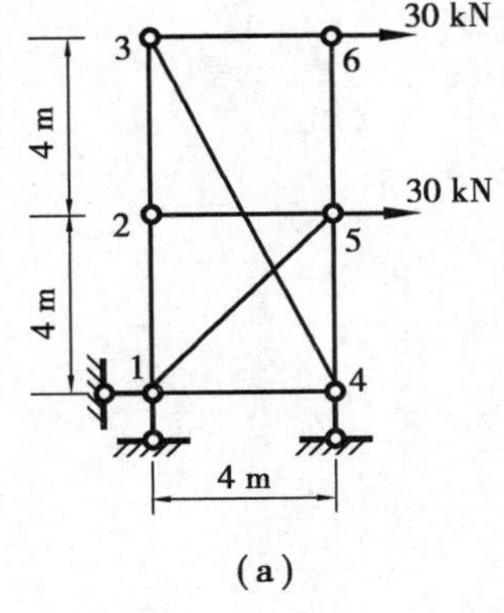

(a)

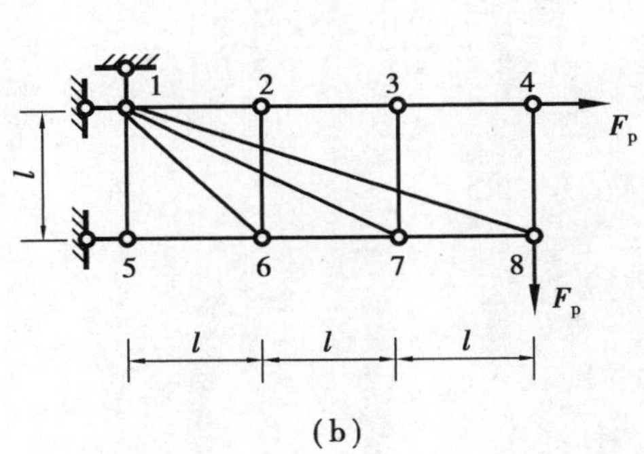

(b)

题4.7图

答：(a) $F_{N12}=15\ \text{kN}, F_{N15}=30\sqrt{2}\ \text{kN}, F_{N25}=0$；

(b) $F_{N12}=F_p, F_{N17}=0, F_{N56}=-4F_p$

4.8　确定如题4.8图所示桁架的零杆，并求指定杆件的轴力。

答：(a)共4根零杆，$F_{Na}=-\dfrac{1}{2}F_{P}$，$F_{Nb}=\dfrac{1}{2}F_{P}$，$F_{Nc}=\dfrac{\sqrt{2}}{2}F_{P}$；

(b)共11根零杆，$F_{Na}=F_{Nb}=-F_{P}$

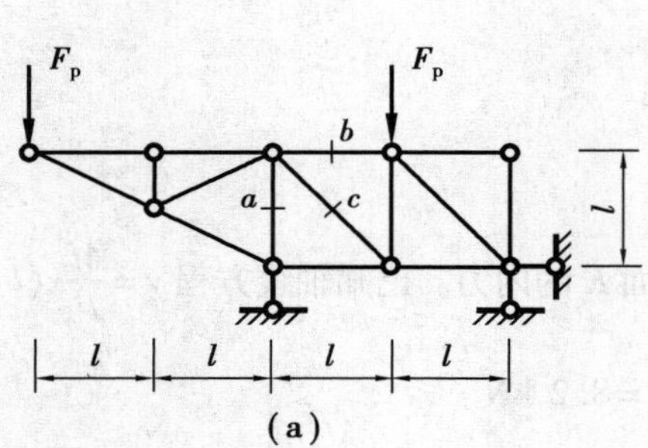

(a)

(b)

题4.8图

第 5 章

杆件结构的强度、刚度及稳定性

5.1　基本概念

5.1.1　应力及应变

(1)应力的概念

内力是由外力引起的,仅表示某截面上分布内力向截面形心简化的结果。而构件的变形和强度不仅取决于内力,还取决于构件截面的形状、大小以及内力在截面上的分布情况。为此,需引入**应力**的概念。**所谓应力,是指截面上某点处单位面积内的分布内力,即内力集度。**

如图 5.1(a)所示某构件的 $m—m$ 截面上,围绕 M 点取微小面积 ΔA,现设 ΔA 上分布内力的合力为 ΔF。于是,ΔA 上内力的平均集度为

$$p_m = \frac{\Delta F}{\Delta A}$$

式中,p_m 即为 ΔA 上的平均应力,随 M 点位置及 ΔA 的大小改变而改变。当 ΔA 趋于零时,p_m 的极限值

$$p = \lim_{\Delta A \to 0} \frac{\Delta F}{\Delta A} \tag{5.1}$$

即为 $m—m$ 截面上 M 点的总应力。截面上一点的总应力 p 是矢量,其方向是当 $\Delta A \to 0$ 时,内力 ΔF 的极限方向。一般而言,截面上一点的总应力 p 既不与截面垂直,也不与截面相切。习惯将截面上一点的总应力 p 分解为一个与截面垂直的法向分量和一个与截面相切的切向分量(见图 5.1(b))。法向应力分量称为**正应力**,用 σ 表示;切向应力分量称为**剪应力**,用 τ 表示。

应力的正、负号规定:**正应力 σ 以拉应力为正,压应力为负;剪应力 τ 以使所作用的微段有顺时针方向转动趋势者为正,反之为负。**

应力的国际标准单位是帕[斯卡](Pascal)或帕,用 Pa 表示,1 Pa = 1 N/m^2。常用单位还有 kPa(千帕)、MPa(兆帕)、GPa(吉帕),且 1 GPa = 10^3 MPa = 10^6 kPa = 10^9 Pa。工程上,常用 MPa 或 GPa。

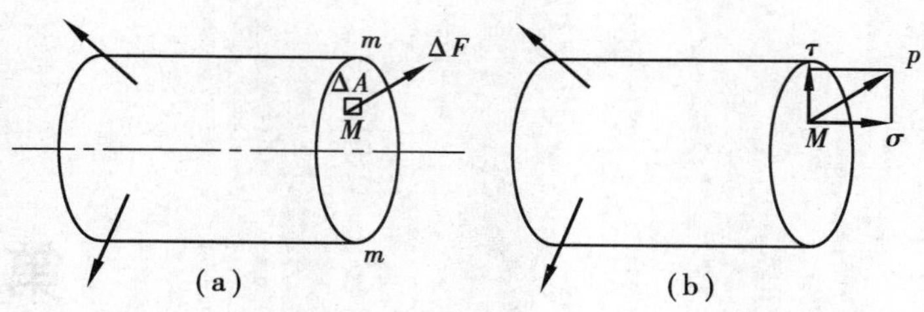

图 5.1

(2)应变的概念

当力作用于构件上时,将引起构件的形状和尺寸发生改变,这种变化定义为变形。构件的形状和大小总可以用其各部分的长度和角度来表示,因此,构件的变形归结为长度的改变(即**线变形**)和角度的改变(即**角变形**)两种形式。一般而言,构件内不同部位的变形是不同的。为了研究构件的变形以及截面上的应变,现围绕构件中某点 A 截取一个微小的正六面体(称为**单元体**),如图 5.2(a)所示。其变形有下列两类:

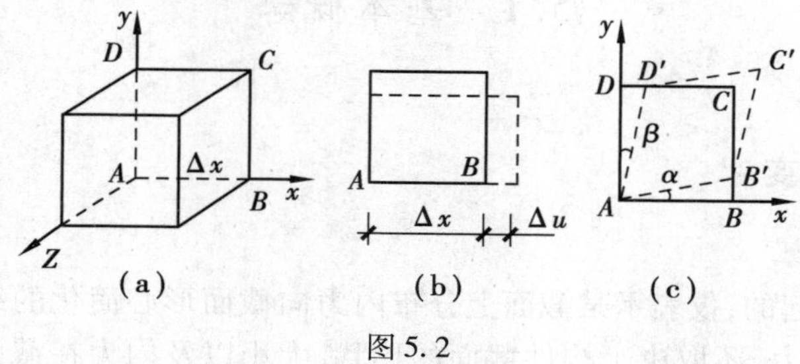

图 5.2

①沿棱边方向的长度改变。设 x 方向的棱边 AB 长度为 Δx,变形后为 $\Delta x+\Delta u$,Δu 为 x 方向的**线变形**,如图 5.2(b)所示。定义极限为

$$\varepsilon_x = \lim_{\Delta x \to 0} \frac{\Delta u}{\Delta x} \tag{5.2}$$

代表 A 点沿 x 方向单位长度线段的伸长或缩短,称为 A 点沿 x 方向的**线应变**,它度量了微段 AB 的变形程度。ε_x 为正时,微段 AB 伸长;反之,微段 AB 缩短。同样,可定义 A 点处沿 y,z 方向的线应变 ε_y,ε_z。

②棱边之间所夹直角的改变。直角的改变量为**剪应变**或**角应变**,以 γ 表示。以如图 5.2(c)所示微段 AB,AD 所成直角 DAB 为例,该直角改变了 $\alpha+\beta$,则 $\gamma=\alpha+\beta$。剪应变无量纲,单位为弧度(rad),其正、负号规定为:直角变小时,γ 取正;直角变大时,γ 取负。

5.1.2 工程材料的力学性能

工程材料的力学性能是指在外力作用下材料在变形和破坏过程中所表现出来的性能,其测定是对构件进行强度、刚度和稳定性计算的基础。工程材料的力学性能除取决于材料的成分和组织结构外,还与应力状态、温度和加载方式等因素有关。本节重点讨论常温、静载条件下金属材料在拉伸与压缩时的力学性能。

(1)材料的拉伸与压缩试验

为了使不同材料的试验结果能进行对比,对于钢、铁和有色金属材料,需将试验材料按

《金属拉伸试验试样》的规定加工成**标准试件**，如图5.3所示。试件中部等直部分的长度 l_0 称为原始标距，中部直径为 d_0，若 $l_0=5d_0$ 称为五倍试件，$l_0=10d_0$ 称为十倍试件。

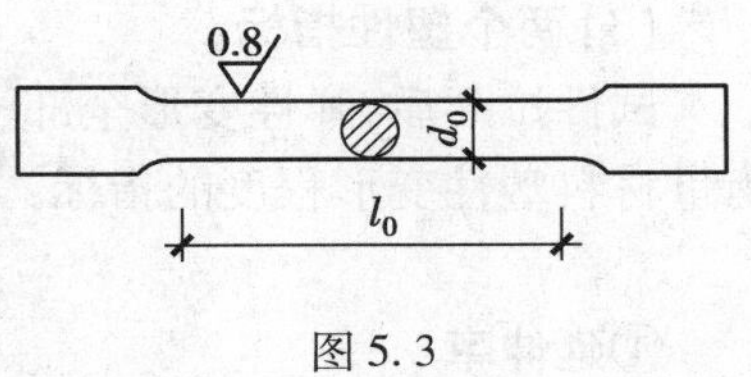

图5.3

将试件装入材料试验机的夹头中，启动试验机开始缓慢加载，直至试件最后拉断。加载过程中，试件所受的轴向力 F 可由试验机直接读出，而试件标距部分的伸长（称为**轴向线变形**，用 Δl 表示）可由变形仪读出。根据试验过程中测得的一系列 F 与 Δl 的数据，用试件横截面上的正应力，即 $\sigma=F/A_0$ 作为纵坐标；而横坐标用试件沿长度方向的线应变 ε 表示（ε 为**轴向线应变**，可以假设试件标距部分为均匀伸长，则 $\varepsilon=\Delta l/l_0$）。于是可以绘出材料的 σ-ε 图，称为**应力-应变图**。

（2）低碳钢拉伸时的力学性能

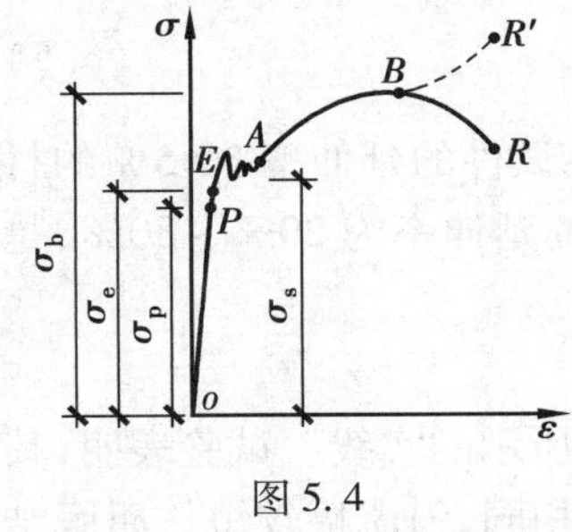

图5.4

低碳钢是工程中广泛使用的材料，其含碳量一般在0.3%以下，其力学性能具有代表性。低碳钢拉伸时的 σ-ε 图，如图5.4所示。

σ-ε 图的4个阶段：

①弹性阶段（OE 段）。此阶段，试件的变形是弹性变形。将 OE 段最高点所对应的应力即只产生弹性变形的最大应力称为**弹性极限**，用 σ_e 表示。在弹性阶段中有很大一部分是直线（OP 段），σ 与 ε 成正比，即

$$\sigma=E\varepsilon \qquad (\sigma\leqslant\sigma_p) \tag{5.3}$$

此即**胡克定律**。式中，E 为材料的**弹性模量**。弹性模量 E 的量纲与应力量纲相同，常用单位是GPa，如低碳钢的弹性模量为200 GPa左右。式（5.3）中的 σ_p 为直线 OP 段的最高点处的应力，称为**比例极限**。

②屈服阶段（EA 段）。应力超过弹性极限后，试件中产生弹性变形和塑性变形，且应力达到一定数值后，应力会突然下降，然后在较小的范围内上下波动，曲线呈大体水平但微有起落的锯齿状。这种应力基本保持不变，而应变却持续增长的现象称为**屈服**或**流动**，并把屈服阶段最低点对应的应力称为**屈服极限**，记作 σ_s。低碳钢的 $\sigma_s\approx240$ MPa。材料进入屈服阶段后将产生显著的塑性变形，这在工程构件中一般是不允许的，因此，屈服极限 σ_s 是衡量材料强度的重要指标。

③强化阶段（AB 段）。试件经过屈服后，又恢复了抵抗变形的能力，σ-ε 图表现为一段上升的曲线。这种现象称为**强化**，AB 段即为强化阶段。强化阶段最高点 B 所对应的应力，称为**强度极限**，记作 σ_b。对于低碳钢，$\sigma_b\approx400$ MPa。

④局部变形阶段（BR 段）。应力超过 σ_b 后，试件的某一局部范围内变形急剧增加，横截面面积显著减小，形成如图5.5所示的“颈”，该现象称为**颈缩**。由于颈部横截面面积急剧减小，使试件变形增加所需的拉力下降，因此，按原始面积算出的应力（即 $\sigma=F/A$，称为**名义应力**）随之下降，如图5.4所示的 BR 段，到 R 点试件被拉断。其实，此阶段的真实应力（即颈部横截面上的应力）随变形增加仍是增大的，如图5.4所示的虚线 BR'。

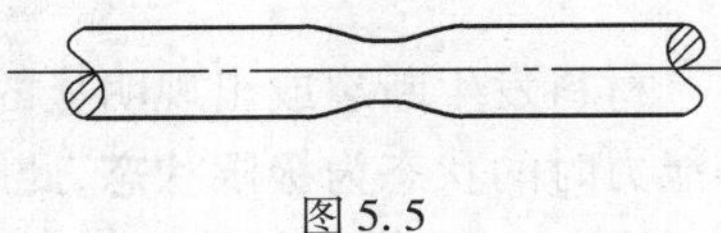

图5.5

(3)两个塑性指标

试件拉断后,弹性变形全部消失,而塑性变形保留下来。在工程中,常用以下两个量作为衡量材料塑性变形程度的指标:

①延伸率

设试件拉断后标距长度为 l_1,原始长度为 l_0,则延伸率 δ 定义为

$$\delta = \frac{l_1 - l_0}{l_0} \times 100\% \tag{5.4}$$

②断面收缩率

设试件标距范围内的横截面面积为 A_0,拉断后颈部的最小横截面面积为 A_1,则断面收缩率定义为

$$\psi = \frac{A_0 - A_1}{A_0} \times 100\% \tag{5.5}$$

δ 和 ψ 越大,说明材料的塑性变形能力越强。在工程中,将十倍试件的延伸率 $\delta \geqslant 5\%$ 的材料称为**塑性材料**,而将 $\delta < 5\%$ 的材料称为**脆性材料**。例如,低碳钢的延伸率为 20% ~30%,是一种典型的塑性材料。

(4)低碳钢压缩时的力学性能

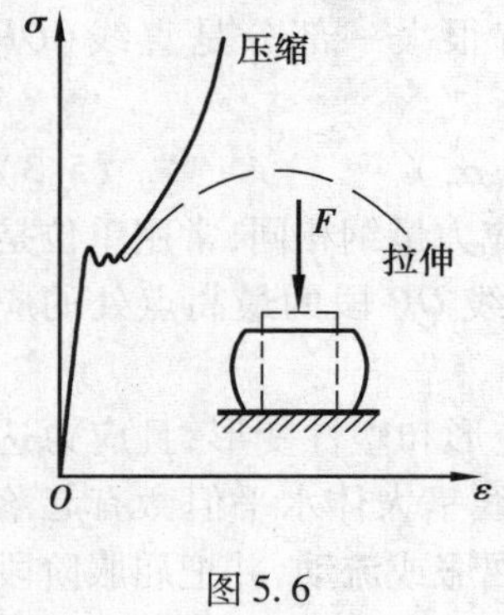

图 5.6

低碳钢压缩时的 σ-ε 曲线如图 5.6 所示的实线。试验表明,其弹性模量 E、屈服极限 σ_s 与拉伸时基本相同,但流幅较短。屈服结束以后,试件抗压力不断提高,既没有颈缩现象,也测不到抗压强度极限,最后被压成腰鼓形甚至饼状。

(5)铸铁在拉伸和压缩时的力学性能

铸铁试件外形与低碳钢试件相同,其 σ-ε 曲线如图 5.7 所示。铸铁拉伸时的 σ-ε 曲线没有明显的直线部分,也没有明显的屈服和颈缩现象。在工程中,约定其弹性模量 E 为 150 ~180 GPa,而且遵循胡克定律。试件的破坏形式是沿横截面拉断,是材料内的内聚力抗抵不住拉应力所致。铸铁拉伸时的延伸率 $\delta = 0.4\% \sim 0.5\%$,为典型的脆性材料。抗拉强度极限 σ_b^t 等于 150 MPa 左右。

铸铁压缩破坏时,其断面法线与轴线的夹角为 45°~55°,是斜截面上的剪应力所致。铸铁抗压强度极限 σ_b^c 等于 800 MPa 左右,说明其抗压能力远远大于抗拉能力。

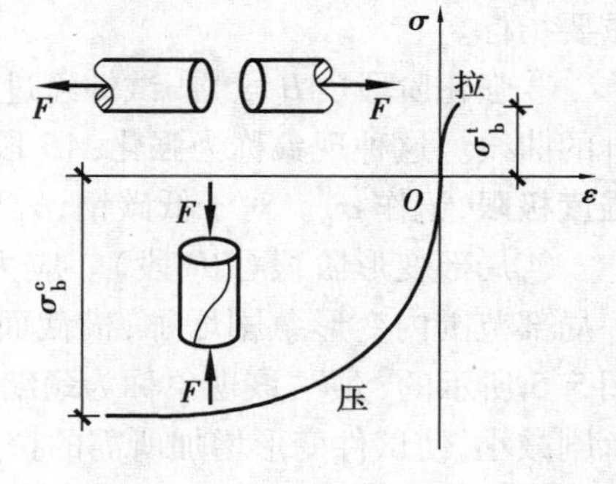

图 5.7

5.1.3 许用应力

材料发生断裂或出现明显的塑性变形而丧失正常工作能力时的状态为**极限状态**,此时的应力为**极限应力**,用 σ^0 表示。对于脆性材料,$\sigma^0 = \sigma_b$,因为应力达到强度极限 σ_b 时会发生断裂。对于塑性材料,$\sigma^0 = \sigma_s$,因为应力达到屈服极限 σ_s 时虽未断裂,但是构件中出现显著的塑性变形,影响构件正常工作。

由于极限应力 σ^0 的测定是近似的,而且构件工作时的应力计算理论也有一定的近似性,因此,不能把 σ^0 直接用于强度计算的控制应力。为安全起见,应把极限应力 σ^0 除以一个大于1的系数 n,作为构件工作时允许产生的最大应力值,即

$$[\sigma] = \frac{\sigma^0}{n} \tag{5.6}$$

式中,$[\sigma]$ 称为**许用应力**;n 称为**安全系数**,$n>1$。对于安全系数 n 的确定必须考虑诸多因素,如计算简图、荷载、构件工作状况及构件的重要性等。

5.2　轴向拉压杆的强度及变形计算

5.2.1　轴向拉压杆的应力及强度计算

(1)轴向拉压杆横截面上的应力

取一等直杆,如图5.8所示。其横截面上与 F_N 对应的应力是正应力 σ,但是横截上正应力分布规律不知道,故需要研究杆件的变形。在杆侧面画垂直于杆轴线的周线 ab 和 cd,然后施加轴向力 F。所观察到的现象是:周线 ab 和 cd 分别平移到了 $a'b'$ 和 $c'd'$,而且它们仍为直线,仍然垂直于轴线。实际上,沿各横截面所画周线都发生平移,且保持平行。

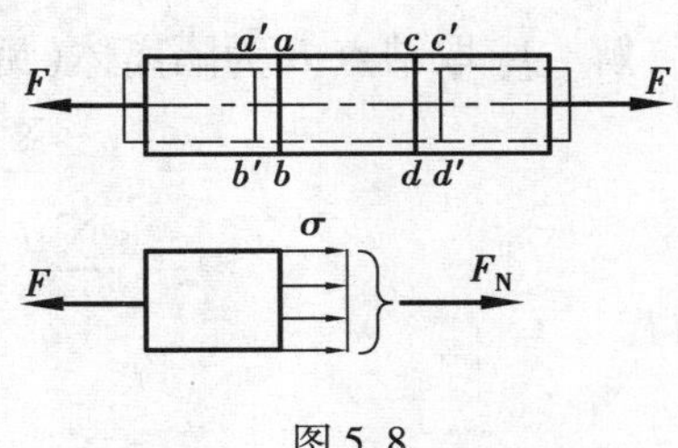

图5.8

根据观察到的杆件表面现象,可提出内部变形的假设:变形前原为平面的横截面,变形后仍保持为平面。这就是轴向拉压时的**平面假设**。由此可假设杆件是由许多等截面纵向纤维组成的,这些纤维的伸长均相同。又因为材料是均匀的,各纤维的性质相同,因此,其受力也一样。据此可知,横截面上的正应力是均匀分布的,可得

$$\sigma = \frac{F_N}{A} \tag{5.7}$$

式中,F_N 为轴力;A 为横截面面积。

式(5.7)即为轴向拉压杆横截面上正应力 σ 的计算公式。

(2)强度条件

轴向拉压杆**危险截面**(最大正应力所在截面)上的正应力不应超过材料的许用应力,即

$$\sigma_{max} = \left|\frac{F_N}{A}\right|_{max} \leqslant [\sigma] \tag{5.8}$$

此即为轴向拉压杆的**强度条件**。式中,$[\sigma]$ 为杆件材料的许用正应力。

根据强度条件,可以解决以下3种强度计算问题:

①强度校核

已知杆件几何尺寸、荷载以及材料的许用应力 $[\sigma]$,由式(5.8)判断其强度是否满足要求。若 σ_{max} 超过 $[\sigma]$ 在5%的范围内,工程中仍认为满足强度要求。

②设计截面

已知杆件材料的许用应力$[\sigma]$及荷载，确定杆件所需的最小横截面面积，即

$$A \geqslant \frac{F_N}{[\sigma]} \tag{5.9}$$

③确定许用荷载

已知杆件材料的许用应力$[\sigma]$及杆件的横截面面积，确定许用荷载，即

$$F_N \leqslant A[\sigma] \tag{5.10}$$

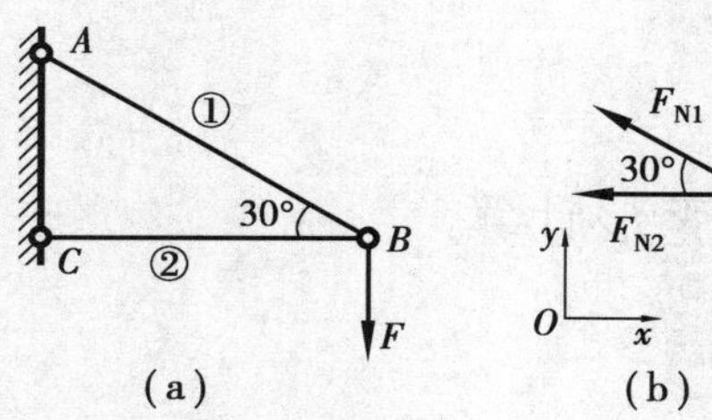

图 5.9

例 5.1 如图 5.9(a)所示三角托架的结点 B 受一重物 $F = 10$ kN，杆①为钢杆，长 1 m，横截面面积 $A_1 = 600\ \text{mm}^2$，许用应力 $[\sigma]_1 = 160$ MPa；杆②为木杆，横截面面积 $A_2 = 10\ 000\ \text{mm}^2$，许用应力 $[\sigma]_2 = 7$ MPa。

1)试校核三角托架的强度；

2)试求结构的许用荷载$[F]$；

3)当外力 $F = [F]$时，重新选择杆的截面。

解 1)取结点 B 为隔离体(见图 5.9(b))，结点 B 的平衡方程为

$$\sum F_y = 0, F_{N1} \sin 30° - F = 0$$

$$\sum F_x = 0, -F_{N1} \cos 30° - F_{N2} = 0$$

解得

$$F_{N1} = 2F = 20\ \text{kN} \tag{a}$$

$$F_{N2} = -\sqrt{3}F = -17.3\ \text{kN} \tag{b}$$

由强度条件式(5.8)可得

$$\sigma_1 = \frac{F_{N1}}{A_1} = \frac{20 \times 10^3\ \text{N}}{600\ \text{mm}^2} = 33.3\ \text{MPa} < [\sigma]_1 = 160\ \text{MPa}$$

$$\sigma_2 = \left|\frac{F_{N2}}{A_2}\right| = \frac{17.3 \times 10^3\ \text{N}}{10\ 000\ \text{mm}^2} = 1.73\ \text{MPa} < [\sigma]_2 = 7\ \text{MPa}$$

故该三角托架的强度符合要求。

2)考察①杆，其许用轴力$[F_{N1}]$为

$$[F_{N1}] = A_1[\sigma]_1 = 600\ \text{mm}^2 \times 160\ \text{MPa} = 9.6 \times 10^4\ \text{N} = 96\ \text{kN}$$

当①杆的强度被充分发挥时，即 $F_{N1} = [F_{N1}]$，由式(a)可得

$$[F]_1 = \frac{1}{2}F_{N1} = \frac{1}{2}[F_{N1}] = 48\ \text{kN} \tag{c}$$

同理，考察②杆，其许用轴力$[F_{N2}]$为

$$[F_{N2}] = A_2[\sigma]_2 = 10\ 000\ \text{mm}^2 \times 7\ \text{MPa} = 70\ 000\ \text{N} = 70\ \text{kN}$$

当②杆的强度被充分发挥时，由式(b)可得

$$[F]_2 = \frac{1}{\sqrt{3}}F_{N2} = \frac{1}{\sqrt{3}}[F_{N2}] = 40.4\ \text{kN} \tag{d}$$

由式(c)和式(d)，可得托架的许用荷载为

$$[F] = [F]_2 = 40.4\ \text{kN}$$

3)外力 $F=[F]$ 时,②杆的强度已经被充分发挥,故面积 A_2 不变。而①杆此时的轴力 $F_{N1}<[F_{N1}]$,重新计算其截面,由式(5.8)得

$$A_1 \geqslant \frac{F_{N1}}{[\sigma]_1}$$

而 $F_{N1}=2F=2[F]$,故

$$A_1 = \frac{2[F]}{[\sigma]_1} = \frac{2 \times 40.4 \times 10^3\ \mathrm{N}}{160\ \mathrm{MPa}} = 505\ \mathrm{mm}^2$$

5.2.2　轴向拉压杆的变形计算

杆件在发生轴向拉伸或轴向压缩变形时,其纵向尺寸和横向尺寸一般都会发生改变,现分别予以讨论。

(1)轴向变形

如图5.10所示的一等直圆杆,变形前原长为 l,横向直径为 d,变形后长度为 l',横向直径为 d',则称

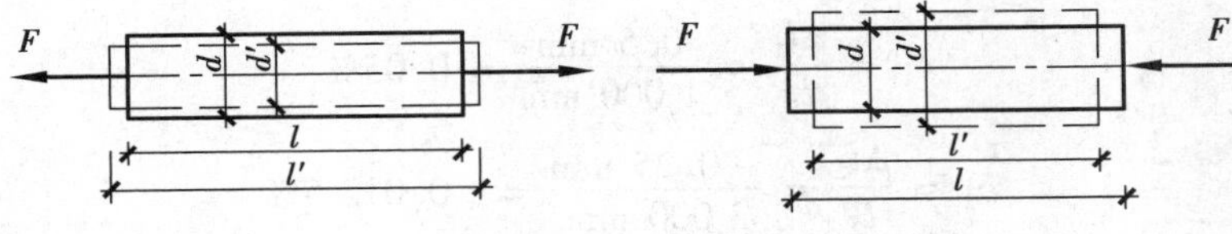

图5.10

$$\Delta l = l' - l \tag{5.11}$$

为**轴向线变形**,Δl 代表杆件总的伸长量或缩短量。称

$$\varepsilon = \frac{\Delta l}{l} \tag{5.12}$$

为**轴向线应变**。ε 反映了杆件的纵向变形程度。如图5.10所示的杆件,拉伸时,$\Delta l>0, \varepsilon>0$;缩短时,$\Delta l<0, \varepsilon<0$。

根据胡克定律知 $\sigma=E\varepsilon$,而 $\sigma=F_N/A$,可得

$$\Delta l = \frac{F_N l}{EA} \tag{5.13}$$

式(5.13)表明,在线弹性范围内(即 $\sigma \leqslant \sigma_p$),杆件的变形 Δl 与 EA 成反比。EA 称为杆的**抗拉刚度**。

式(5.13)的适用条件是:线弹性条件下,杆件在 l 长范围内 EA 和 F_N 均为常数,即杆件的变形是均匀的,沿杆长 $\varepsilon=$ 常数。

(2)横向变形及泊松比

定义

$$\varepsilon' = \frac{d'-d}{d} \tag{5.14}$$

为杆件的**横向线应变**。显然,ε' 与 ε 反号。实验表明:对于线弹性材料,ε' 与 ε 的比值为一常数,即

$$\varepsilon' = -\mu\varepsilon \tag{5.15}$$

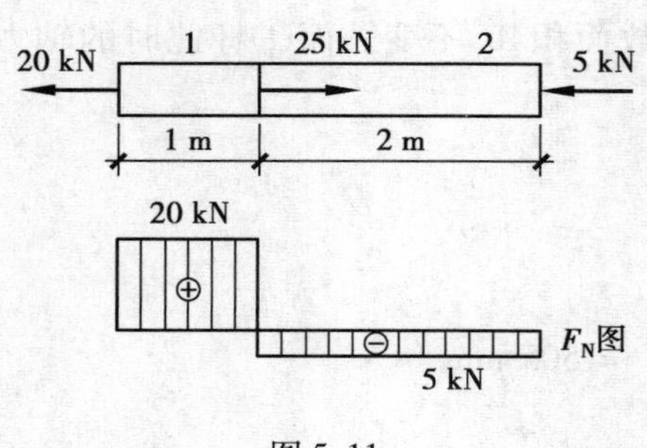

图 5.11

式中,μ 称为**泊松比**,其值由试验测定。

例 5.2 如图 5.11 所示的一等直钢杆,横截面为 $b \times h = 10\ \text{mm} \times 20\ \text{mm}$ 的矩形,材料的弹性模量 $E = 200$ GPa。试计算:

1)每段的轴向线变形;

2)每段的线应变;

3)全杆的总伸长。

解 1)设左、右两段分别为 1,2 段,由轴力图:$F_{N1} = 20$ kN,$F_{N2} = -5$ kN。根据式(5.13)可得

$$\Delta l_1 = \frac{F_{N1} l_1}{EA} = \frac{20 \times 10^3\ \text{N} \times 1\ 000\ \text{mm}}{200 \times 10^3\ \text{MPa} \times 10\ \text{mm} \times 20\ \text{mm}} = 0.5\ \text{mm}$$

$$\Delta l_2 = \frac{F_{N2} l_2}{EA} = \frac{-5 \times 10^3\ \text{N} \times 2\ 000\ \text{mm}}{200 \times 10^3\ \text{MPa} \times 10\ \text{mm} \times 20\ \text{mm}} = -0.25\ \text{mm}$$

2)由式(5.12)可得

$$\varepsilon_1 = \frac{\Delta l_1}{l_1} = \frac{0.5\ \text{mm}}{1\ 000\ \text{mm}} = 0.05\%$$

$$\varepsilon_2 = \frac{\Delta l_2}{l_2} = \frac{-0.25\ \text{mm}}{2\ 000\ \text{mm}} = -0.012\ 5\%$$

3)全杆的总伸长为

$$\Delta l = \Delta l_1 + \Delta l_2 = 0.25\ \text{mm}$$

5.3 平面弯曲梁的应力及强度计算

在第 4 章中学习了平面弯曲梁的内力即剪力和弯矩的计算,为了解决其强度问题,须研究横截面上的应力。根据剪力和弯矩的概念,弯矩仅与横截面上的正应力有关,剪力仅与横截面上的剪应力有关。本节先讨论弯曲正应力,再讨论弯曲剪应力,最后学习强度计算。

5.3.1 平面弯曲梁横截面上的正应力

首先从纯弯曲入手,推导正应力计算公式,再推广到一般的横力弯曲。所谓**纯弯曲**,是指梁或梁段的横截面上剪力为零,弯矩为常数。如图 5.12 所示梁的 CD 段即为纯弯曲。而梁横截面上既有弯矩又有剪力,即为**横力弯曲**。

(1)试验及假设

首先取矩形截面橡皮梁,加力前,在梁的侧面画上等间距的水平纵向线和等间距的横向线,如图 5.13(a)所示。然后对称加载使梁中间一段发生纯弯曲变形,如图 5.13(b)所示。可观察到以下现象:

①纵向线由相互平行的水平直线变为相互平行的曲线,上部的纵向线缩短,下部的纵向线伸长,且纵向线之间的间距无改变。

②横向线变形后仍保持为直线,但发生了相对转动,且与变形后的纵向线垂直。

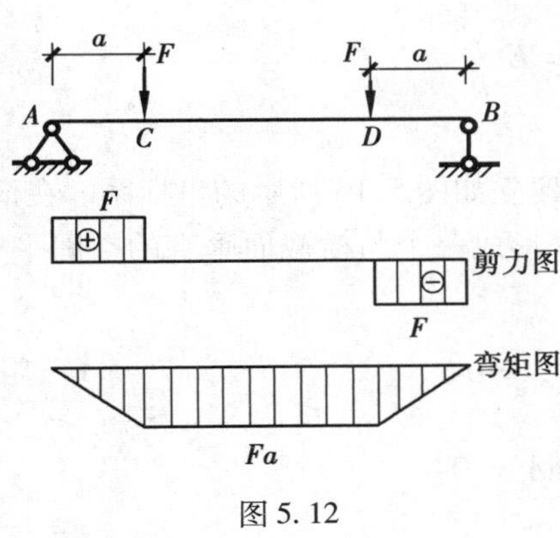

图 5.12

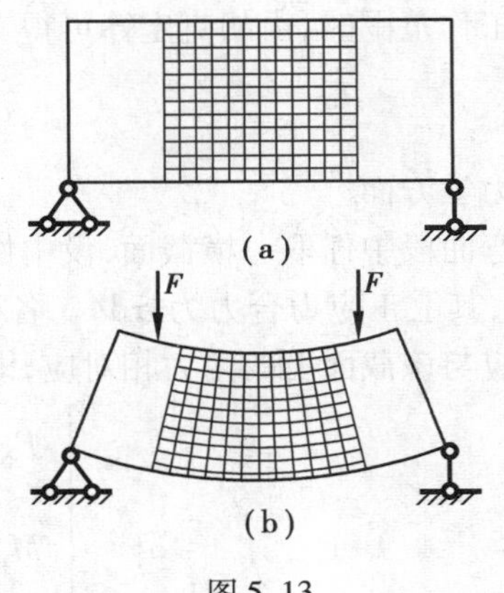

图 5.13

根据上述现象，由表及里，可以作出如下假设：

①梁的横截面在变形后仍保持为平面，并与变形后的轴线垂直，只是转动了一个角度。这就是梁弯曲变形时的**平面假设**。

②设想梁是由许多层与上、下底面平行的纵向纤维叠加而成，变形后，这些纤维层发生了纵向伸长或缩短，但相邻纤维层之间无挤压。

③因为变形的连续性，上部纤维层缩短，下部纤维层伸长，则中间必然有一层纤维的长度不变，这一层纤维称为**中性层**。中性层与横截面的交线称为**中性轴**，如图 5.14 所示。

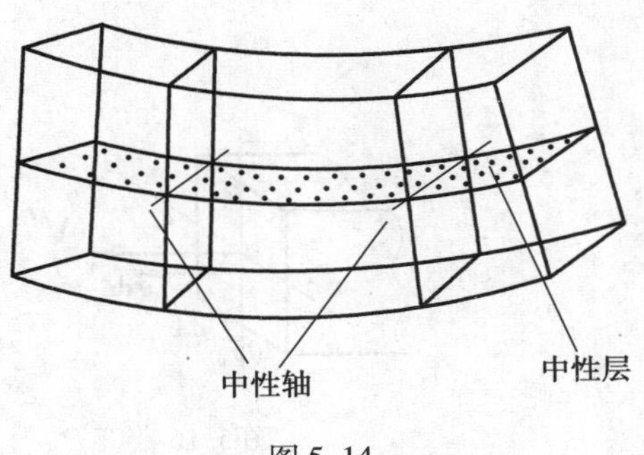

图 5.14

(2) 纯弯曲正应力公式推导

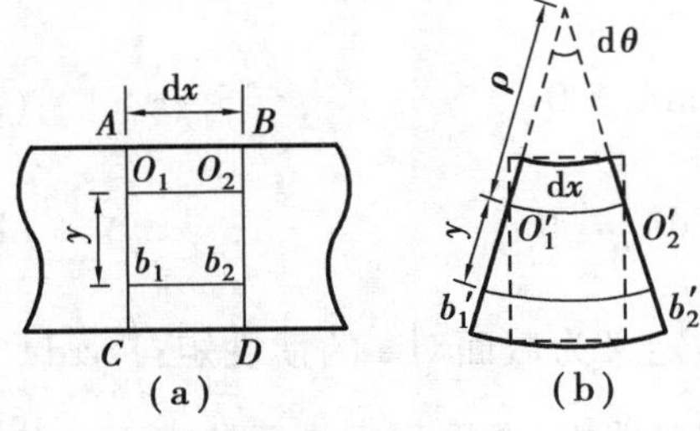

图 5.15

下面从几何、物理和静力学等 3 方面入手推导正应力公式。

①几何方面

如图 5.15(a)所示，从纯弯曲梁中取微段 dx 研究。其变形后如图 5.15(b)。设中性层为 O_1O_2，变形后为 $O'_1O'_2$，其长度仍为 dx，且 $dx=\rho d\theta$，ρ 为中性层的曲率半径。现研究距中性层为 y 的任一层纤维 b_1b_2 的纵向线应变为

$$\varepsilon=\frac{b_1'b_2'-b_1b_2}{b_1b_2}=\frac{b_1'b_2'-O_1O_2}{O_1O_2}=\frac{b_1'b_2'-O_1'O_2'}{O_1'O_2'}=\frac{(\rho+y)d\theta-\rho d\theta}{\rho d\theta}$$

可得

$$\varepsilon=\frac{y}{\rho} \tag{a}$$

式(a)表明，纵向线应变与点到中性层的距离 y 成正比。

②物理方面

由前述假设②可知，梁中各层纤维之间无挤压，即各层纤维处于单向受力状态，当材料处

于线弹性工作范围时，由胡克定律可得

$$\sigma = E\varepsilon = E\frac{y}{\rho} \tag{b}$$

③静力学方面

从纯弯曲段中任取一横截面，设中性轴为 z，建立如图 5.16 所示的坐标系。在横截面上取微面积 $\mathrm{d}A$，其上正应力合力为 $\sigma\mathrm{d}A$。各处的 $\sigma\mathrm{d}A$ 形成一个与横截面垂直的空间平行力系，其简化结果应与该截面上的内力相对应，即

$$\begin{cases} F_{\mathrm{N}} = \int_A \sigma \mathrm{d}A = 0 & \text{(c)} \\ M_y = \int_A z\sigma \mathrm{d}A = 0 & \text{(d)} \\ M_z = \int_A y\sigma \mathrm{d}A = M & \text{(e)} \end{cases}$$

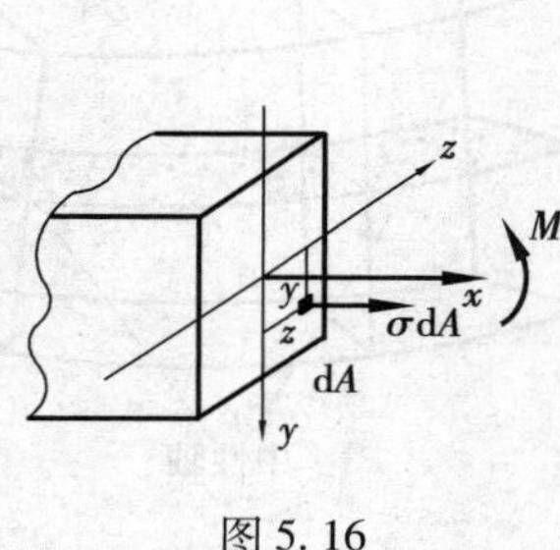

图 5.16

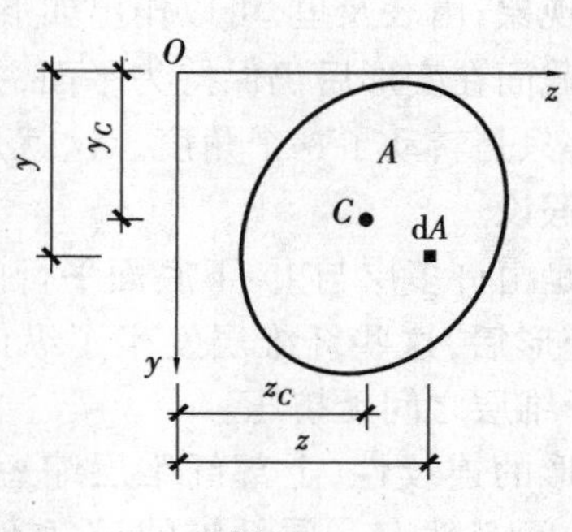

图 5.17

由式(b)、式(c)、式(d)和式(e)，可得

$$F_{\mathrm{N}} = \int_A \frac{E}{\rho} y \mathrm{d}A = \frac{E}{\rho}\int_A y\mathrm{d}A = 0 \tag{f}$$

$$M_y = \int_A \frac{E}{\rho} yz\mathrm{d}A = \frac{E}{\rho}\int_A yz\mathrm{d}A = 0 \tag{g}$$

$$M_z = \int_A \frac{E}{\rho} y^2\mathrm{d}A = \frac{E}{\rho}\int_A y^2\mathrm{d}A = M \tag{h}$$

式中，$\int_A y\mathrm{d}A = S_z$，定义为截面对 z 轴的**静矩**；$\int_A y^2\mathrm{d}A = I_z$ 定义为截面对 z 的**惯性矩**；$\int_A yz\mathrm{d}A = I_{yz}$，定义为截面对于一对正交坐标轴 y,z 的**惯性积**。静矩、惯性矩、惯性积都是反映截面形状和尺寸大小的几何量，称为截面的**几何性质**。对于任一截面（见图 5.17），C 为形心，y_C，z_C 为形心的坐标，由高等数学知识可知

$$S_z = Ay_C \tag{5.16}$$

若截面对某一对正交坐标轴的惯性积等于零，则该正交坐标轴称为**主惯性轴**，或简称为**主轴**。截面对主轴的惯性矩称为**主惯性矩**。通过截面形心的主轴称为**形心主轴**，截面对形心主轴的惯性矩称为**形心主惯性矩**。在工程中，常见构件的横截面都有对称轴，如矩形、工字形、T形等，其对称轴通过形心，只需通过形心再取一轴与对称轴正交，则截面对这一对坐标轴的惯性积等于零。这样，就得到了这些截面的形心主轴，常见截面的形心主轴如图 5.18 所示。

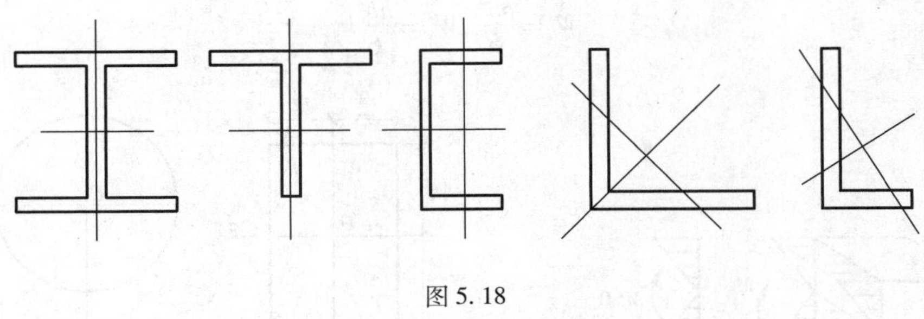

图 5.18

下面接着推导弯曲正应力计算公式。因为 E/ρ 不为零，故由式(f)可知，截面对 z 轴的静矩 $S_z=0$，则说明中性轴 z 通过形心。

再由式(g)，可得

$$I_{yz} = 0 \tag{i}$$

式(i)表明，中性轴 z 是主轴，而中性轴又是形心轴，故**中性轴是梁横截面的形心主轴**。

最后由式(h)可得

$$\frac{E}{\rho}I_z = M$$

故

$$\frac{1}{\rho} = \frac{M}{EI_z} \tag{5.17}$$

式(5.17)说明，中性层曲率 $1/\rho$ 与 M 成正比，与 EI_z 成反比。EI_z 称为梁的**抗弯刚度**，表示梁抵抗弯曲变形的能力。式(5.17)为计算梁变形的基本公式。

将式(5.17)代入式(b)，可得纯弯曲时横截面上的正应力公式为

$$\sigma = \frac{M}{I_z}y \tag{5.18}$$

式中，M 为欲求正应力点所在横截面上的弯矩；I_z 为截面对中性轴的惯性矩；y 为所求应力的点到中性轴的距离。

由式(5.18)可知，在某一横截面上，M 和 I_z 为常数，故 σ 与 y 成正比，即正应力沿横截面高度方向呈线性变化规律，如图5.19所示。中性轴将横截面分成两部分：一部分受拉，另一部分受压。

由式(5.18)可知，$\sigma_{\max}$ 发生在离中性轴最远处，即

$$\sigma_{\max} = \frac{M}{I_z}y_{\max} = \frac{M}{\dfrac{I_z}{y_{\max}}}$$

令 $\dfrac{I_z}{y_{\max}} = W_z$，称 W_z 为**抗弯截面系数**或**抗弯截面模量**。于是

$$\sigma_{\max} = \frac{M}{W_z} \tag{5.19}$$

对于宽为 b，高为 h 的矩形截面(见图 5.20(a))，其

$$I_z = \frac{bh^3}{12}, I_y = \frac{hb^3}{12}$$

$$W_z = \frac{bh^2}{6}, W_y = \frac{hb^2}{6}$$

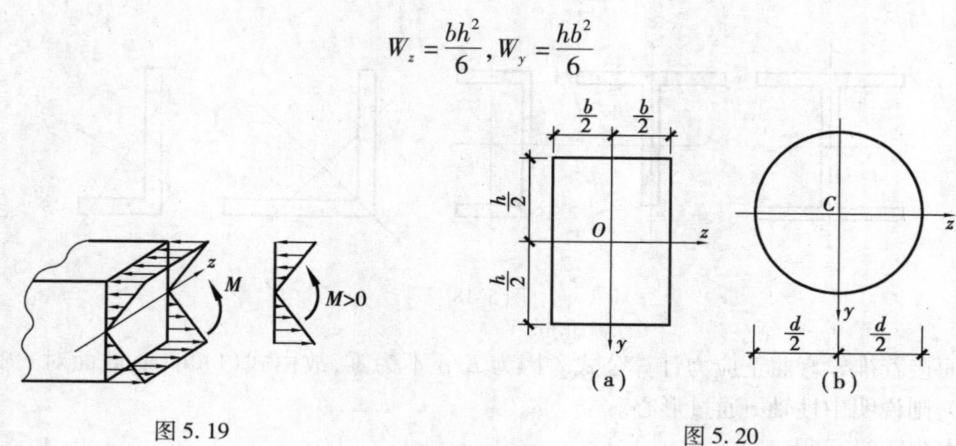

图 5.19　　　　图 5.20

对于直径为 d 的圆形截面（见图 5.20(b)），其

$$I_z = I_y = \frac{\pi d^4}{64}, W_z = W_y = \frac{\pi d^3}{32}$$

各种型钢的抗弯截面系数 W_z 可以从型钢表中查得。

(3) 纯弯曲正应力公式的推广

对于工程中常见的细长梁（跨度与横截面高度之比大于 5），根据试验和更精确的分析可知，用纯弯曲正应力式（5.18）计算横力弯曲时横截面上的正应力，并不会引起较大的误差。因此，横力弯曲横截面上的正应力仍然按式（5.18）计算。

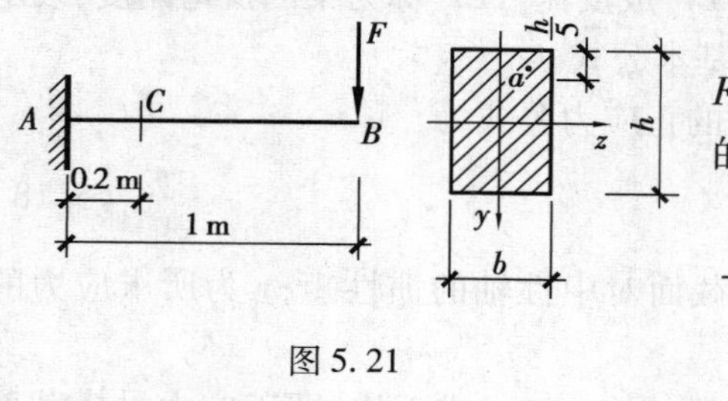

图 5.21

例 5.3　如图 5.21 所示的悬臂梁，已知 $F = 10$ kN，$b = 100$ mm，$h = 150$ mm，求 C 截面上 a 点的正应力及全梁横截面上的最大正应力。

解　C 截面弯矩 $M_C = -10\text{ kN} \times (1 - 0.2)\text{ m} = -8\text{ kN}\cdot\text{m}$，$a$ 点的 y 坐标为

$$y_a = -\left(\frac{h}{2} - \frac{h}{5}\right) = -\frac{3}{10}h = -45\text{ mm}$$

代入式（5.18）可得

$$\sigma_a = \frac{M_C}{I_z}\cdot y_a = \frac{-8\times 10^6\text{ N}\cdot\text{mm}}{\frac{1}{12}\times 100\text{ mm}\times 150^3\text{ mm}^3}\times(-45\text{ mm}) = 12.8\text{ MPa}\quad\text{(拉应力)}$$

$$\sigma_{\max} = \frac{M_{\max}}{W_z} = \frac{M_A}{W_z} = \frac{10\times 1\times 10^6\text{ N}\cdot\text{mm}}{\frac{1}{6}\times 100\text{ mm}\times 150^2\text{ mm}^2} = 26.7\text{ MPa}$$

5.3.2　矩形截面平面弯曲梁横截面上的剪应力

如图 5.22(a) 所示矩形截面梁发生横力弯曲，现从梁中任取一横截面如图 5.22(b) 所示，可以判断截面周边的剪应力必与周边相切。当截面高度 h 大于宽度 b 时，可以进一步作出如下假设：横截面上各点的剪应力与剪力 F_Q 方向相同，即与截面侧边平行；剪应力沿截面宽度 b 均匀分布。

利用上述假设以及静力平衡条件，可以推导出剪应力计算公式为

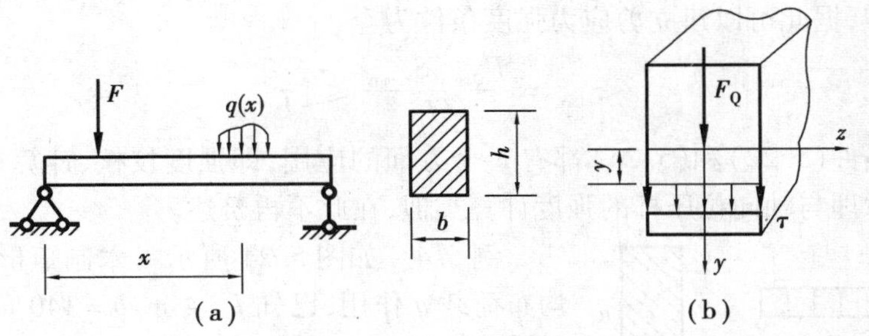

图 5.22

$$\tau = \frac{F_Q S_z}{bI_z} \tag{5.20}$$

式中，F_Q 为欲求剪应力点所在横截面上的剪力；b 为截面宽度；I_z 为横截面对中性轴的惯性矩；S_z 为欲求剪应力点处水平线以下部分面积 A^*（或以上部分）对中性轴的静矩，即

$$S_z = A^* \cdot y^* = \left[b \cdot \left(\frac{h}{2} - y \right) \right] \cdot \left(y + \frac{\frac{h}{2} - y}{2} \right) = \frac{b}{2} \left(\frac{h^2}{4} - y^2 \right) \tag{j}$$

式(j)代入式(5.20)可得

$$\tau = \frac{6F_Q}{bh^3} \left(\frac{h^2}{4} - y^2 \right)$$

可见剪应力沿横截面高度方向按抛物线规律变化（见图 5.23）。在上、下边缘处，$\tau = 0$；$y = 0$ 即中性轴处剪应力取极大值，即

$$\tau_{max} = \frac{3F_Q}{2bh} = \frac{3}{2} \frac{F_Q}{A} \tag{5.21}$$

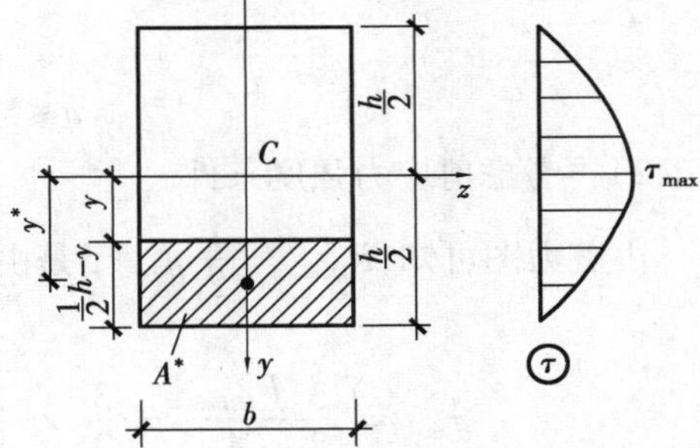

图 5.23

5.3.3　平面弯曲梁的强度条件

前面讨论了梁的正应力和剪应力计算，为了保证梁能安全工作，就必须使这两种应力都满足强度条件。

(1)梁的正应力强度条件

梁中的最大弯曲正应力发生在危险截面（即弯矩取极值的截面）的上边缘或下边缘处，而横截面上这些点的弯曲剪应力为零，据此可以建立正应力强度条件为

$$\sigma_{max} = \frac{M_{max}}{W_z} \leqslant [\sigma] \tag{5.22}$$

对于由抗拉和抗压性能相同的材料（即许用拉应力$[\sigma_t]$与许用压应力$[\sigma_c]$相等）制成的等截面梁，危险截面即是弯矩最大截面。对于铸铁这类$[\sigma_t] \neq [\sigma_c]$的脆性材料制成的梁，其危险截面并非一定是 M_{max} 所在截面，这时需分别对拉应力和压应力建立强度条件，即

$$\left. \begin{aligned} \sigma_{t,max} &\leqslant [\sigma_t] \\ \sigma_{c,max} &\leqslant [\sigma_c] \end{aligned} \right\} \tag{5.23}$$

(2)梁的剪应力强度条件

梁的最大弯曲剪应力发生在最大剪力 $F_{Q,max}$ 所在截面的中性轴处，而横截面上这些点的

弯曲正应力为零,据此可以建立剪应力强度条件为

$$\tau_{\max} = \frac{F_{Q,\max}S_{z,\max}}{bI_z} \leqslant [\tau] \tag{5.24}$$

梁的强度条件(5.22)和(5.24)都有3个方面的应用,即强度校核、计算截面和确定许用荷载。其基本原理与轴向拉压杆的强度计算类似,在此不再赘述。

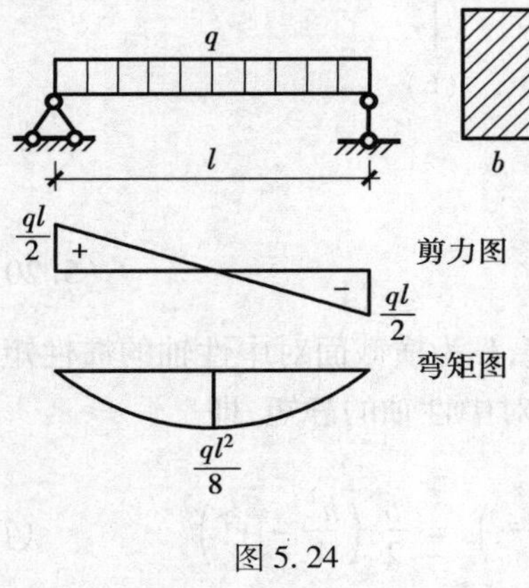

图5.24

例5.4 如图5.24所示一木制矩形截面简支梁,受均布荷载 q 作用,已知 $l=4$ m, $b=140$ mm, $h=210$ mm,木材的许用正应力 $[\sigma]=10$ MPa,许用剪应力 $[\tau]=2.2$ MPa。试计算许用荷载 $[q]$。

解 1)先考虑正应力强度条件。

由弯矩图可知 $M_{\max}=\frac{1}{8}ql^2$,代入式(5.24),则

$$\sigma_{\max} = \frac{M_{\max}}{W_z} = \frac{\frac{1}{8}ql^2}{\frac{1}{6}bh^2} = \frac{\frac{1}{8}\times q\times 4^2\times 10^6\ \text{N}\cdot\text{mm}}{\frac{1}{6}\times 140\ \text{mm}\times 210^2\ \text{mm}^2} \leqslant [\sigma] = 10\ \text{MPa}$$

故

$$q \leqslant 5.15\ \text{kN/m} = [q]_1$$

2)再考虑剪应力强度条件。

由剪力图可知,$F_{Q,\max}=\frac{1}{2}ql$。于是由式(5.23)可得

$$\tau_{\max} = \frac{3}{2}\frac{F_{Q,\max}}{A} = \frac{3}{2}\times\frac{\frac{1}{2}\times q\times 4\times 10^3\ \text{N}}{140\ \text{mm}\times 210\ \text{mm}} \leqslant [\tau] = 2.2\ \text{MPa}$$

故

$$q \leqslant 21.56\ \text{kN/m} = [q]_2$$

则 $[q]_1<[q]_2$,所以梁的许用荷载 $[q]=[q]_1=5.15$ kN/m。

例5.5 一伸臂梁受力如图5.25所示,横截面为倒T形,已知外力 $F_1=40$ kN, $F_2=15$ kN; $y_1=72$ mm; $y_2=38$ mm, $I_z=5.73\times10^6$ mm^4(子轴为形心轴);材料的许用拉应力 $[\sigma_t]=45$ MPa,许用压应力 $[\sigma_c]=175$ MPa。试校核梁的强度。

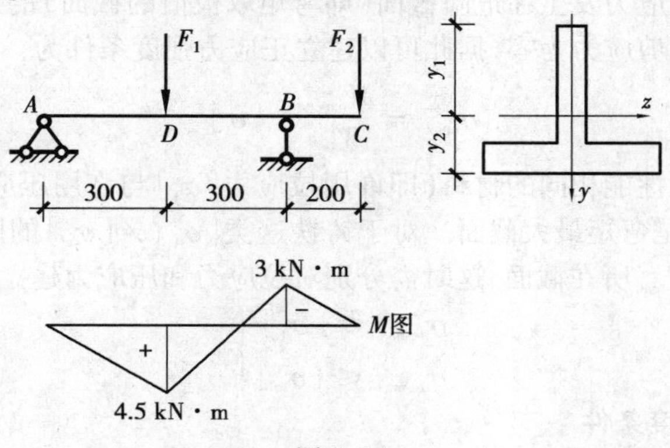

图5.25

解　1)校核最大拉应力。

由弯矩图可知,梁的正、负弯矩段皆有极值且 $M_D > M_B$,但是因为梁的截面为倒T形,即 $y_1 > y_2$,故需对 D 截面最大拉应力 $\sigma^D_{t,\max} = \dfrac{M_D}{I_z}y_2$ 和 B 截面最大拉应力 $\sigma^B_{t,\max} = \dfrac{M_B}{I_z}y_1$ 进行比较。注意

$$M_D y_2 < M_B y_1$$

故 $\sigma_{t,\max} = \sigma^B_{t,\max}$,则

$$\sigma_{t,\max} = \frac{M_B}{I_z}y_1 = \frac{3\times 10^6\ \text{N}\cdot\text{mm}}{5.73\times 10^6\ \text{mm}^4}\times 72\ \text{mm} = 37.7\ \text{MPa} < [\sigma_t]$$

$\sigma_{t,\max}$ 发生在 B 截面的上边缘处。

2)校核最大压应力。

同理,因为 $M_D y_1 > M_B y_2$,故 $\sigma_{c,\max}$ 发生在 D 截面的上边缘处,即

$$\sigma_{c,\max} = \frac{M_D}{I_z}y_1 = \frac{4.5\times 10^6\ \text{N}\cdot\text{mm}}{5.73\times 10^6\ \text{mm}^4}\times 72\ \text{mm} = 54.5\ \text{MPa} < [\sigma_c]$$

该梁的强度符合要求。

5.3.4　提高梁弯曲强度的主要措施

前已提及,梁的强度主要由正应力控制,即

$$\sigma_{\max} = \frac{M_{\max}}{W_z} \leqslant [\sigma]$$

所以,提高梁弯曲强度的主要措施应从两方面考虑:一是从梁的受力着手,目的是减小弯矩 M;二是从梁的截面形状入手,目的是增大抗弯截面模量 W_z。

(1)合理选择梁的截面形状

由式(5.21)可得 $M \leqslant [\sigma]W_z$,即梁的承载能力与截面的 W_z 成正比。因此,结合经济性和梁的质量控制要求,合理的截面形状应当满足横截面积 A 较小而其 W_z 较大。

现以矩形截面和圆形截面为例进行比较。设矩形截面 $A_1 = b\times h$,圆形截面 $A_2 = \dfrac{1}{4}\pi d^2$,而且 $A_1 = A_2$,即 $bh = \dfrac{1}{4}\pi d^2$,则

$$\frac{(W_z)_{\text{矩形}}}{(W_z)_{\text{圆形}}} = \frac{\frac{1}{6}bh^2}{\frac{\pi d^3}{32}} = \sqrt{\frac{h}{0.716b}}$$

可见,在材料用量相同的前提下,当矩形截面的高度 h 大于宽度 b 的 0.716 倍时,其抗弯性能优于圆形截面。

为了增大 I_z 及 W_z,可以将截面设计成工字形、箱形、槽形等,如图5.26(a)所示。这些截面的抗弯性能比矩形截面更为优越。但是,如果材料的抗拉和抗压能力不同,就可以采取L形、T形等截面形状,如图5.26(b)所示。

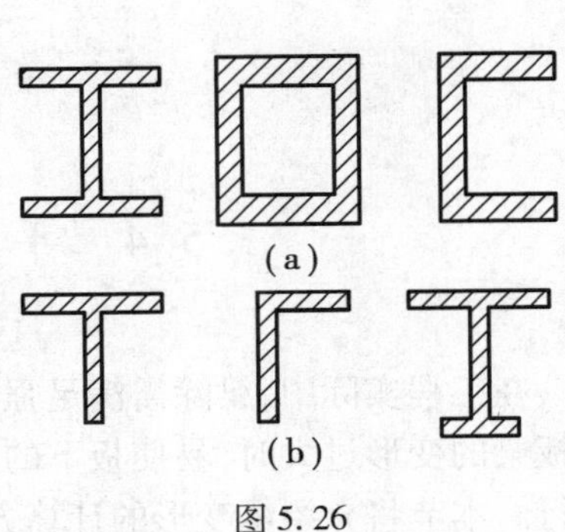

图5.26

当然，梁的截面形状的选择不仅仅是增大 I_z 或者 W_z 的问题，还涉及梁的抗剪能力、材料性能和施工工艺等方面，应综合考虑。

(2)变截面梁

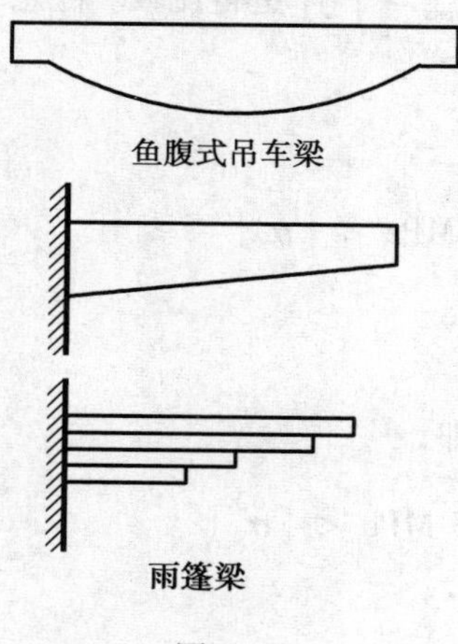

图 5.27

梁中不同横截面上的弯矩一般是不同的，若只根据危险截面的抗弯强度而设计为等截面梁，则其他截面的抗弯性能没有被充分发挥。为了节约材料、减轻自重，可根据梁的受力特点将梁设计为变截面梁，如图 5.27 所示。

(3)合理配置支座，改变梁的受力

在满足使用要求的前提下，合理配置支座，可以达到减小最大弯矩从而提高抗弯强度的目的。例如，如图 5.28(a)所示受均布荷载作用的简支梁，其 $M_{\max}=ql^2/8$，而当左、右支座向内移动 1/5 跨长成为伸臂梁时(见图 5.28(b))，则其 $M_{\max}=ql^2/40$。

另外，通过改变加载方式也可以减小梁的最大弯矩。如图 5.28(c)所示的简支梁，其 $M_{\max}=Fl/4$。当增加辅助小梁时(见图 5.28(d))，则其 $M_{\max}=Fl/8$，是未加辅助梁时最大弯矩的 1/2。

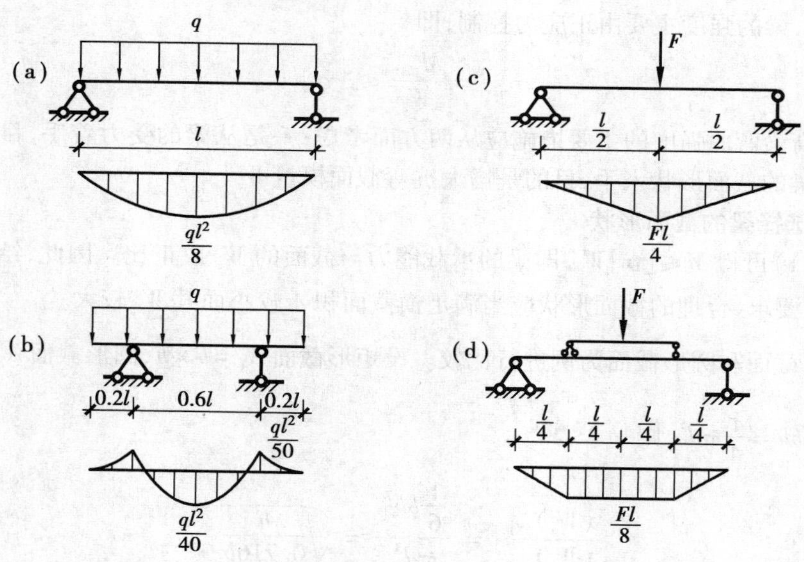

图 5.28

5.4 平面弯曲梁的变形及刚度计算

在工程实际中，梁除需满足强度要求外，在某些情形还有刚度要求，即变形不能太大。如楼板梁的变形过大时，易使板下的抹灰层开裂、脱落；吊车梁的变形过大时，会影响吊车的正常运行。本节将介绍梁变形的计算方法及刚度条件。

5.4.1　度量梁变形的基本未知量

如图5.29所示的悬臂梁，其轴线AB在纵向对称平面内弯曲成一条光滑的平面曲线AB'，称为梁的**挠曲线**或**弹性曲线**。在小变形情况下，梁中任一横截面的形心沿轴线x方向的位移分量很小，可忽略不计。度量梁变形的基本未知量有：

(1)挠度f

梁中任一横截面的形心C在垂直于轴线方向的位移称为该截面的**挠度**，用f表示。显然，梁中不同截面的挠度一般是不同的，可表示为

$$f = f(x)$$

称为挠曲线方程。在图示坐标系下，平面弯曲梁的挠度以向下为正，向上为负。

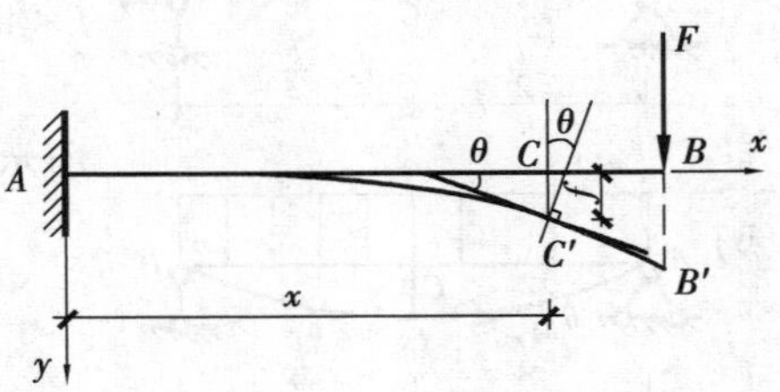

图5.29

(2)转角θ

梁中任一横截面绕中性轴转过的角度，称为该截面的**转角**。转角沿梁长度的变化规律可用转角方程表示为

$$\theta = \theta(x)$$

在图示坐标系下，平面弯曲梁的转角θ以顺时针为正，逆时针为负。

下面来分析挠曲线方程与转角方程之间的关系。根据平面假设，变形后梁的横截面与挠曲线垂直，因此，挠曲线上C'点的切线与x轴正方向的夹角等于C截面的转角，如图5.29所示。于是$\theta \approx \tan\theta = \dfrac{dy}{dx} = f'$，即

$$\theta = f' \tag{5.25}$$

式(5.25)即为挠曲线方程与转角方程的关系。

5.4.2　梁变形计算的积分法和叠加法

在横力弯曲时，弯曲变形是弯矩和剪力共同作用下产生的，但是对于工程中常见的细长梁，剪力对梁的变形影响很小，可忽略不计。于是，可以推导出**梁挠曲线的近似微分方程**为

$$f'' = -\frac{M(x)}{EI} \tag{5.26}$$

式中，I为梁横截面对中性轴的惯性矩；$M(x)$为梁的弯矩方程。式(5.26)适用于理想线弹性材料制成的细长梁的小变形问题。

将式(5.26)积分，得到转角方程和挠度方程为

$$\theta = f' = -\int \frac{M(x)}{EI}dx + C \tag{5.27}$$

$$f = -\iint \frac{M(x)}{EI}dxdx + Cx + D \tag{5.28}$$

式中，C和D为积分常数，由梁的边界条件和变形连续光滑条件来确定。这种通过对梁挠曲线的近似微分方程进行积分运算求解变形的方法，称为**积分法**。

同时，在线弹性及小变形条件下，梁的变形（挠度f和转角θ）与荷载始终保持线性关系，

而且每个荷载引起的变形与其他同时作用的荷载无关。当梁同时受几个(或几种)荷载作用时,可先计算出梁在每个(或每种)荷载作用下的变形(见表 5.1),然后进行叠加运算。这种计算变形的方法称为**叠加法**。

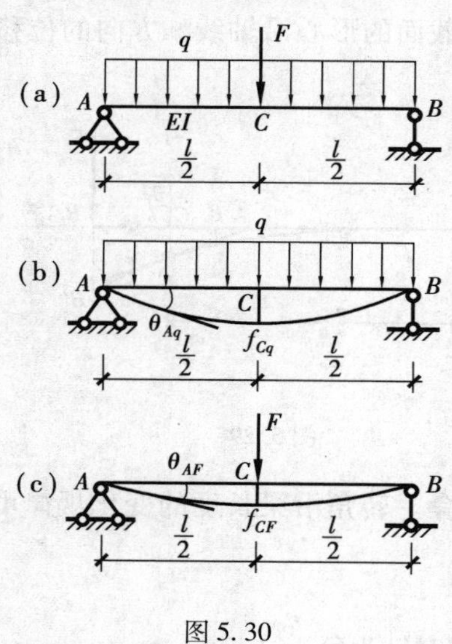

图 5.30

例 5.6　如图 5.30(a)所示等截面简支梁的抗弯刚度为 EI,受集中力 F 和均布荷载 q 作用,试求 C 截面处的挠度 f_C 和 A 截面的转角 θ_A。

解　将荷载分解为两种简单荷载,如图 5.30(b)、(c)所示,由表 5.1 可查得

$$f_{Cq}=\frac{5ql^4}{384EI},\theta_{Aq}=\frac{ql^3}{24EI}$$

$$f_{CF}=\frac{Fl^3}{48EI},\theta_{AF}=\frac{Fl^2}{16EI}$$

式中,第 1 个下标表示截面位置,第 2 个下标表示引起该变形的原因。

将上述结果叠加,可得

$$f_C=f_{Cq}+f_{CF}=\frac{5ql^4}{384EI}+\frac{Fl^3}{48EI}$$

$$\theta_A=\theta_{Aq}+\theta_{AF}=\frac{ql^3}{24EI}+\frac{Fl^2}{16EI}$$

表 5.1　简单荷载作用下梁的转角和挠度

序号	支承和荷载情况	梁端转角	最大挠度	挠曲线方程
1	(悬臂梁 A 端固定,自由端 B 受集中力 F,跨长 l)	$\theta_B=\frac{Fl^2}{2EI}$	$f_{max}=\frac{Fl^3}{3EI}$	$f=\frac{Fx^2}{6EI}(3l-x)$
2	(悬臂梁 A 端固定,距 A 为 a 处受集中力 F,距 B 为 b,跨长 l)	$\theta_B=\frac{Fa^2}{2EI}$	$f_{max}=\frac{Fa^2}{6EI}(3l-a)$	$f=\frac{Fx^2}{6EI}(3a-x)$ $0\leqslant x\leqslant a$ $f=\frac{Fa^2}{6EI}(3x-a)$ $a\leqslant x\leqslant l$
3	(悬臂梁 A 端固定,全跨受均布荷载 q,跨长 l)	$\theta_B=\frac{ql^3}{6EI}$	$f_{max}=\frac{ql^4}{8EI}$	$f=\frac{qx^2}{24EI}(x^2+6l^2-4lx)$

续表

序号	支承和荷载情况	梁端转角	最大挠度	挠曲线方程
4		$\theta_B=\dfrac{M_e l}{EI}$	$f_{max}=\dfrac{M_e l^2}{2EI}$	$f=\dfrac{M_e x^2}{2EI}$
5		$\theta_A=-\theta_B=\dfrac{Fl^2}{16EI}$	$f_{max}=\dfrac{Fl^3}{48EI}$	$f=\dfrac{Fx}{48EI}(3l^2-4x^2)$ $0\leqslant x\leqslant\dfrac{l}{2}$
6		$\theta_A=-\theta_B=\dfrac{ql^3}{24EI}$	$f_{max}=\dfrac{5ql^4}{384EI}$	$f=\dfrac{qx}{24EI}(l^3-2lx^2+x^3)$
7		$\theta_A=\dfrac{Fab(l+b)}{6lEI}$ $\theta_B=\dfrac{-Fab(l+a)}{6lEI}$	设 $a>b$ $f_{max}=\dfrac{Fb}{9\sqrt{3}lEI}$ $(l^2-b^2)^{3/2}$ 在 $x=\dfrac{\sqrt{l^2-b^2}}{3}$ 处	$f=\dfrac{Fbx}{6lEI}(l^2-b^2-x^2)$ $0\leqslant x\leqslant a$ $f=\dfrac{F}{EI}\Big[\dfrac{b}{6l}(l^2-b^2-x^2)$ $x+\dfrac{1}{6}(x-a)^3\Big]$ $a\leqslant x\leqslant l$
8		$\theta_A=\dfrac{M_e l}{6EI}$ $\theta_B=-\dfrac{M_e l}{3EI}$	$y_{max}=\dfrac{M_e l^2}{9\sqrt{3}EI}$ 在 $x=\dfrac{1}{\sqrt{3}}$ 处	$y=\dfrac{M_e x}{6lEI}(l^2-x^2)$

5.4.3　梁的刚度条件

梁的刚度条件，通常是校核其变形是否超过许用挠度$[f]$和许用转角$[\theta]$，可表述为

$$f_{max}\leqslant[f] \tag{5.29}$$

$$\theta_{max}\leqslant[\theta] \tag{5.30}$$

式中，f_{max} 和 θ_{max} 为梁的最大挠度和最大转角。

在机械工程中，一般对梁的挠度和转角都进行校核；而在土木工程中，通常只校核挠度，并且以许用挠度与跨长的比值$\left[\dfrac{f}{l}\right]$作为校核的标准，即

$$\frac{f_{\max}}{l} \leqslant \left[\frac{f}{l}\right] \tag{5.31}$$

对于土木工程中的梁,强度一般起控制作用,通常是由强度条件选择梁的截面,再校核刚度。

5.5 计算梁和刚架位移的图乘法

结构在荷载、温度改变、支座位移等因素的影响下,会产生变形,致使结构构件的横截面产生移动和转动,称为结构的位移。结构的位移计算既是刚度验算的基础,同时在超静定结构求解过程中也要考虑位移条件。本节仅仅介绍梁和刚架在荷载作用时的位移计算。

5.5.1 广义力、广义位移与虚拟单位荷载

一个不变的集中力所做的功等于该力的大小与其作用点沿力作用线方向所发生分位移的乘积。例如,如图5.31(a)所示的结构,在力 F 作用下发生如图5.31(b)所示的变形。当作用在 A 处的力由零逐渐增加到 F 时,A 点的线位移 AA' 在力作用线方向的分位移也由零逐渐增加到 Δ,则在整个加载过程中,F 所做的功为

$$W = \frac{1}{2}F\Delta \tag{5.32}$$

此处,力与沿力方向所产生的位移有因果关系,该功又称为**实功**。

若如图5.31(b)所示的变形不是由力 F 引起,而是由其他因素,如其他荷载、温度变化、支座位移等引起,则力 F 与该力作用线方向的位移分量 Δ 的乘积 $W^* = F\Delta$ 就称为**虚功**。与实功不同,虚功不考虑结构在力作用下的变形过程,且虚功中的两个要素力与力的作用线方向的位移不必具有因果关系。

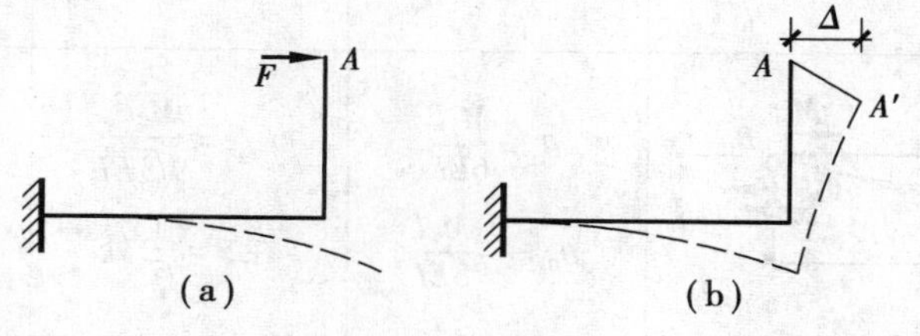

图5.31

图乘法计算位移的依据是**虚功原理**。对于杆系结构,**变形体的虚功原理可表述为:若变形体处于平衡状态,则对于任何满足结构约束条件的微小位移,外力所做的虚功总和等于各微段上的内力在其变形体上的虚变形能总和,反之亦然。**

在用虚功原理求结构的位移时,通常需要在结构上所求位移截面处“虚加”一个与所求位移相对应的单位力,称为**虚拟单位力**,用 $\overline{F}=1$ 表示,对应的方法又称为**虚拟荷载法**。

虚拟单位力可以是一个集中力、一个力偶、一组力、一组力偶等,又称为**广义单位力**。虚拟单位力的施加应注意:

①单位力应该在没有荷载、没有支座位移、没有温度改变等因素影响下的原始结构上施加。

②单位力应该施加在所求位移点(或截面)、沿所求位移方向,并与所求位移相对应。

通常,结构的待求位移可能是绝对线位移、绝对角位移、相对线位移或相对角位移等,又称**为广义位移**。虚拟单位力需针对待求的结构的广义位移而假设。以如图 5.32 所示刚架为例,常见的虚拟单位力的假设有以下 4 种情况:

①图 5.32(a)为求刚架上某一点 A 沿某 AB 方向的线位移时,虚拟单位力为作用于 A 点沿 AB 方向的单位集中力。

②图 5.32(b)为求刚架上某两点 A,B 沿其连线方向的相对线位移时,虚拟单位力为作用于 A,B 两点并沿 AB 方向的一对反向共线的单位集中力。

③图 5.32(c)为求刚架上某一截面 A 的角位移时,虚拟单位力为作用于 A 截面的单位集中力偶。

④图 5.32(d)为求刚架上中间铰 A 处左、右两截面的相对角位移时,虚拟单位力为作用于铰 A 处左、右两截面的一对反向单位集中力偶。

此外,虚拟单位力的指向可以任意假定,若计算出的结果为正,就表示所求结构的广义位移方向与虚拟单位力的方向相同;否则,相反。

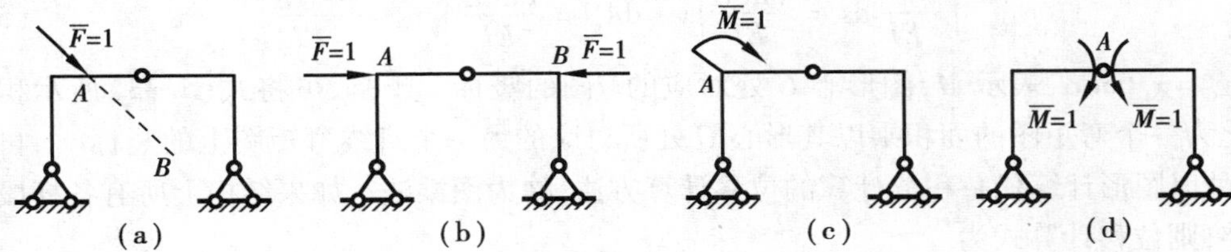

图 5.32

5.5.2　计算梁和刚架位移的图乘法

对于实际工程中常见梁和刚架而言,轴向变形和剪切变形对位移的影响很小,可以忽略不计。其位移的计算,只考虑弯曲变形即可满足计算精度。由虚功原理,可得到梁和刚架在荷载作用时的位移计算一般公式,即

$$\Delta = \sum \int \frac{\overline{M}M_{\mathrm{p}}}{EI}\mathrm{d}x \tag{5.33}$$

式中,EI 为梁或刚架的抗弯刚度;M_{p} 为梁或刚架在实际荷载作用下的弯矩方程;$\overline{M}$为梁或刚架在虚拟单位力作用下的弯矩方程。式(5.33)的计算需要进行积分运算,但是,当梁或刚架的各段满足下列条件时,则可以将积分运算简化为几何运算:

①杆段的 EI 为常数。

②杆段的轴线为直线。

③杆段在实际荷载作用下的弯矩图和虚拟单位力作用下的弯矩图中,至少有一个为直线图形。

上述 3 个条件在梁或者刚架各杆段是等直杆时,都能得到满足,因为此时条件①和条件②显然满足,而直杆在虚拟单位力作用下的弯矩图必然为直线图形或折线图形(可以分解为两个或两个以上的直线图形)。

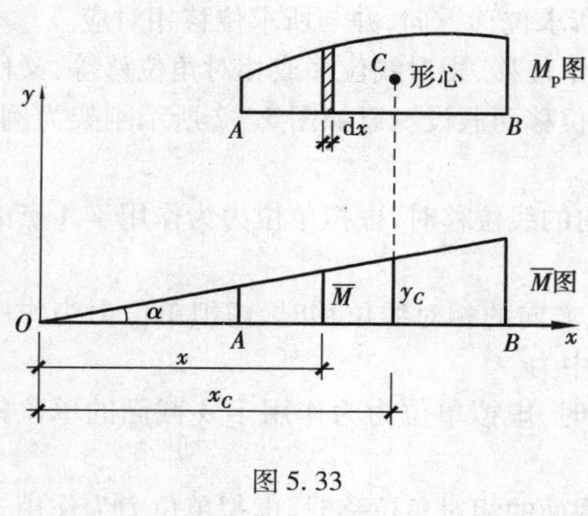

图 5.33

如图 5.33 所示为等直杆 AB 段上的两个弯矩图。其中，“M_p 图”为实际荷载作用下的弯矩图，而“$\overline{M}$图”为虚拟单位力作用下的弯矩图。不妨设$\overline{M}$图为直线，M_p 图为任意形状，在图示坐标系下，$\overline{M}(x)=x\tan\alpha$，可得

$$\int\frac{\overline{M}M_p}{EI}ds=\frac{\tan\alpha}{EI}\int xM_p dx=\frac{\tan\alpha}{EI}\int x\cdot dA_p \quad \text{(a)}$$

式中，$dA_p=M_p\cdot dx$ 为 M_p 图中阴影部分的微分面积；$\int x\cdot dA_p$ 表示 M_p 图对 y 轴的静矩。由静矩的常用计算公式（即式（5.16））可得

$$\int x\cdot dA_p=A_p\cdot x_C \quad \text{(b)}$$

式中，A_p 为 M_p 图的面积；x_C 为 M_p 图形心到 y 轴的距离。将式（b）代入式（a）可得

$$\int\frac{\overline{M}M_p}{EI}ds=\frac{\tan\alpha}{EI}\int x\cdot dA_p=\frac{\tan\alpha}{EI}A_p x_C=\frac{A_p y_C}{EI} \quad (5.34)$$

式中，$y_C=x_C\tan\alpha$，表示 M_p 图形心 C 处对应的$\overline{M}$图的竖标。于是，可将式（5.33）所示积分运算简化为一个弯矩图的面积乘以其形心 C 处所对应的另一个直线弯矩图上的竖标 y_C，再除以 EI，这种以图形计算代替积分计算的位移计算方法，称为**图乘法**。如果结构上所有各杆段都可以图乘，则位移计算式为

$$\Delta=\int\frac{\overline{M}M_p}{EI}ds=\sum\frac{A_p y_C}{EI} \quad (5.35)$$

图乘法应用时应注意以下问题：

①y_C 只能从直线图形上取得，而 A_p 应取自另一图形。

②当 A_p 与 y_C 在弯矩图的基线同侧时，其互乘值取正，否则取负。

③如果 M_p 图与$\overline{M}$图均为直线，则 y_C 可以取自其中任一图形。

图 5.34 列出了几种常见简单图形的形心位置和面积。

④如果$\overline{M}$图是折线图形，而 M_p 图是非直线图形，则应该分段图乘，然后叠加。如图 5.35 所示杆段的图乘结果为

$$\frac{1}{EI}(A_{p1}y_{C1}+A_{p2}y_{C2}) \quad \text{(c)}$$

⑤复杂图形的图乘方法。某些图形的面积和形心位置不易确定，可将其分解为几个简单图形，并分别与另一图形相乘，然后进行叠加。如图 5.36 所示的两个梯形相乘时，可将其分解为两个三角形（或者一个矩形加一个三角形），此时图乘结果为

$$\left.\begin{aligned}&\frac{1}{EI}(A_{p1}y_{C1}+A_{p2}y_{C2})\\&A_{p1}=\frac{1}{2}al,A_{p2}=\frac{1}{2}bl\\&y_{C1}=\frac{2}{3}c+\frac{1}{3}d,y_{C2}=\frac{1}{3}c+\frac{2}{3}d\end{aligned}\right\} \quad \text{(d)}$$

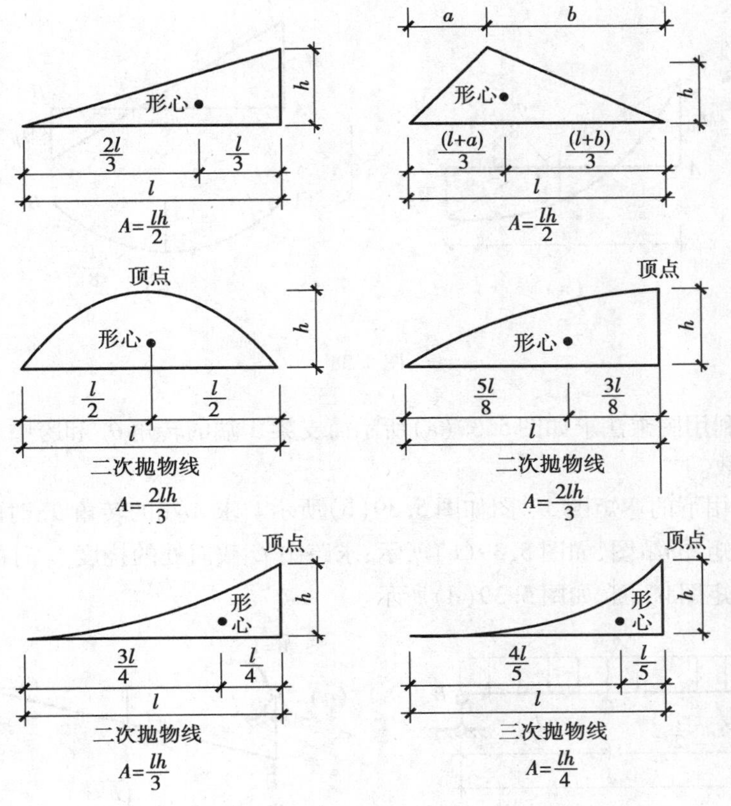

图 5.34

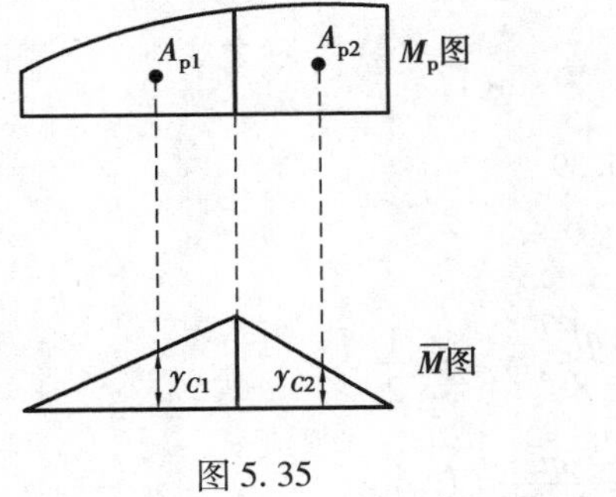

图 5.35

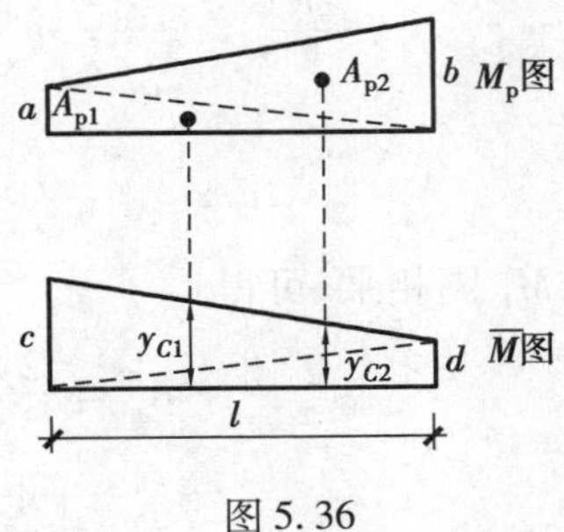

图 5.36

当 M_p 或者$\overline{M}$图的竖标 a,b 或 c,d 不在基线的同一侧时(见图 5.37),可将 M_p 图分解为位于基线两侧的两个三角形,其计算方法类似。

对于如图 5.38(a)所示的非标准抛物线图形,由内力图的叠加原理(见第 4 章),可将其分解为如图 5.38(b)所示的直线图形和标准抛物线图形,然后再应用图乘法。

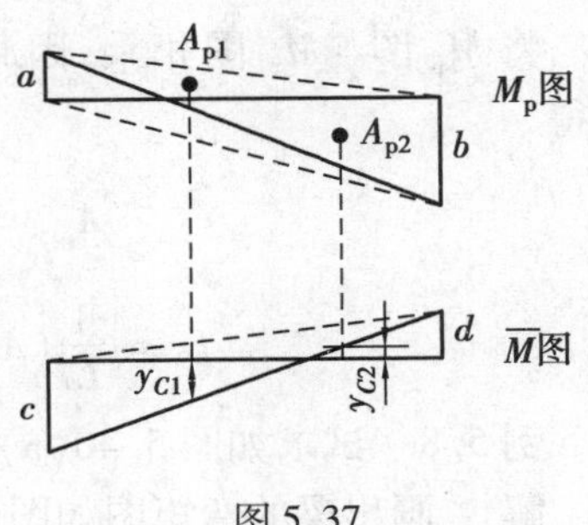

图 5.37

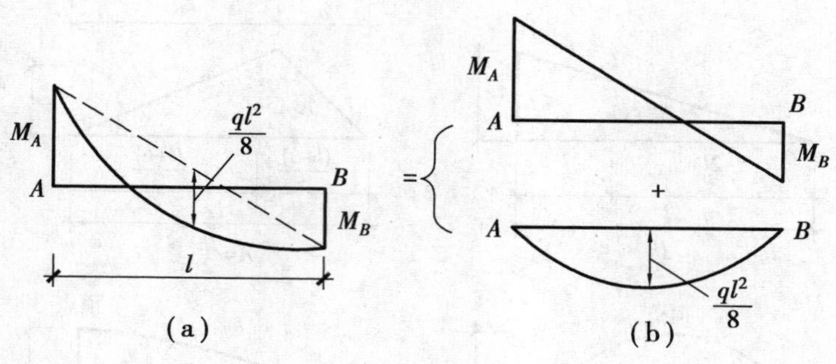

图 5.38

例 5.7 试利用图乘法求如图 5.39(a)所示简支梁 A 端的转角 θ_A 和跨中 C 截面处的挠度 f_C,梁的 EI 为常数。

解 荷载作用下的弯矩图 $M_{\rm p}$ 图如图 5.39(b)所示。求 A 端的转角 θ_A 时的虚拟单位力施加方法及梁的弯矩图$\overline{M}_1$ 图,如图 5.39(c)所示;求跨中 C 截面处的挠度 f_C 时的虚拟单位力施加方法及梁的弯矩图$\overline{M}_2$ 图,如图 5.39(d)所示。

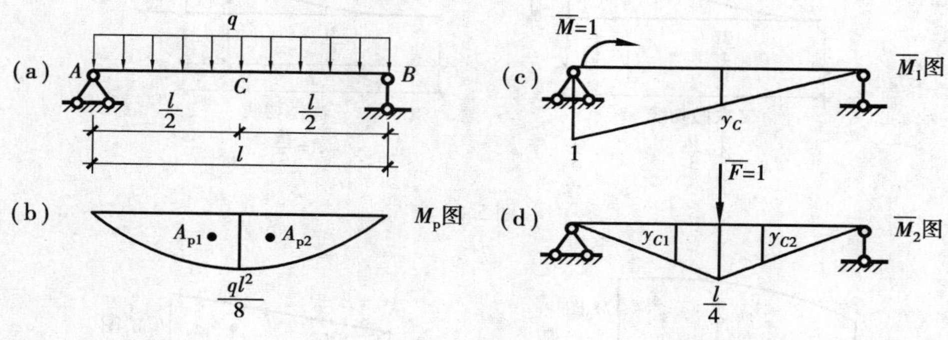

图 5.39

将 $M_{\rm p}$ 图与$\overline{M}_1$ 图相乘,可得

$$A_{\rm p} = \frac{2}{3} \cdot l \cdot \frac{ql^2}{8},\ y_C = \frac{1}{2}$$

$$\theta_A = \frac{A_{\rm p} y_C}{EI} = \frac{ql^3}{24EI}\ (\circlearrowleft)$$

将 $M_{\rm p}$ 图与$\overline{M}_2$ 图相乘,因$\overline{M}_2$ 图是折线图形,需将 $M_{\rm p}$ 图分为左、右两个对称的抛物线,可得

$$A_{\rm p1} = A_{\rm p2} = \frac{2}{3} \cdot \frac{l}{2} \cdot \frac{ql^2}{8},\ y_{C1} = y_{C2} = \frac{5l}{32}$$

$$f_C = \frac{1}{EI}(A_{\rm p1} y_{C1} + A_{\rm p2} y_{C2}) = \frac{2}{EI} A_{\rm p1} y_{C1} = \frac{5ql^4}{384EI}(\downarrow)$$

例 5.8 试求如图 5.40(a)所示刚架 C,D 两端面的相对转角 $\Delta\theta_{CD}$,设 EI 为常数。

解 画出梁的弯矩图如图 5.40(b)所示。根据所求位移,施加虚拟单位力如图 5.40(c)

所示，并在该图中画出了$\overline{M}$图。M_p 图中 AC，BD 段弯矩为零，只需将 AB 杆段上的 M_p 图与$\overline{M}_2$ 图相乘即可，即

$$\Delta\theta_{CD} = \sum \frac{A_p y_C}{EI} = -\frac{1}{EI}\left(\frac{2}{3}\cdot\frac{ql^2}{8}\cdot l\right)\cdot 1$$

$$= -\frac{ql^3}{12EI}(\curvearrowright\curvearrowleft)$$

式中，取负号是因为 A_p 与 y_C 在弯矩图基线的不同侧。

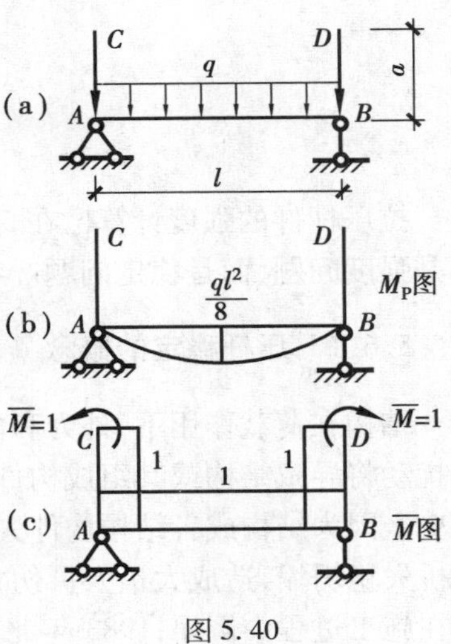

图 5.40

例 5.9　试求如图 5.41(a)所示刚架结点 B 的水平位移 Δ_{BH}，只考虑弯曲变形，并设 E 为常数。

解　画出刚架的 M_p 如图 5.41(b)所示，根据所求位移施加单位集中力$\overline{F}=1$，并画出$\overline{M}$图，如图 5.41(c)所示。应用图乘法，并注意 BC 杆段的 M_p 图不是标准二次抛物线，需要将其分解为如图 5.41(d)所示的三角形图形和标准抛物线图形，于是可得

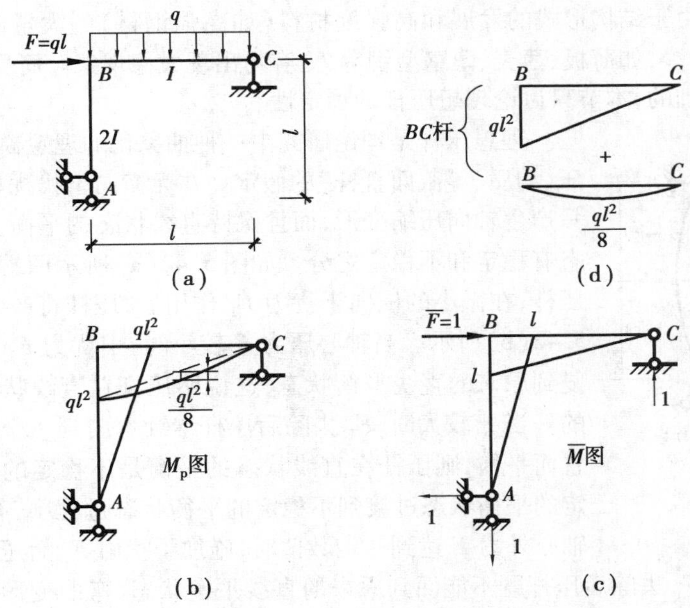

图 5.41

$$\Delta_{BH} = \sum \frac{A_p y_C}{EI} = \frac{1}{2EI}\left(\frac{1}{2}\cdot ql^2\cdot l\right)\cdot\frac{2}{3}l + \frac{1}{EI}\left[\left(\frac{1}{2}\cdot ql^2\cdot l\right)\cdot\frac{2}{3}l + \left(\frac{2}{3}\cdot\frac{ql^2}{8}\cdot l\right)\cdot\frac{l}{2}\right]$$

$$= \frac{14ql^4}{24EI}\quad(\rightarrow)$$

5.6 压杆稳定

拉压杆件的强度计算已在5.2节中作了讨论,但是对于比较细长的受压杆件,其失效往往不是强度问题,而是稳定问题。本节将专门研究压杆稳定问题。

5.6.1 压杆稳定的概念

结构在荷载作用下,外力和内力必须保持平衡。当这种平衡处于不稳定状态时,外界的轻微扰动将导致结构或其组成构件产生较大变形而最后丧失承载能力。这样的现象就是**失稳**。历史上因为结构或者结构构件失稳而引起工程事故的也不在少数。例如,1891年瑞士一座铁路桥失稳坍塌,造成大量人员伤亡;1907年北美魁北克一座长548 m的钢桥由于其桁架失稳而在施工过程中倒塌;1983年北京某建筑工地,一座高54 m、长17 m钢管脚手架轰然坍塌,事故的原因是结构本身的严重缺陷导致结构发生失稳。

近几十年来,由于结构形式的发展和高强度材料(如高强钢材)的大量应用,轻型而薄壁的结构构件不断增多,如薄板、薄壳、薄壁型钢等,更容易出现失稳现象。而受压杆件的失稳理论是最重要、最基础的,本节只讨论理想压杆的稳定性。

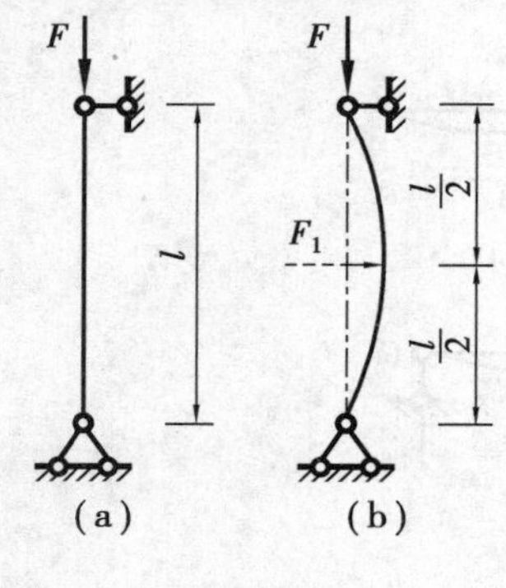

图5.42

理想压杆是理论研究中一种抽象化的理想模型,满足"轴心受压、均质、等截面直杆"的假定。在无横向干扰扰动时,理想压杆将只产生轴向压缩变形,而且保持直线状态的平衡。但是,其平衡状态有稳定和不稳定之分。如图5.42(a)所示两端球铰支承的理想压杆,在微小的横向干扰力 F_1 作用后,压杆将产生弯曲变形,如图5.42(b)所示。当轴心压力 F 较小时,干扰力 F_1 去除后压杆将恢复到原来的直线平衡状态,这说明压杆在直线状态的平衡是**稳定的**。当 F 较大时,F_1 去除后压杆继续弯曲到一个变形更显著的位置而平衡,则压杆在直线状态的平衡是**不稳定的**。理想压杆由稳定的平衡状态过渡到不稳定的平衡状态过程中,有一临界状态:当轴心外力 F 达到一定数值时,施加干扰力 F_1 后压杆将在一个微弯状态保持平衡,而 F_1 去除后压杆既不能回到原来的直线平衡状态,弯曲变形也不增大。则压杆在直线状态的平衡是**临界平衡**或**中性平衡**,此时压杆上所作用的外力称为压杆的**临界力**或**临界荷载**,用 F_{cr} 表示。显然,临界平衡状态也是不稳定的平衡状态。

由此可知,理想压杆的**稳定性**是指压杆保持直线平衡状态的稳定性。而理想压杆是否处于稳定平衡状态取决于轴向压力 F 是否达到或超过临界力 F_{cr}。当 $F < F_{cr}$ 时,压杆处于稳定的平衡状态;当 $F \geqslant F_{cr}$ 时,压杆处于不稳定的平衡状态。

对于理想压杆,当轴向压力 $F \geqslant F_{cr}$ 时,外界的微小扰动将使压杆产生弯曲变形,而且扰动去除后压杆不能回到原来的直线平衡状态,这一现象称为理想压杆的**失稳**或**屈曲**。与强度、刚度问题一样,失稳也是构件失效的形式之一。

在此需要指出的是,理想压杆的失稳形式除了弯曲屈曲以外,视截面、长度等因素不同,还可能发生扭转屈曲和弯扭屈曲。

5.6.2　细长压杆的临界压力和临界应力

(1)理想细长压杆的临界压力

对于理想细长压杆而言，当轴向力 F 小于临界力 F_{cr} 时，其直线状态的平衡是稳定的。因此，确定其临界力 F_{cr} 尤为重要。本节研究的压杆模型是：理想细长压杆，临界力 F_{cr} 作用，横向干扰力 F_1 去除后保持微弯平衡状态，失稳后材料仍保持线弹性状态。

理想细长压杆在不同的杆端约束下(见图5.43)，可推导出临界压力 F_{cr} 为

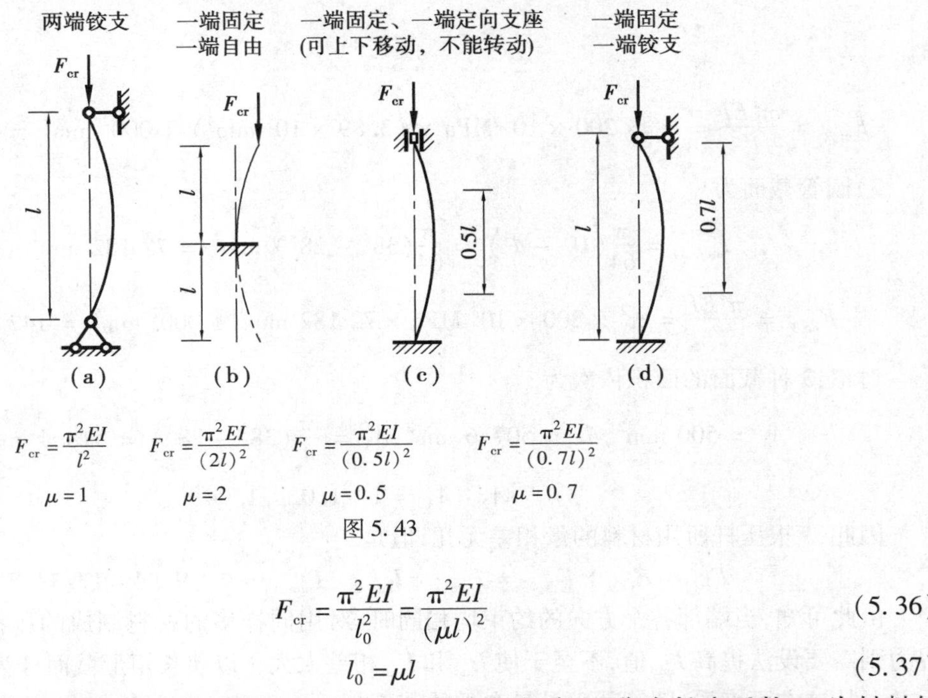

图5.43

$$F_{cr}=\frac{\pi^2 EI}{l_0^2}=\frac{\pi^2 EI}{(\mu l)^2} \tag{5.36}$$

$$l_0=\mu l \tag{5.37}$$

式中，l_0 称为压杆的**计算长度**或**有效长度**；l 是压杆的实际长度；μ 称为**长度系数**；E 为材料的弹性模量；**当压杆端部各个方向的约束相同时，I 取为压杆横截面的最小形心主惯性矩**。式(5.37)是瑞士科学家欧拉于1774年提出的，故该式称为**临界力的欧拉公式**。

当理想压杆的杆端约束为两端铰支时(见图5.43(a))，$F_{cr}=\pi^2 EI/l^2$，其长度系数 $\mu=1$，在临界力作用下失稳时，其挠曲线为**半波正弦曲线**。不同杆端约束压杆均可以比拟为两端铰支压杆，其计算长度 l_0 相当于失稳挠曲线中一个半波正弦曲线段所对应的轴向长度。

例5.10　两端铰支的中心受压细长压杆，长1 m，材料的弹性模量 $E=200$ GPa，考虑采用3种不同截面，如图5.44所示。试比较这3种截面的压杆的稳定性。

解　1)矩形截面为

$$I_{\min,1}=I_z=\frac{1}{12}\times 50\ \text{mm}\times 10^3\ \text{mm}^3=4\ 166.6\ \text{mm}^4$$

$$F_{cr,1}=\frac{\pi^2 EI}{l^2}=\pi^2\times 200\times 10^3\ \text{MPa}\times 4\ 166.6\ \text{mm}^4/1\ 000^2\ \text{mm}^2=8.255\ \text{kN}$$

2)等边角钢∟45×6为

$$I_{\min,2}=I_z=3.89\ \text{cm}^4=3.89\times 10^4\ \text{mm}^4$$

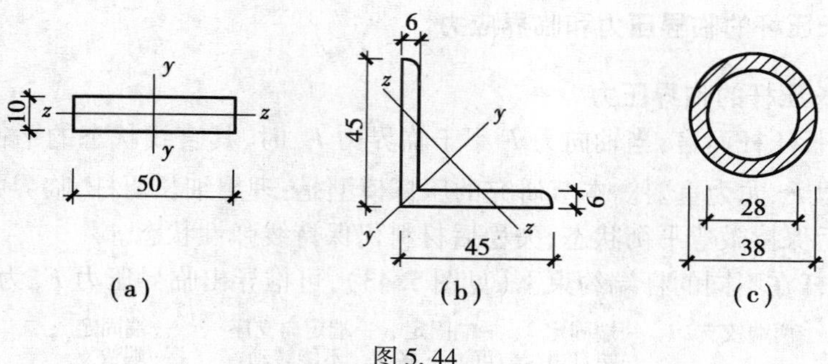

图 5.44

$$F_{\text{cr},2} = \frac{\pi^2 EI}{l^2} = \pi^2 \times 200 \times 10^3 \text{ MPa} \times (3.89 \times 10^4 \text{ mm}^4)/1\,000^2 \text{ mm}^2 = 76.79 \text{ kN}$$

3)圆管截面为

$$I_{\min,3} = \frac{\pi}{64}(D^4 - d^4) = \frac{\pi}{64}(38^4 - 28^4) \text{ mm}^4 = 72\,182 \text{ mm}^4$$

$$F_{\text{cr},3} = \frac{\pi^2 EI}{l^2} = \pi^2 \times 200 \times 10^3 \text{ MPa} \times 72\,182 \text{ mm}^4/1\,000^2 \text{ mm}^2 = 142.48 \text{ kN}$$

讨论:3 种截面的面积依次为

$$A_1 = 500 \text{ mm}^2, A_2 = 507.6 \text{ mm}^2, A_3 = \frac{\pi}{4}(38^2 - 28^2) = 518.4 \text{ mm}^2$$

$$A_1 : A_2 : A_3 = 1 : 1.02 : 1.04$$

因此,3 根压杆所用材料的量相差无几,但是

$$F_{\text{cr},1} : F_{\text{cr},2} : F_{\text{cr},3} = I_{\min,1} : I_{\min,2} : I_{\min,3} = 1 : 9.34 : 17.32$$

由此可知,当端部各个方向的约束均相同时,对用同样多的材料制成的压杆,欲提高其临界力则需要设法提高 $I_{\min}$ 值,不至于使 $I_{\max}$ 和 $I_{\min}$ 相差太大。以狭长矩形截面杆为例,$I_{\max}$ 再大也无益。从这方面来看,圆管截面是最合理的截面。

(2)临界应力及欧拉公式的适用范围

当中心压杆所受压力等于临界力而仍旧直立时,其横截面上的压应力称为**临界应力**,以记号 σ_{cr} 表示,设横截面面积为 A,则

$$\sigma_{\text{cr}} = \frac{F_{\text{cr}}}{A} = \frac{\pi^2 E}{l_0^2} \cdot \frac{I}{A} \tag{5.38}$$

又 $I/A = i^2$,i 是截面的回转半径,于是得

$$\sigma_{\text{cr}} = \frac{\pi^2 E i^2}{l_0^2}$$

令

$$\frac{l_0}{i} = \lambda \tag{5.39}$$

称 λ 为压杆的**长细比**或**柔度**,于是有

$$\sigma_{\text{cr}} = \frac{\pi^2 E}{\lambda^2} \tag{5.40}$$

对同一材料而言,π^2E 是一常数。因此,λ 值决定着 σ_{cr} 的大小,长细比 λ 越大,临界应力 σ_{cr} 越小。式(5.40)为欧拉公式的另一形式。

欧拉公式适用范围为:若压杆的临界力已超过比例极限 σ_p,虎克定律不成立,这时式 $M(x)=EI/\rho$ 不能成立。因此,欧拉公式的适用范围是**临界应力不超过材料的比例极限**,即 $\sigma_{cr}\leqslant\sigma_p$,再由式(5.40)可得

$$\lambda \geqslant \sqrt{\frac{\pi^2 E}{\sigma_p}} = \lambda_p \tag{5.41}$$

式中,λ_p 表示可用欧拉公式的最小柔度。例如,对于3号钢:$E\approx 210$ GPa,$\sigma_p\approx 200$ MPa,$\lambda_p=102$。$\lambda\geqslant\lambda_p$ 的压杆称为**大柔度杆**,即是前面所说的细长压杆。对于 $\lambda\leqslant\lambda_p$ 时的压杆,即中长压杆和粗短杆,有兴趣的读者可查阅相关书籍。

例5.11　如图5.45所示两端铰支的圆截面压杆,该杆用3号钢制成,$E=210$ GPa,$\sigma_p=200$ MPa,已知杆的直径 $d=100$ mm,问:杆长 l 为多大时,方可用欧拉公式计算该杆的临界力?

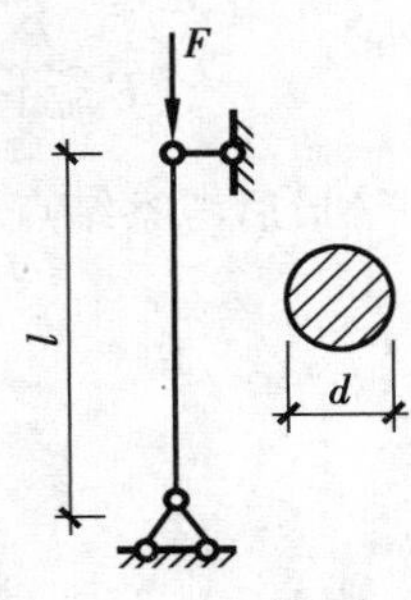

图5.45

解　当 $\lambda\geqslant\lambda_p$ 时,才能用欧拉公式计算该杆的临界力

$$\lambda = \frac{l_0}{i} = \frac{\mu l}{\sqrt{\frac{I}{A}}} = \frac{1\times l}{\frac{d}{4}} = \frac{4l}{d}$$

$$\lambda_p = \sqrt{\frac{\pi^2 E}{\sigma_p}} = \sqrt{\frac{\pi^2\times 210\times 10^3}{200}} = 102$$

由

$$\lambda = \frac{4l}{d} \geqslant \lambda_p = 102$$

得

$$l \geqslant \frac{102}{4}d = 2\ 550\ \text{mm} = 2.55\ \text{m}$$

即当该杆的长度大于2.55 m时,才能用欧拉公式计算临界力。

5.6.3　压杆的稳定计算

对于实际压杆,为安全起见,应使其具有足够的稳定性,必须考虑一定的安全储备,则**稳定条件**为

$$F \leqslant \frac{F_{cr}}{n_{st}} \tag{5.42}$$

或

$$F \leqslant \frac{\sigma_{cr}A}{n_{st}} \tag{5.43}$$

式中,F 为压杆的轴向外力;F_{cr} 为压杆的临界力;σ_{cr} 为压杆的临界应力;A 为压杆的横截面面积;n_{st} 为规定的稳定安全系数,可以从设计规范或设计手册中查到。

例5.12　三角架受力如图5.46(a)所示,其中,BC 杆为10号工字钢。其弹性模量 $E=200$ GPa,比例极限 $\sigma_p=200$ MPa。若稳定安全系数 $n_{st}=2.2$,试从 BC 杆的稳定考虑,求结构的许用荷载[F]。

解 考察 BC 杆，其 λ_p 为

$$\lambda_p=\sqrt{\frac{\pi^2E}{\sigma_p}}=\sqrt{\frac{\pi^2\times200\times10^3\ \text{MPa}}{200\ \text{MPa}}}=99.3$$

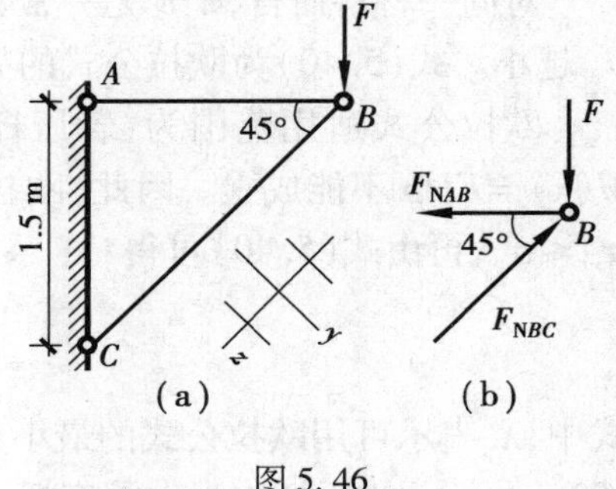

图 5.46

其截面为 10 号工字钢，查型钢表得

$$i_{\min}=i_z=1.52\ \text{cm}=15.2\ \text{mm}$$

$$A=14.345\ \text{cm}^2=1\ 434.5\ \text{mm}^2$$

其杆端约束为两端铰支，长细比 λ 为

$$\lambda=\frac{l_0}{i_z}=\frac{1\times l}{i_z}=\frac{1\times\sqrt{2}\times1.5\times10^3\ \text{mm}}{15.2\ \text{mm}}=139.6$$

可知 $\lambda>\lambda_p$，可以用欧拉公式计算其临界力，故

$$[F_{NBC}]=\frac{F_{cr}}{n_{st}}=\frac{\pi^2EA}{\lambda^2n_{st}}=\frac{\pi^2\times200\times10^3\ \text{MPa}\times1\ 434.5\ \text{mm}^2}{139.6^2\times2.2}=66\ \text{kN}$$

最后考察结点 B 的平衡（见图 5.46(b)），可得

$$F=\frac{\sqrt{2}}{2}F_{N\,BC}$$

故

$$[F]=\frac{\sqrt{2}}{2}[F_{N\,BC}]=46.7\ \text{kN}$$

5.6.4 提高压杆稳定性的措施

由压杆的临界力及临界应力公式，$F_{cr}=\dfrac{\pi^2EI}{(\mu l)^2}$，$\sigma_{cr}=\dfrac{\pi^2E}{\lambda^2}$。可知，决定压杆的稳定性因素有长度、横截面形状与尺寸、约束情况以及材料的力学性能。因此，提高压杆稳定性的主要措施可以从以下 4 个方面考虑：

(1)合理选择截面形状

压杆的临界力 F_{cr} 或临界应力 σ_{cr} 与形心主惯性矩 I 成正比，因此，采用 I 值较大的截面可以提高压杆的稳定性。从例 5.10 也可知，圆管截面比矩形、等边角钢更合理。同理，相同面积的箱形截面比矩形截面更合理。再如，建筑施工中的脚手架就是由空心圆管搭接而成的，钢结构中的轴向受压格构柱常采用的截面形式如图 5.47 所示。

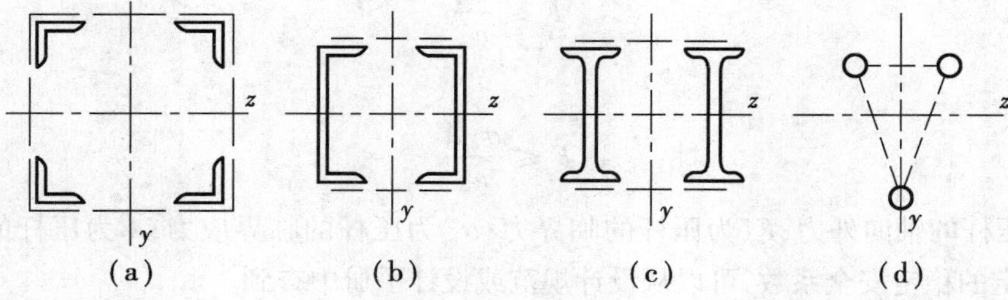

图 5.47

此外，在压杆的截面形状设计中，应尽量实现对两个形心主轴的等稳定性。例如，当压杆的杆端约束沿各方向相同时，应使 $I_y = I_z$，则满足 $\lambda_y = \lambda_z$（见图5.47(a)）。当压杆的杆端约束沿两个形心主惯性平面的约束不同时，可采用如图5.47(b)、(c)所示的截面形式，通过调整 z 方向的尺寸，以满足 $\lambda_y = \lambda_z$。

(2)加强压杆的约束

压杆的杆端约束刚性越强，则长度系数 μ 越小，其临界力越大。因此，应尽可能加强杆端约束的刚性，提高压杆的稳定性。例如，在框架柱中，刚结柱脚比铰结柱脚的约束强，相应地，刚结柱的稳定性高。

(3)减小压杆的长度

压杆的长度越小，其临界力越大，因此，应可能减小压杆的长度，以提高其稳定性。当长度无法改变时，可在压杆的中部增加横向约束，如脚手架与墙体的连接即是提高其稳定性的举措之一。

(4)合理选择材料

压杆的临界力与材料的弹性模量 E 成正比，E 越大，压杆的稳定性越好。但须注意，各种钢材的 E 区别不大，但是对于中、小柔度压杆，高强钢在一定程度上可以提高临界应力。

本章小结

本章主要研究建筑结构构件的强度、刚度和稳定性。通过本章的学习，能够准确地理解强度、刚度、稳定性、应力及应变等基本概念。同时，熟练掌握杆件在发生轴向拉压和弯曲时的应力、变形计算及许用应力法强度计算准则。本章另一个需要重点掌握的知识点是，用图乘法计算梁和刚架的位移，以及图乘法的适用条件和注意事项等。

思考题

5.1　什么是一点的应力？杆件截面上的应力与内力是什么关系？

5.2　什么是线应变？什么是剪应变？试分析如思考题5.2图所示各单元体在 A 点的剪应变。

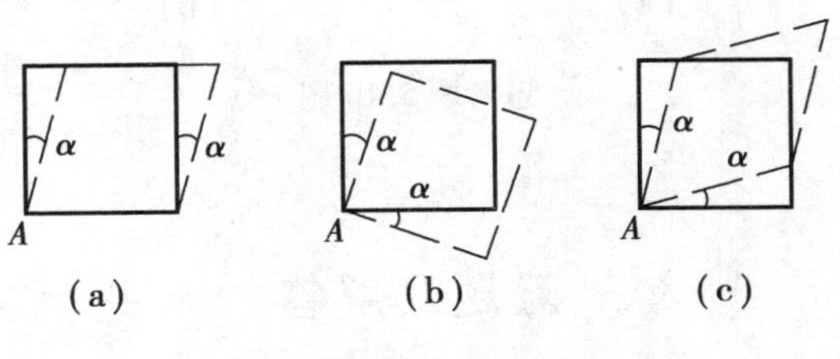

思考题5.2图

5.3　为什么延伸率 δ 和截面收缩率 ψ 能作为材料的塑性指标？

5.4　3 种材料的 σ-ε 图如思考题 5.4 图所示，试问强度最高、刚度最大、塑性最好的分别是哪一种？

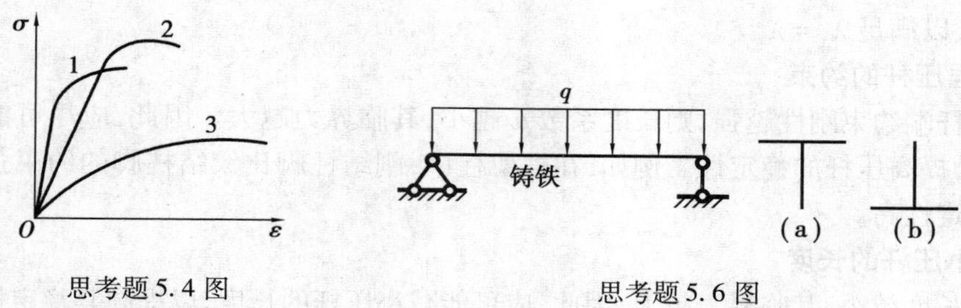

思考题 5.4 图　　　　思考题 5.6 图

5.5　什么是中性层、中性轴？两者的关系是什么？

5.6　T 形截面铸铁梁的受力情况如思考题 5.6 图所示，采用(a)、(b)两种放置方式，试分析横截面上弯曲正应力分布规律，并比较两者的承载能力(只考虑正应力)。

5.7　如思考题 5.7 图所示的矩形截面等直杆，当轴向力 F 作用后，杆侧表面上的线段 ab 和 ac 间的夹角 α 将发生什么改变？

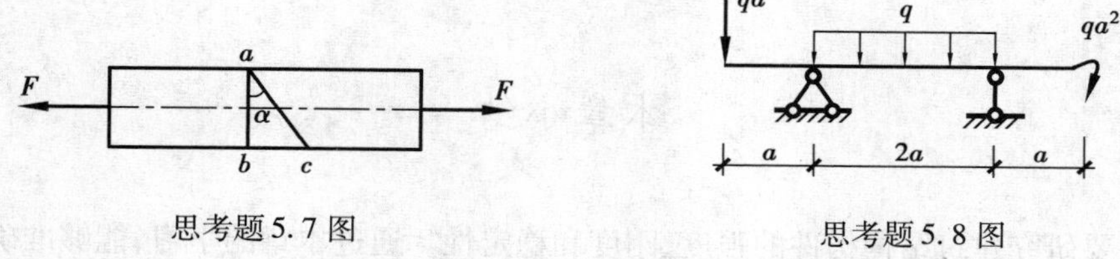

思考题 5.7 图　　　　思考题 5.8 图

5.8　试绘制如思考题 5.8 图所示梁挠曲线的大致形状。

5.9　为何理想压杆的 $\lambda \geqslant \lambda_p$ 时，该杆为细长杆，即可用欧拉公式？$\lambda \geqslant \lambda_p$ 代表的本质含义是什么？

5.10　试从受压杆的稳定角度比较如思考题 5.10 图所示两种桁架结构的承载力，并分析承载力大的结构采用了何种措施来提高其受压构件的稳定性。

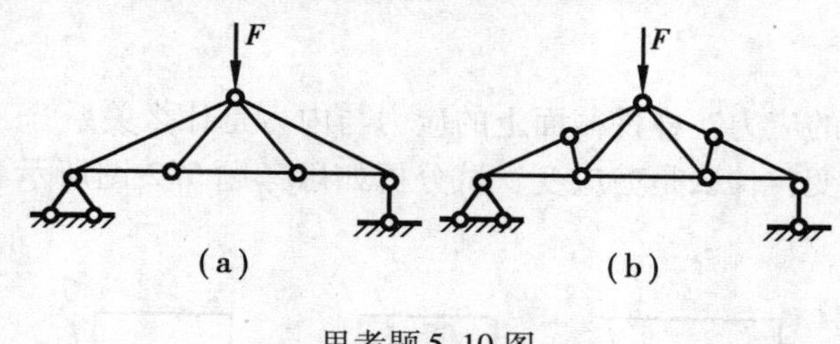

思考题 5.10 图

习题及解答

5.1　等直杆的受力情况如题 5.1 图所示，直径为 20 mm，试求其最大正应力。

答：-95.5 MPa

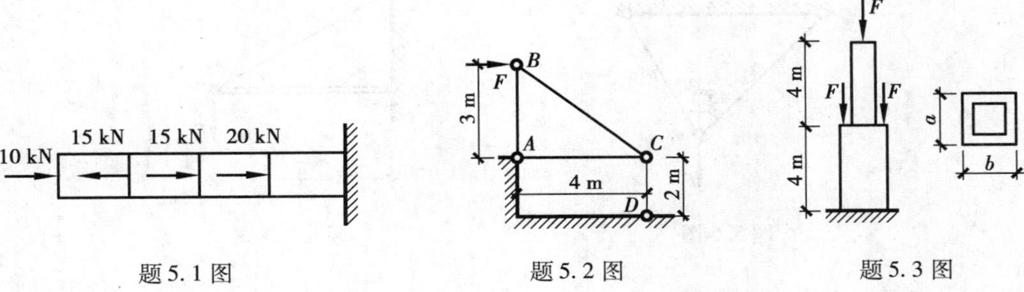

题 5.1 图　　题 5.2 图　　题 5.3 图

5.2　如题 5.2 图所示的结构，各杆横截面面积均为 3 000 mm^2，水平力 $F=100$ kN，试求各杆横截面上的正应力。

答：$\sigma_{AB}=25$ MPa，$\sigma_{BC}=-41.7$ MPa，$\sigma_{AC}=33.3$ MPa，$\sigma_{CD}=-25$ MPa

5.3　一正方形截面的阶梯柱受力如题 5.3 图所示。已知 $a=200$ mm，$b=100$ mm，$F=100$ kN，不计柱的自重，试计算该柱横截面上的最大正应力。

答：$\sigma_{\max}=-10$ MPa

5.4　如题 5.4 图所示，设浇在混凝土内的钢杆所受黏结力沿其长度均匀分布，在杆端作用的轴向外力 $F=20$ kN。已知杆的横截面积 $A=200$ mm^2，试作图表示横截面上正应力沿杆长的分布规律。

答：$\sigma_{\max}=100$ MPa

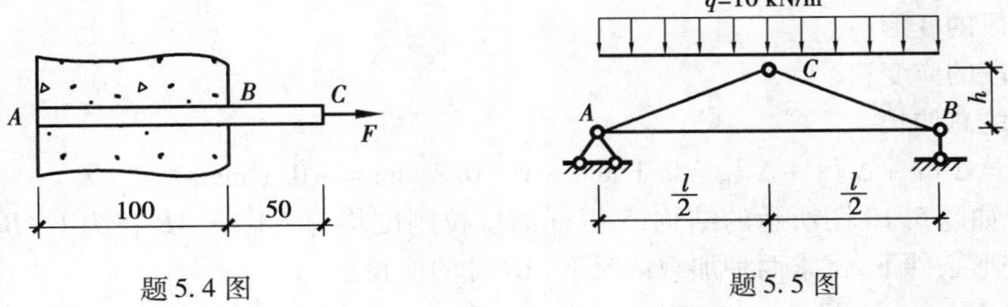

题 5.4 图　　题 5.5 图

5.5　如题 5.5 图所示的钢筋混凝土组合屋架，受均布荷载 q 作用。屋架中的杆 AB 为圆截面钢拉杆，长 $l=8.4$ m，直径 $d=22$ mm，屋架高 $h=1.4$ m，其许用应力 $[\sigma]=170$ MPa，试校核该拉杆的强度。

答：$\sigma_{AB}=165.7$ MPa

5.6　如题 5.6 图所示的结构，杆①和杆②均为圆截面钢杆，直径分别为 $d_1=16$ mm，$d_2=20$ mm。已知 $F=40$ kN，钢材的许用应力 $[\sigma]=160$ MPa，试分别校核两杆的强度。

答：杆①：103 MPa；杆②：93.2 MPa

*5.7　如题 5.7 图所示的杆系，木杆的长度 a 不变，其强度也足够高，但钢杆与木杆的夹角 α 可以改变。若欲使钢杆的用料最少，夹角 α 应多大？

答：45°

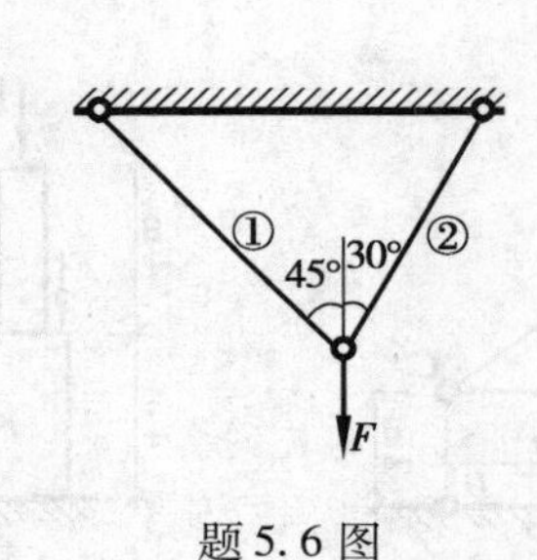

题 5.6 图

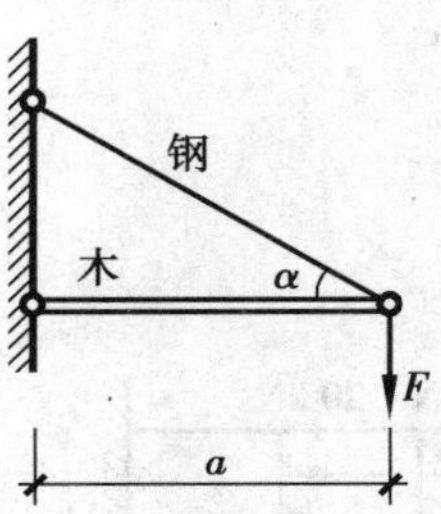

题 5.7 图

5.8　如题 5.8 图所示的结构，横杆 AB 为刚性杆，斜杆 CD 为直径 $d=20$ mm 的圆杆，材料的许用应力$[\sigma]=160$ MPa，试求许用荷载$[F]$。

答：15.1 kN

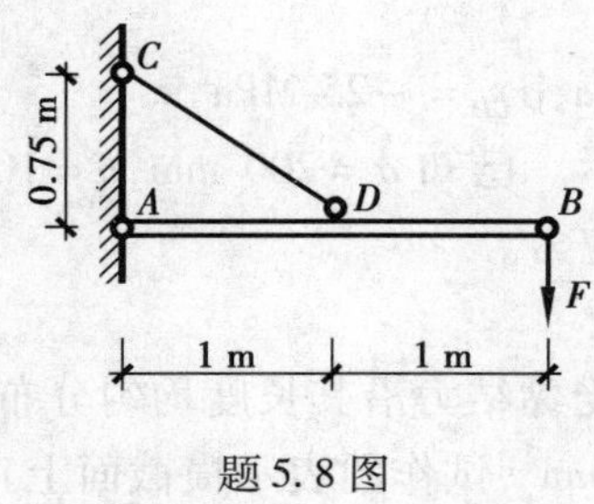

题 5.8 图

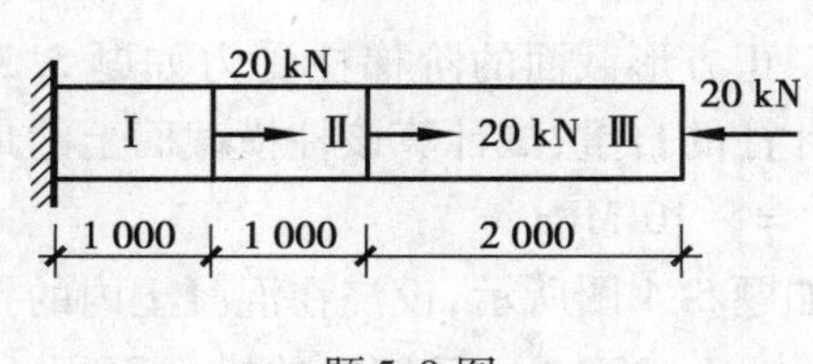

题 5.9 图

5.9　如题 5.9 图所示钢杆的横截面积 $A=1\ 000\ \text{mm}^2$，材料的弹性模量 $E=200$ GPa，试求：

(1)各段的变形；

(2)各段的应变；

(3)杆的总伸长。

答：$\Delta l=\Delta l_{\text{I}}+\Delta l_{\text{II}}+\Delta l_{\text{III}}=0.1\ \text{mm}+0-0.2\ \text{mm}=-0.1\ \text{mm}$

5.10　如题 5.10 图所示的结构，5 根杆的抗拉刚度均为 EA，杆 AB 长为 l，$ABCD$ 是正方形。在小变形条件下，试求两种加载情况下，AB 杆的伸长。

答：(a)$\dfrac{Fl}{EA}$；(b)$-\dfrac{Fl}{EA}$

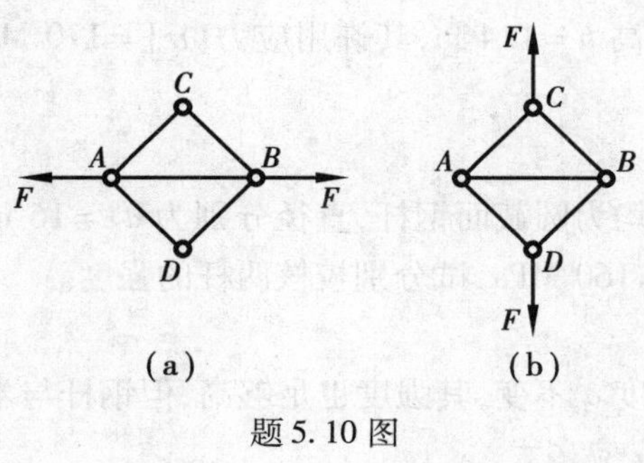

题 5.10 图

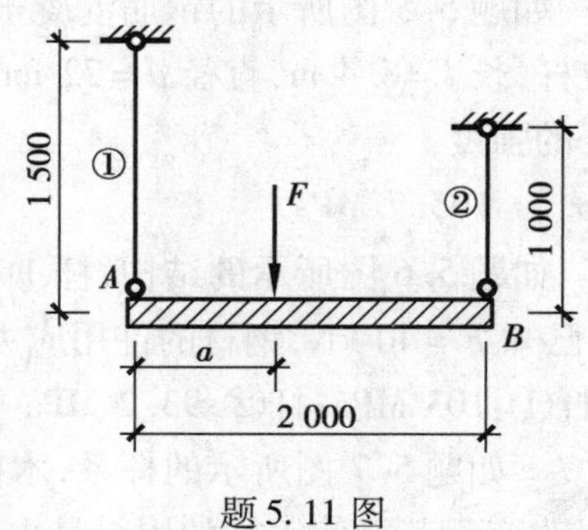

题 5.11 图

*5.11　如题 5.11 图所示的结构，水平刚杆 AB 不变形，杆①为钢杆，直径 $d_1=20\ \text{mm}$，弹性模量 $E_1=200\ \text{GPa}$；杆②为铜杆，直径 $d_2=25\ \text{mm}$，弹性模量 $E_2=100\ \text{GPa}$。设在外力 $F=30\ \text{kN}$ 作用下，AB 杆保持水平，求 F 力作用点到点 A 的距离 a。

答：$a=1.08\ \text{m}$

5.12　矩形截面梁的受力情况如题 5.12 图所示，试求 Ⅰ—Ⅰ 截面（固定端）上 a,b,c,d 4 点处的正应力。

答：$\sigma_a=9.26\ \text{MPa}$；$\sigma_b=0$；$\sigma_c=-4.63\ \text{MPa}$；$\sigma_d=-9.26\ \text{MPa}$

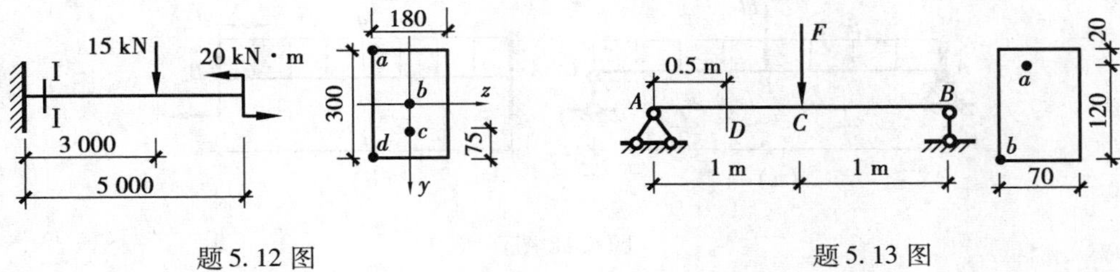

题 5.12 图　　题 5.13 图

5.13　矩形截面简支梁如题 5.13 图所示，已知 $F=18\ \text{kN}$，试求 D 截面上 a,b 点处的弯曲剪应力。

答：$\tau_a=0.67\ \text{MPa}$，$\tau_b=0$

5.14　如题 5.14 图所示的矩形截面梁，采用（a）、（b）两种放置方式，从弯曲正应力强度观点，试计算图（b）的承载能力是图（a）的多少倍？

答：2 倍

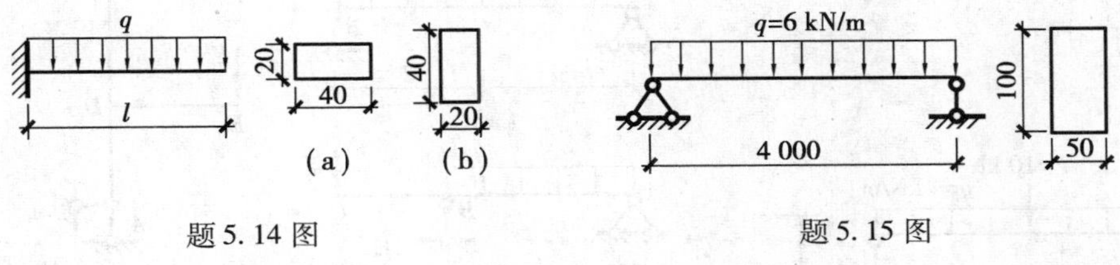

题 5.14 图　　题 5.15 图

5.15　如题 5.15 图所示的矩形截面梁，已知材料的许用正应力 $[\sigma]=170\ \text{MPa}$，许用剪应力 $[\tau]=100\ \text{MPa}$。试校核梁的强度。

答：$\sigma_{\max}=144\ \text{MPa}$；$\tau_{\max}=3.6\ \text{MPa}$

5.16　如题 5.16 图所示的 25a 号工字钢简支梁，受集中力和均布荷载的作用。已知材料的许用正应力 $[\sigma]=170\ \text{MPa}$，许用剪应力 $[\tau]=100\ \text{MPa}$，试校核梁的强度。（25a 号工字钢：抗弯截面模量 $W_z=423\ \text{cm}^3$，腹板厚度 $d=8.0\ \text{mm}$，$I_z/S_z=21.6\ \text{cm}$）

答：$\sigma_{\max}=135\ \text{MPa}$；$\tau_{\max}=16.2\ \text{MPa}$

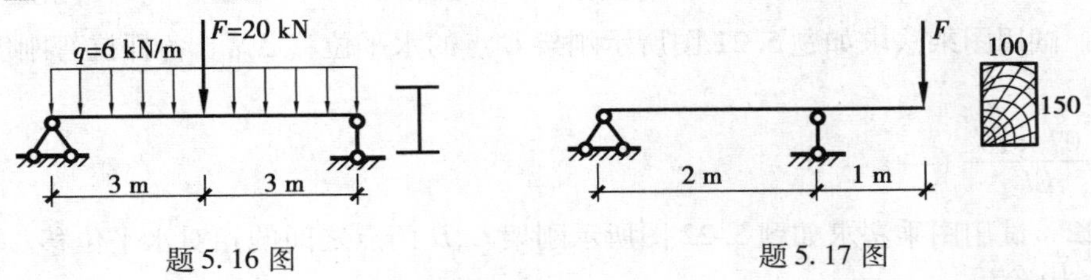

题 5.16 图　　题 5.17 图

5.17　如题 5.17 图所示的矩形截面木梁,已知木材受弯的许用正应力$[\sigma]=8$ MPa,许用剪应力$[\tau]=0.8$ MPa。试确定许用荷载$[F]$。

答:$[F]=3$ kN

5.18　试用叠加法求如题 5.18 图所示各梁截面 B 处的挠度 f_B。梁的抗弯刚度 EI 为常数。

答:(a)$f_B=\dfrac{13ql^4}{384EI}$;(b)$f_B=-\dfrac{3ql^4}{8EI}$

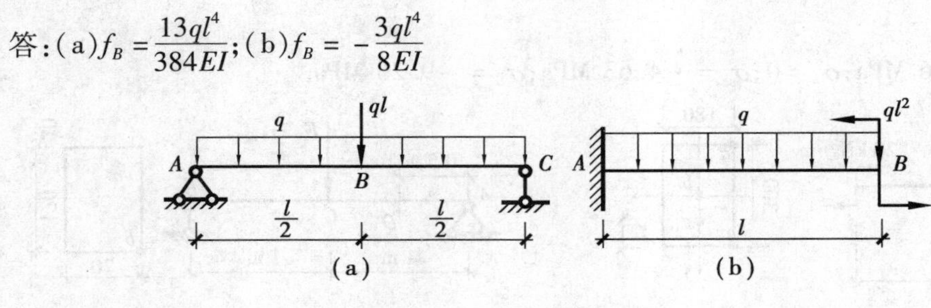

题 5.18 图

5.19　如题 5.19 图所示工字型钢(No.25a)的简支梁,已知钢材的弹性模量 $E=200$ GPa,$\left[\dfrac{f}{l}\right]=\dfrac{1}{400}$,试校核梁的刚度。(25a 号工字钢的惯性矩 $I_z=5\ 020\ \text{cm}^3$)

答:$\dfrac{f_{\max}}{l}=\dfrac{1}{535}$

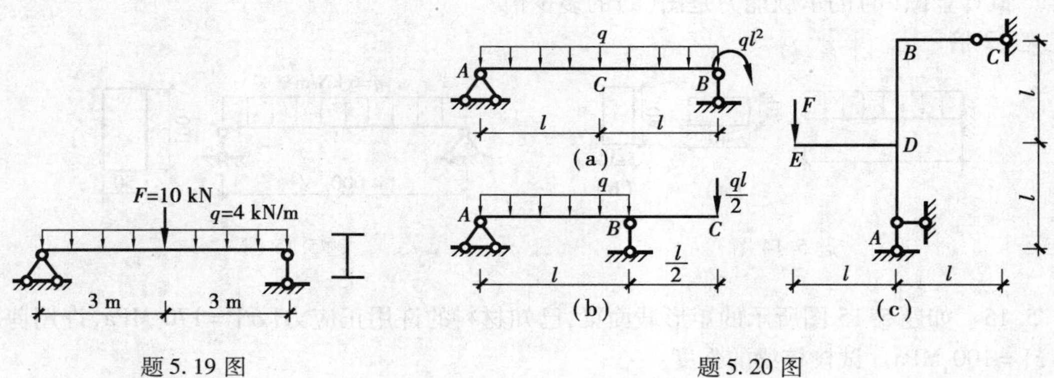

题 5.19 图　　题 5.20 图

5.20　试用图乘法求如题 5.20 图所示各结构中 B 处的转角 θ_B 和刚架 C 处的竖向位移 Δ_{CV}。各杆抗弯刚度 EI 均为常数。

答:(a)$\theta_B=\dfrac{ql^3}{3EI}$,$\Delta_{CV}=\dfrac{ql^4}{24EI}$;(b)$\theta_B=\dfrac{ql^3}{24EI}$,$\Delta_{CV}=\dfrac{ql^4}{24EI}$;(c)$\theta_B=\dfrac{Fl^2}{12EI}$,$\Delta_{CV}=\dfrac{Fl^3}{12EI}$

5.21　试用图乘法求如题 5.21 图所示刚架 C 点的水平位移 Δ_{CH}。各杆抗弯刚度 EI 均为常数。

答:$\dfrac{1.07\times10^6}{EI}$ (→)

*5.22　试用图乘法求如题 5.22 图所示刚架 C,D 两点之间的相对水平位移。各杆抗弯刚度 EI 均为常数。

答：$\dfrac{4ql^4}{15EI}$（→←）

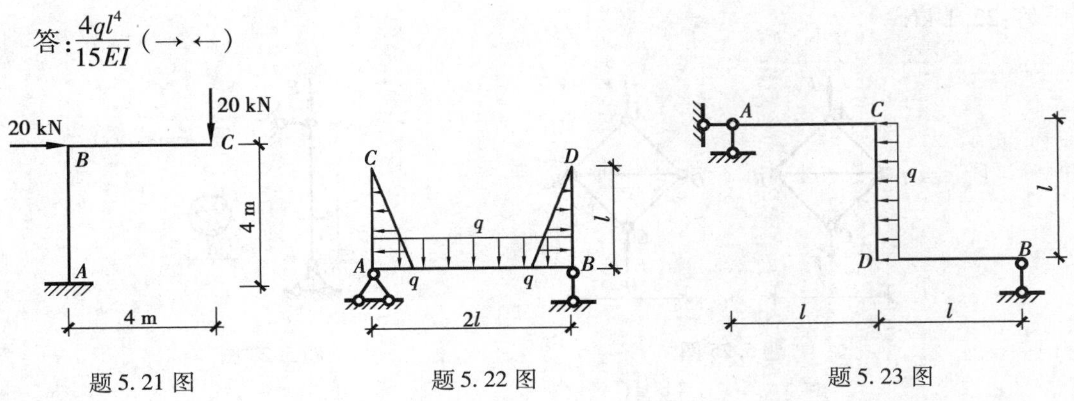

题 5.21 图　　题 5.22 图　　题 5.23 图

5.23　试用图乘法求如题 5.23 图所示刚架截面 D 处的水平位移 Δ_{DH}。各杆抗弯刚度 EI 均为常数。

答：$\Delta_{DH}=\dfrac{3ql^4}{24EI}$（←）

5.24　如题 5.24 图所示，诸细长压杆的材料相同，截面也相同，但长度和支承条件不同，试比较它们的临界力的大小，并从大到小排出顺序（只考虑压杆在纸平面内的稳定性）。

答：(d)→(b)→(a)→(e)→(f)→(c)

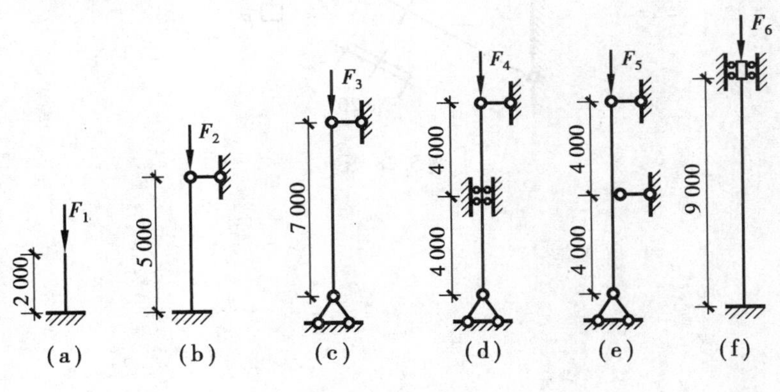

图 5.24

*5.25　5 杆相互铰接组成一个正方形和一条对角线的结构如题 5.25 图所示，设 5 杆材料相同、截面相同，对角线 BD 长度为 l，求图示两种加载情况下 F 的临界值。

答：(a)$\dfrac{\pi^2EI}{l^2}$；(b)$\dfrac{2\sqrt{2}\pi^2EI}{l^2}$

5.26　一木柱长 3 m，两端铰支，截面直径 $d=100$ mm，弹性模量 $E=10$ GPa，比例极限 $\sigma_p=20$ MPa，求其可用欧拉公式计算临界力的最小长细比 λ_p 及临界力 F_{cr}。

答：$\lambda_p=70$，$F_{cr}=53.4$ kN

5.27　圆形截面铰支（球铰）压杆如题 5.27 图所示，已知杆长 $l=1$ m，直径 $d=26$ mm，材料的弹性模量 $E=200$ GPa，比例极限 $\sigma_p=200$ MPa。如稳定安全系数 $n_{st}=2$，试求该杆的许用荷载[F]。

答:22.1 kN

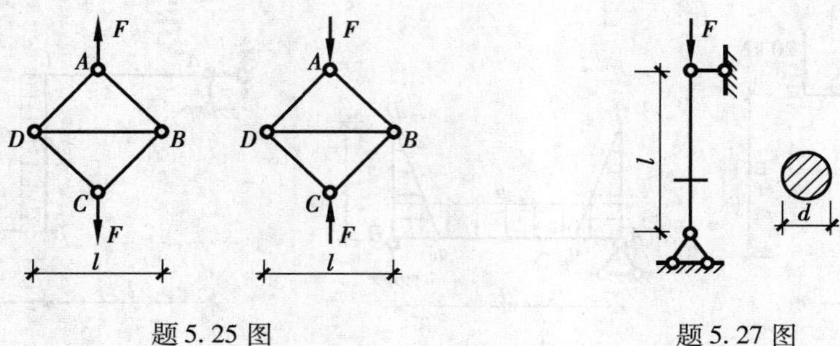

题 5.25 图　　　　题 5.27 图

5.28　某自制简易起重机如题 5.28 图所示,其 BC 杆为 20 号槽钢,材料为 $A3$ 钢,$E=200$ GPa,$\sigma_p=200$ MPa。起重机最大起吊质量是 $F=40$ kN。若规定稳定安全系数 $n_{st}=5$,试校核 BC 杆的稳定性。(20 号槽钢:回转半径 $i_{min}=i_z=2.09$ cm,横截面面积 $A=32.837$ cm^2)

答:$n=5.3>n_{st}=5$

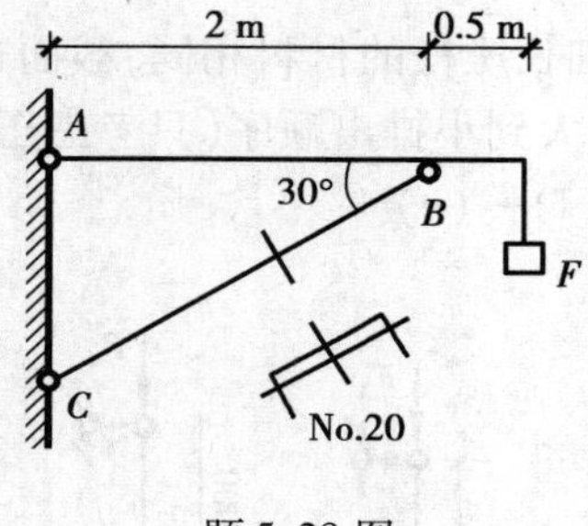

题 5.28 图

第 6 章 超静定结构力法

6.1 超静定结构及其超静定次数

6.1.1 超静定结构概述

如图 6.1(a)所示的静定单跨梁,去掉任意支杆,结构都将成为几何可变体系而丧失承载能力。而如图 6.1(b)所示的结构也是几何不变体系,但若去掉支座 B 的支杆,结构成为悬臂梁,仍能承受荷载,此类有多余约束的结构即为**超静定结构**。**存在多余约束是超静定结构区别于静定结构的显著特点**。虽然超静定结构具有较强的抗荷载能力,但是超静定结构的支座反力和内力由平衡条件无法完全确定。

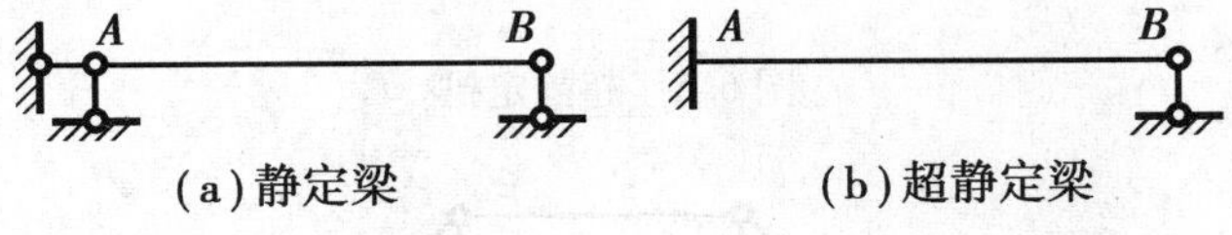

图 6.1

常见的超静定平面杆系结构主要包括:超静定梁,如图 6.1(b)所示的单跨超静定梁和如图 6.2 所示的多跨超静定梁又称连续梁;超静定刚架,如图 6.3 所示;超静定桁架(见图6.4);超静定拱(见图 6.5)以及超静定组合结构(见图 6.6)。

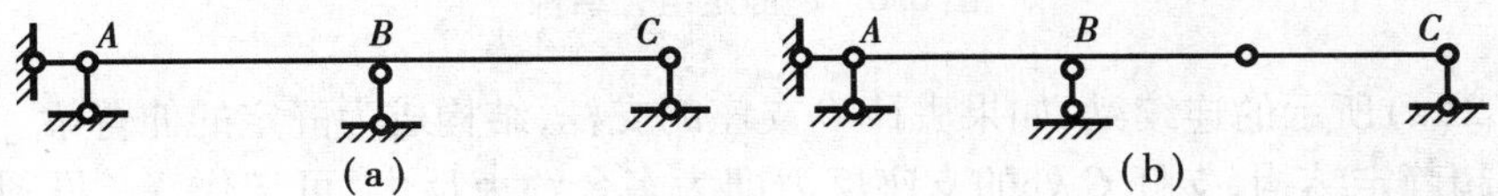

图 6.2 超静定梁

6.1.2 超静定次数

超静定结构中多余约束的个数,称为**超静定次数**。超静定次数可以这样来确定:若从原结

构去掉 n 个约束后，结构成为静定结构，则原结构的超静定次数就为 n 次，所去掉的约束即为多余约束，所对应的约束反力被称为**多余约束反力**。

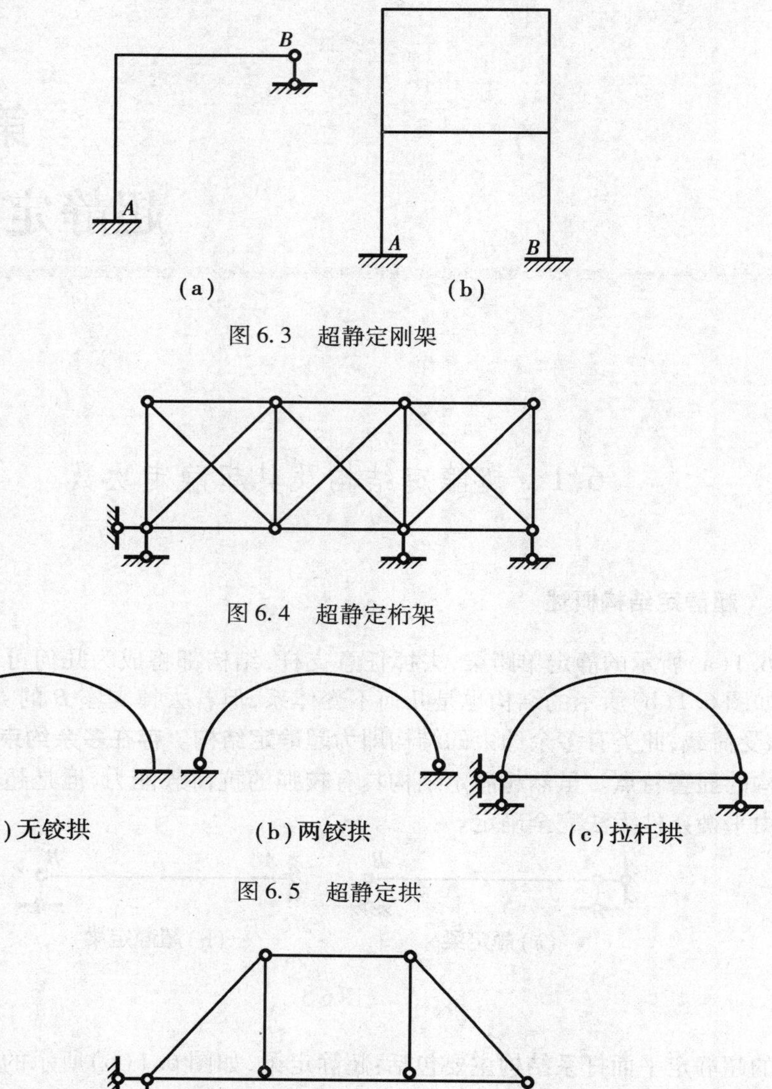

图 6.3　超静定刚架

图 6.4　超静定桁架

图 6.5　超静定拱

图 6.6　超静定组合结构

如图 6.2(a)所示的连续梁，如果去掉 C 支座的支杆，结构成为静定的伸臂梁。因此，这个结构是一次超静定结构，支杆 C 处的支座反力即为多余约束反力，可记作 X_1(见图 6.7(a))。类似地，可分别去掉支座 A 或 B 处的支杆(见图 6.7(b)、(c))，代以多余约束反力 X_1。可知，对同一超静定结构，超静定次数是确定的，但去除多余约束的方案不是唯一的，因而所得到的静定结构也不相同。

如图 6.3(b)所示的超静定刚架，若切断两根横梁(见图 6.8)，相当于去掉 6 个约束，所得结构为两个静定刚架，则原结构为 6 次超静定结构。

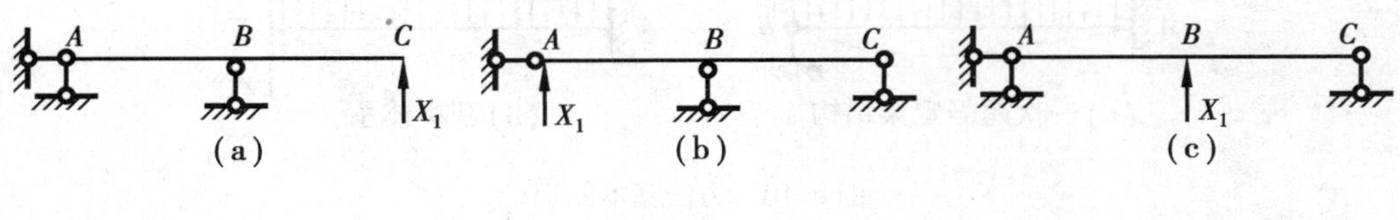

图6.7

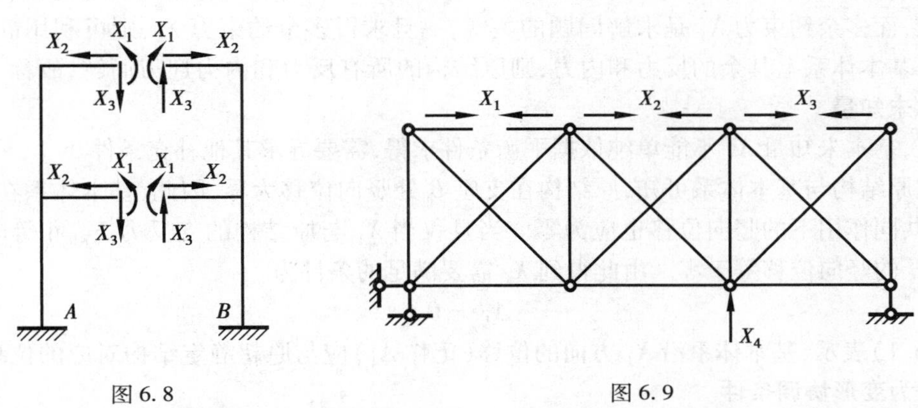

图6.8　　图6.9

如图6.4所示的超静定桁架,如果切断3根上弦杆和1根支杆,原结构即为静定桁架,则原结构为4次超静定结构(见图6.9)。

由此可知,去除多余约束将超静定结构变成静定结构,并判定其超静定次数的方法大致有以下4种:

①去除或切断一根链杆,相当于去除一个约束。

②去除一个固定铰支座或去除一个单铰,相当于去除两个约束。

③去除一个固定支座或切断一根梁式杆,相当于去除3个约束。

④将刚性连接变为单铰连接,相当于去除一个约束。

需要注意的是,去除多余约束后,所得到的结构应是几何不变的静定结构。

6.2　力法的基本原理与方法

6.2.1　力法的基本原理

将超静定结构转化为静定结构应是求解超静定结构内力的有效途径,此即力法的基本原理。

下面以一次超静定梁为例,说明力法的基本原理。

如图6.10(a)所示的一次超静定梁,杆长为l,EI为常数,作用均布荷载。如图6.10(b)所示将其转化为悬臂梁,以多余约束力X_1代替支座B的约束反力。将去除多余约束后所得的静定结构称为原超静定结构的**基本结构**,此处为悬臂梁AB,基本结构在原结构的荷载和多余约束力共同作用下的体系称为**力法的基本体系**,如图6.10(b)所示。

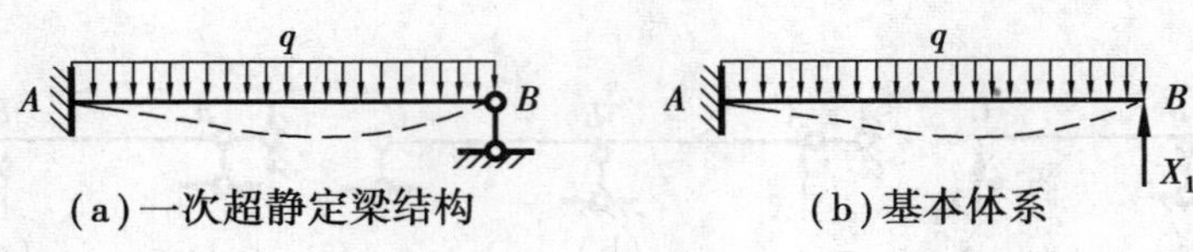

图 6.10　力法基本原理

基本体系的受力变形与原体系应完全等价，因此，基本体系是从超静定问题过渡到静定问题的桥梁，而多余约束力 X_1 是求解问题的关键，一旦求得多余约束力 X_1，则可利用静力平衡条件求得基本体系上其余的反力和内力，则原结构的所有反力和内力迎刃而解，故称 X_1 为**力法的基本未知量**。

然而，基本未知量 X_1 不能单纯依据平衡条件求得，需要寻求其他补充条件。

对比原结构与基本体系可知，原结构在支座 B 处竖向位移为零，因此，基本体系在原荷载和 X_1 的共同作用下的竖向位移也应为零。当且仅当 X_1 与原结构的支反力 $\boldsymbol{F}_{RB}$ 相等时，基本体系沿 X_1 的竖向位移等于零。由此得到 X_1 需要满足的条件为

$$\Delta_1 = 0 \tag{6.1}$$

式(6.1)表示，基本体系沿 X_1 方向的位移(记作 Δ_1)应与原超静定结构对应的位移相等，称此条件为**变形协调条件**。

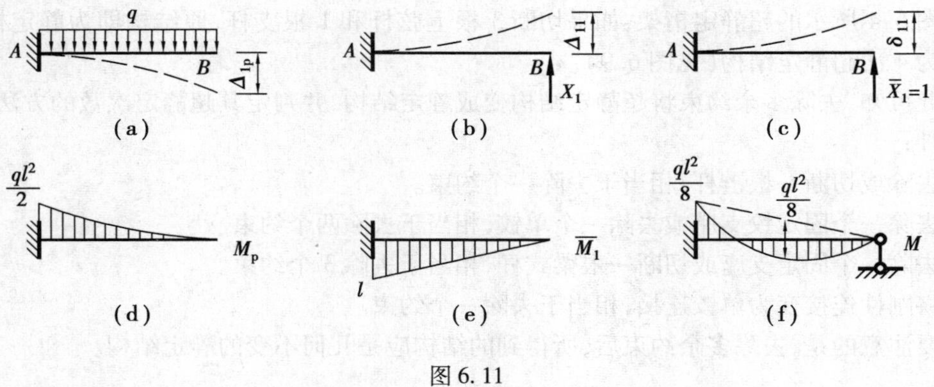

图 6.11

根据叠加原理，Δ_1 可视为由两部分构成：一是基本结构在荷载 q 单独作用下沿 X_1 方向产生的位移，记作 Δ_{1p}，如图 6.11(a)所示；二是基本结构在 X_1 单独作用下沿 X_1 方向产生的位移，记作 Δ_{11}，如图 6.11(b)所示。Δ 的第 1 个右下标表示位移的位置和方向，第 2 个右下标表示产生位移的原因，则

$$\Delta_1 = \Delta_{1p} + \Delta_{11} = 0 \tag{6.2}$$

进一步地，以 δ_{11} 表示当 X_1 为单位力时(即$\overline{X}_1 = 1$)，基本结构沿 X_1 方向所产生的位移(见图 6.11(c))，则

$$\Delta_{11} = \delta_{11} X_1 \tag{6.3}$$

式(6.2)可记作

$$\delta_{11} X_1 + \Delta_{1p} = 0 \tag{6.4}$$

$$X_1 = -\frac{\Delta_{1p}}{\delta_{11}} \tag{6.5}$$

式(6.4)就是求解力法基本未知量的方程,称为**变形协调方程**,又称为**力法基本方程**。其中,δ_{11}为系数,Δ_{1p}为自由项,均为基本结构的位移。

在此采用图乘法计算系数和自由项。如图 6.11(d)、(e)所示,分别作出基本结构在荷载和$\overline{X}_1 = 1$单独作用下的弯矩图 M_p 图和$\overline{M}_1$ 图,应用图乘法,可得

$$\delta_{11} = \sum \int \frac{\overline{M}_1^2}{EI} ds = \frac{l^3}{3EI}$$

$$\Delta_{1p} = \sum \int \frac{\overline{M}_1 M_p}{EI} ds = -\frac{ql^4}{8EI}$$

代入式(6.5)求得

$$X_1 = -\frac{\Delta_{1p}}{\delta_{11}} = \frac{3}{8}ql$$

所得 X_1 为正值,表明其实际方向与假设方向相同;若为负值,则方向相反。

求得 X_1 后,基本体系的其余反力和全部内力均可用平衡条件确定。原结构内力图可利用叠加原理得到,即

$$M = \overline{M}_1 X_1 + M_p$$

即将$\overline{M}_1$ 图的竖标乘以 X_1,再与 M_p 图的相应竖标叠加,便可得到原结构的弯矩图,如图 6.11(f)所示。

综上所述,**力法以超静定结构的多余约束力为基本未知量,以去掉多余约束后的静定结构为基本结构,以基本结构在原结构的荷载和多余约束力共同作用下的体系为基本体系,根据基本体系在多余约束处与原结构位移相同的条件,建立变形协调方程以求解基本未知量,从而将超静定结构的求解转化为静定结构的计算。**

6.2.2　力法应用举例

力法计算超静定结构的步骤如下:

①确定结构的超静定次数 n 和多余约束,去掉多余约束,代之以多余约束力 $X_i(i=1,2,\cdots,n)$,得到静定的基本结构和基本体系。

②根据基本体系与原结构在去掉多余约束处的位移相等的条件,建立力法基本方程。

③分别作出基本结构在$\overline{X}_i = 1$ 和荷载作用下的内力图,计算力法基本方程中的系数和自由项。

④求解力法基本方程,得出各多余约束力 X_i。

⑤由静定基本结构的平衡条件或叠加法绘制原结构的内力图。

对于梁和刚架,可采用图乘法计算力法基本方程中的系数和自由项。

例 6.1　(超静定梁)　试作如图 6.12(a)所示连续梁的弯矩图,EI 为常数。

解　1)确定超静定次数,选取力法基本结构,确定基本体系。

图示梁为一次超静定结构,去掉 C 处支杆,基本未知量为 X_1,基本体系如图 6.12(b)所示。

2)根据变形协调条件建立力法基本方程

$$\delta_{11}X_1 + \Delta_{1p} = 0$$

3)计算系数和自由项。

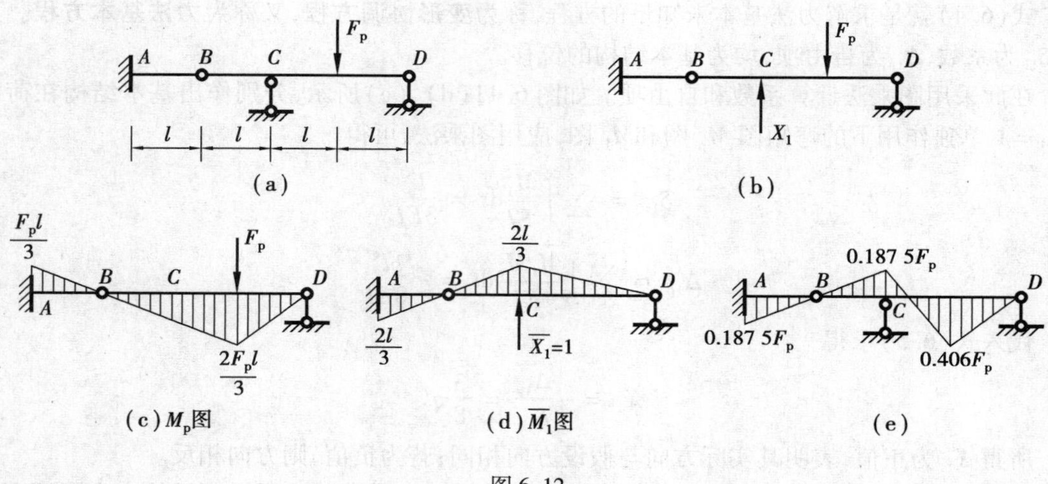

图 6.12

作 M_p,$\overline{M}_1$ 图如图 6.12(c)、(d)所示,由图乘法得 δ_{11},Δ_{1p}为

$$\delta_{11} = \frac{1}{EI}\left(\frac{1}{2} \times 2l \times \frac{2}{3}l \times \frac{2}{3} \times \frac{2}{3}l + \frac{1}{2} \times l \times \frac{2}{3}l \times \frac{2}{3} \times \frac{2}{3}l \times 2\right) = \frac{16l^3}{27EI}$$

$$\Delta_{1p} = -\frac{1}{EI}\left(\frac{1}{2} \times \frac{1}{3}F_pl \times l \times \frac{4}{9}l + \frac{1}{2} \times \frac{1}{3}F_pl \times l \times \frac{4}{9}l + \frac{1}{2} \times \frac{2}{3}F_pl \times l \times \frac{2}{9}l + l \times \frac{1}{3}F_pl \times \frac{1}{2}l + \frac{1}{2} \times \frac{1}{3}F_pl \times l \times \frac{4}{9}l\right) = -\frac{25F_pl^3}{54EI}$$

4)解力法基本方程。

求得基本未知量为

$$X_1 = -\frac{\Delta_{1p}}{\delta_{11}} = 0.781F_p$$

正值说明基本未知量的实际方向与假设方向一致。

5)作弯矩图。

由 $M = \overline{M}_1X_1 + M_p$ 得如图 6.12(e)所示的弯矩图。

例 6.2 (超静定刚架) 试作如图 6.13a(a)所示超静定刚架的内力图。

解 1)确定超静定次数,选取力法基本结构,确定基本体系。

该刚架为二次超静定,去掉支座 A 处两个支杆,基本未知量为 X_1,X_2,基本体系如图 6.13a(b)所示。

2)建立力法基本方程。

基本体系在 A 点沿 X_1 和 X_2 方向的位移 Δ_1,Δ_2 都应等于零,即

$$\left.\begin{aligned}\Delta_1 &= 0\\ \Delta_2 &= 0\end{aligned}\right\}$$

式中,Δ_1 是由荷载、X_1 和 X_2 分别单独作用时,A 点沿 X_1 方向产生的位移叠加而成,而 X_1 单独作用时 A 点沿 X_1 方向所产生的位移又可表示为 $\Delta_{11} = \delta_{11} \cdot X_1$。同理,$X_2$ 单独作用时 A 点沿 X_1 方向所产生的位移可表示为 $\Delta_{12} = \delta_{12} \cdot X_2$。与此类似,$\Delta_2$ 是由荷载、X_1 和 X_2 分别单独作用时,A 点沿 X_2 方向产生的位移叠加而成,其中,$\Delta_{21} = \delta_{21} \cdot X_1$,$\Delta_{22} = \delta_{22} \cdot X_2$。荷载单独作用时,

基本结构在 A 点沿 X_1 和 X_2 产生的位移分别记作 Δ_{1p} 和 Δ_{2p}。上述位移条件可表示为

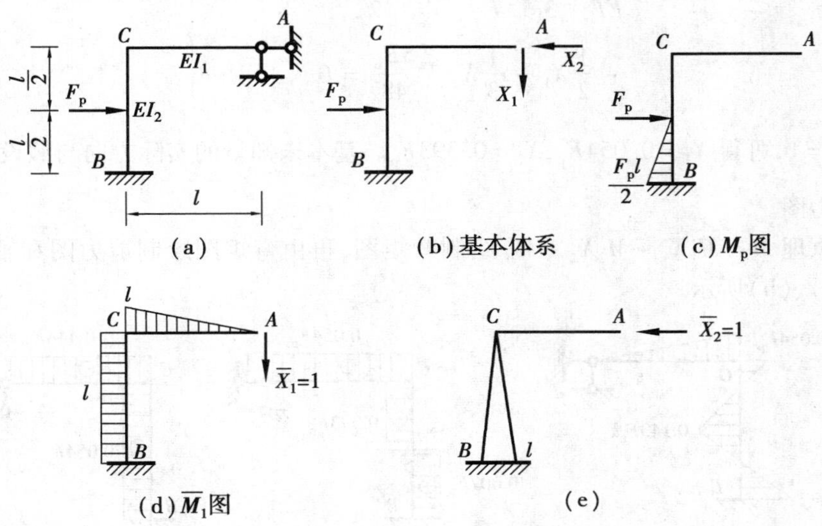

图 6.13a

$$\left.\begin{aligned}\Delta_1 &= \delta_{11}X_1 + \delta_{12}X_2 + \Delta_{1p} = 0\\ \Delta_2 &= \delta_{21}X_1 + \delta_{22}X_2 + \Delta_{2p} = 0\end{aligned}\right\}$$

此即为该问题的力法基本方程。

3）计算系数和自由项。

作出 $M_p, \overline{M}_1, \overline{M}_2$ 图，分别如图 6.13a(c)、(d)、(e)所示，则

$$\delta_{11} = \frac{1}{EI_1}\left(\frac{1}{2}\times l\times l\times\frac{2}{3}\times l\right) + \frac{1}{EI_2}(l\times l\times l) = \frac{l^3}{3}\left(\frac{1}{EI_1}+\frac{3}{EI_2}\right)$$

$$\delta_{22} = \frac{1}{EI_2}\left(\frac{1}{2}\times l\times l\times\frac{2}{3}\times l\right) = \frac{l^3}{3EI_2}$$

$$\delta_{12} = \delta_{21} = -\frac{1}{EI_2}\left(\frac{1}{2}\times l\times l\times l\right) = -\frac{l^3}{2EI_2}$$

$$\Delta_{1p} = \frac{1}{EI_2}\left(\frac{1}{2}\times\frac{1}{2}l\times\frac{1}{2}F_pl\times l\right) = \frac{F_pl^3}{8EI_2}$$

$$\Delta_{2p} = -\frac{1}{EI_2}\left(\frac{1}{2}\times\frac{1}{2}l\times\frac{1}{2}F_pl\times\frac{5}{6}l\right) = -\frac{5F_pl^3}{48EI_2}$$

4）解力法基本方程，求得基本未知量。

将系数和自由项代入力法基本方程

$$\left.\begin{aligned}&\frac{1}{EI_1}\left(\frac{l^3}{3}X_1\right) + \frac{1}{EI_2}\left(l^3X_1 - \frac{l^3}{2}X_2 + \frac{F_pl^3}{8}\right) = 0\\ &\frac{1}{EI_2}\left(-\frac{l^3}{2}X_1 + \frac{l^3}{3}X_2 - \frac{5F_pl^3}{48}\right) = 0\end{aligned}\right\}$$

将上式左右两端同乘以 EI_2/l^3 后，整理得

$$\left.\begin{aligned} \frac{EI_2}{EI_1}\left(\frac{1}{3}X_1\right)+X_1-\frac{1}{2}X_2+\frac{F_p}{8}=0 \\ -\frac{1}{2}X_1+\frac{1}{3}X_2-\frac{5F_p}{48}=0 \end{aligned}\right\}$$

若令$\frac{EI_2}{EI_1}=1$，可得 $X_1=0.054F_p$，$X_2=0.393F_p$。基本未知量的实际方向与假设方向相同。

5）作内力图。

按叠加原理 $M=\overline{M}_1X_1+\overline{M}_2X_2+M_p$ 绘制弯矩图，再由弯矩图绘制剪力图和轴力图，如图 6.13b(f)、(g)、(h)所示。

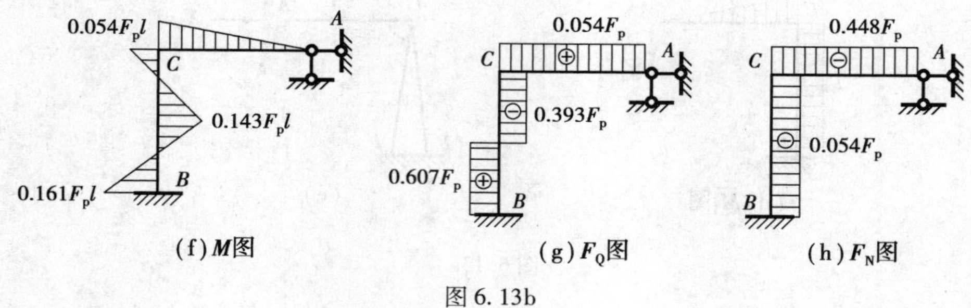

图 6.13b

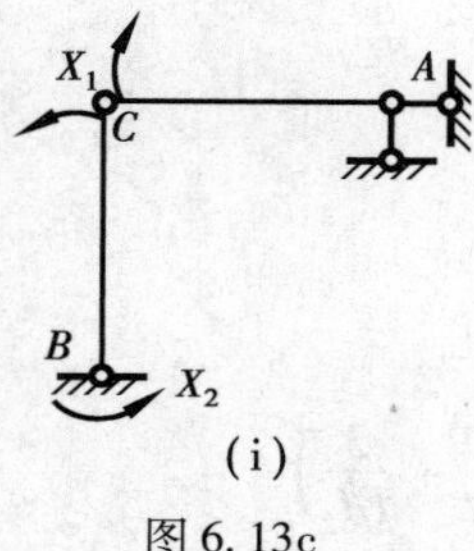

图 6.13c

上述刚架的基本结构还可取为三铰刚架（见图 6.13c(i)），即去掉 B，C 处的转动约束代以约束力偶矩，基本未知量为两对力偶矩。

由上述计算过程可知，若改变 EI_2/EI_1 的值，多余未知力的大小会随之改变，而原结构的内力也会改变。因此，**在荷载作用下，超静定刚架的内力与各杆刚度的相对比值有关，而与各杆刚度的绝对值无关**。此为超静定结构内力分布的重要特性。

6.3 对称结构

6.3.1 对称和反对称

所谓**对称结构**，是指结构的几何形式和支承情况关于某轴对称；杆件截面形状及其几何尺寸、材料性质也关于此轴对称。如图 6.14(a)所示的刚架即为对称结构。

若荷载的作用点关于结构的对称轴对称、荷载大小和方向相同，则称此荷载为对称荷载，如图 6.14(c)所示。若荷载的作用点关于结构的对称轴对称，荷载大小相同但作用方向相反，则此荷载称为反对称荷载，如图 6.14(d)所示。如图 6.14(b)所示的荷载可分解为对称和反对称荷载。

如图 6.15(a)所示，对称结构在对称荷载的作用下，变形曲线及对称截面的位移是对称的（见图 6.15(b)）；内力分布也是对称的（见图 6.15(c)）。若规定弯矩绘在杆件受拉一侧，则结构的弯矩图是对称的（见图 6.15(d)），结构的剪力图和轴力图分别如图 6.15(e)、(f)所示。

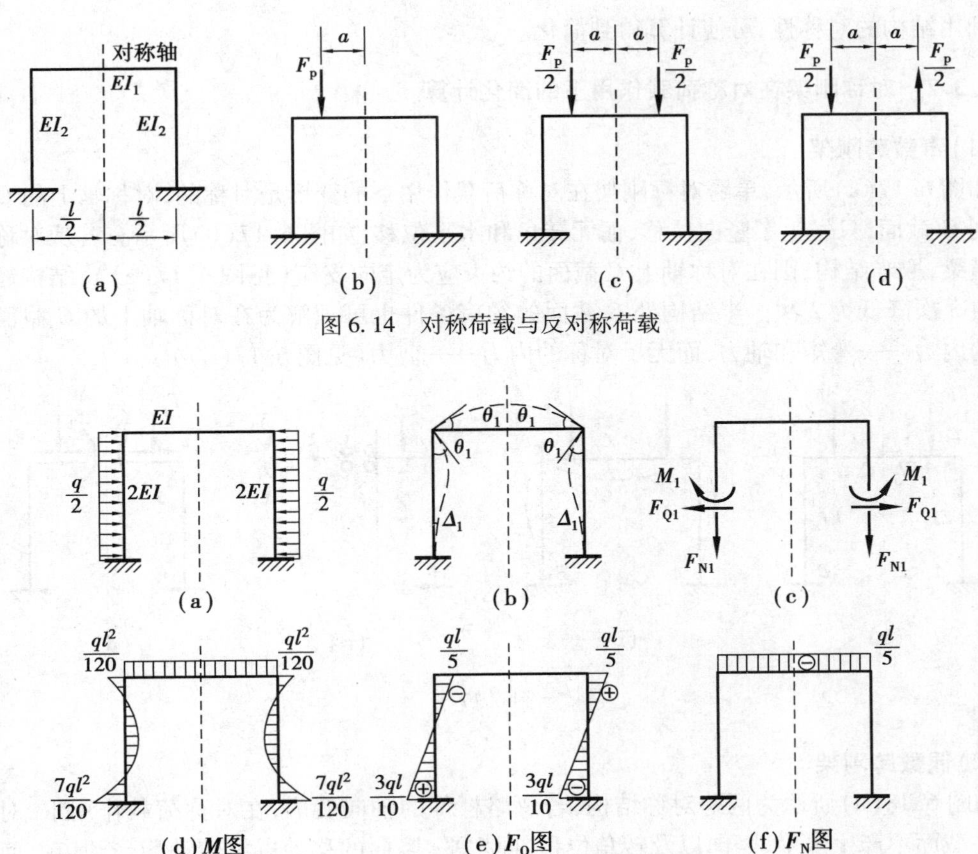

图 6.14　对称荷载与反对称荷载

图 6.15　对称荷载作用下的对称变形及内力

如图 6.16(a)所示，对称结构在反对称荷载作用下变形曲线及对称截面的位移是反对称的(见图 6.16(b))，内力分布也是反对称的(见图 6.16(c))，即结构的弯矩图是反对称的(见图 6.16(d))，结构的剪力图和轴力图分别如图 6.16(e)、(f)所示。

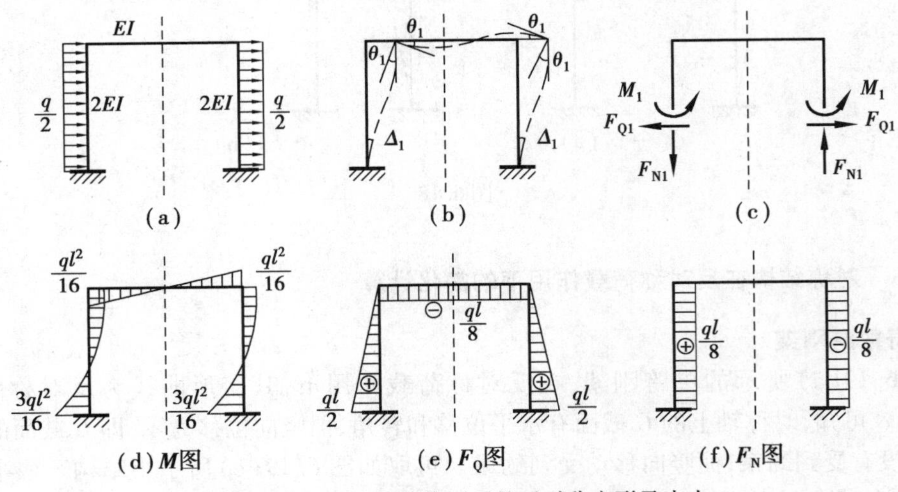

图 6.16　反对称荷载作用下的反对称变形及内力

利用结构的对称性,可使计算得到简化。

6.3.2 对称刚架在对称荷载作用下的简化计算

(1)奇数跨刚架

如图6.17(a)所示,单跨对称刚架在对称荷载作用下的变形是对称的,对称轴上的C截面变化到C'截面,只发生了竖向位移,而无转角和水平位移,如图6.17(b)所示。若从对称轴处切断横梁,取半结构,则在对称轴上C截面的约束应为定向支座(见图6.17(c)),结构超静定次数由3次降低为2次。半结构处C截面的约束条件也可理解为在对称轴上的C截面只有对称的内力——弯矩和轴力,而无反对称的内力——剪力(见图6.17(d))。

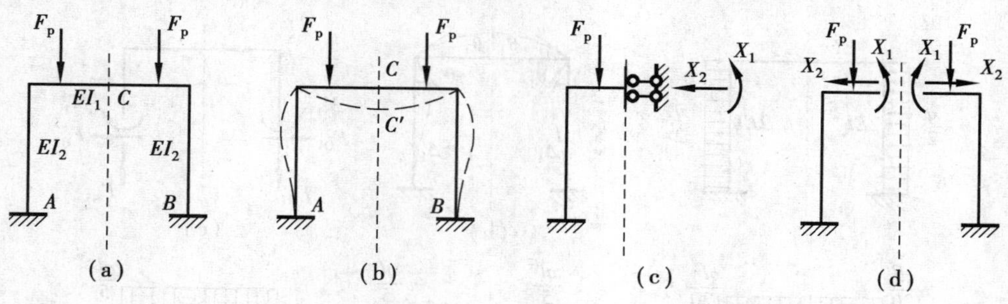

图6.17

(2)偶数跨刚架

如图6.18(a)所示为两跨对称结构,若忽略杆件的轴向变形,在对称荷载作用下,对称轴上的C截面不产生水平、竖向以及转角位移,即水平、竖向的移动以及转动均受约束。而中间柱不变形,只有轴力,弯矩和剪力为零。因此,所取半结构的C截面为固定支座,如图6.18(b)所示。结构超静定次数由6次降低为3次。

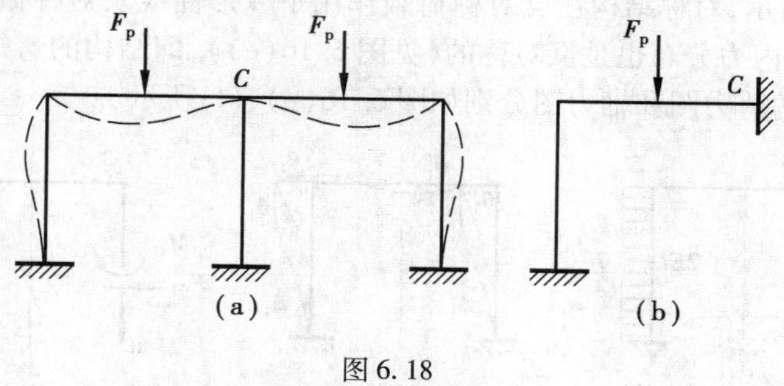

图6.18

6.3.3 对称结构在反对称荷载作用下的简化计算

(1)奇数跨刚架

如图6.19(a)所示的单跨刚架,在反对称荷载作用下,其变形曲线为反对称的(见图6.19(d))。可知,对称轴上的C截面有水平位移和转角,但竖向位移为零,即C截面的水平移动和转动没有受到约束,而竖向移动受到约束。可取如图6.19(c)所示半结构。该半结构同时也表明,在对称轴处的C截面,只有反对称的剪力存在,而无对称的弯矩和轴力(见图

6.19(b))。结构超静定次数由 3 次降低为 1 次。

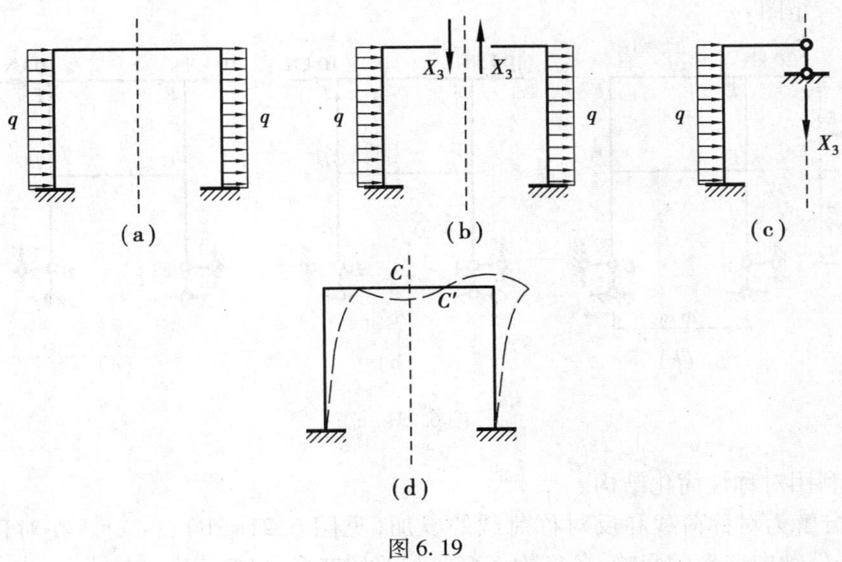

图 6.19

(2)偶数跨刚架

如图 6.20(a)所示的两跨对称刚架,设中柱由刚度均为 $I/2$ 的两根柱组成,间距无穷小,如图 6.20(b)所示。原结构转化为奇数跨受反对称荷载的情况,在位于对称轴上的截面 C 处只有反对称的剪力而无轴力,半结构如图 6.20(c)所示。由于支杆无限接近 $I/2$ 柱,支反力仅在 $I/2$ 柱中产生轴力。对称轴两侧的 $I/2$ 柱的轴力大小相等、方向相反,合并为一根柱后互相抵消。因此,在反对称荷载作用下,中柱的轴力为零,则可进一步简化为如图 6.20(d)所示的半结构。结构超静定次数由 9 次降低为 3 次。

如图 6.14 所示,在弹性范围内,作用在对称结构上的任意荷载都可分解为对称荷载与反对称荷载之和,可使计算简化。下面举例说明如何利用结构的对称性简化计算。

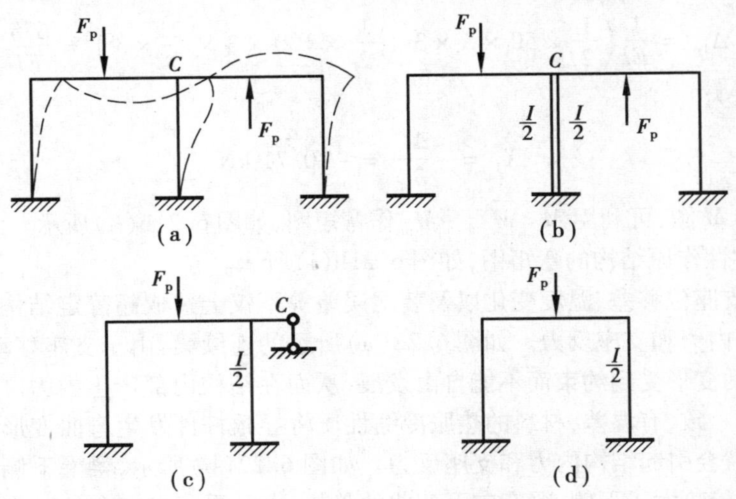

图 6.20

例 6.3 如图 6.21a(a)所示两层单跨门式刚架，顶层柱端作用水平集中荷载，EI = 常数，求作结构的弯矩图。

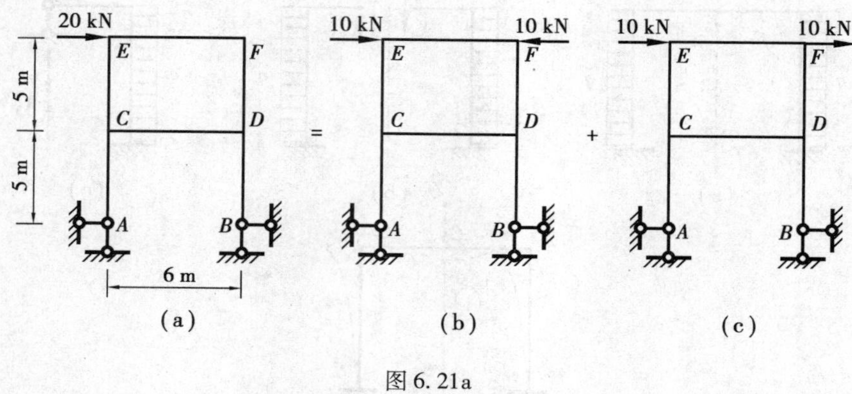

图 6.21a

解 1)利用对称性简化结构。

将荷载分解为对称荷载和反对称荷载的叠加(见图 6.21a(b)、(c))。在对称荷载作用下，若忽略杆件轴向变形的影响，各杆均无弯曲和剪切变形，仅杆 EF 上有轴力，$F_N = -10$ kN，其余各杆内力为零。

在反对称荷载作用下(见图 6.21a(c))，结构变形和内力分布均为反对称，可取半结构如图 6.21b(d)所示进行计算。

2)反对称荷载作用下半结构的内力计算。

①确定基本未知量，选取基本体系，如图 6.21b(e)所示。

②建立力法基本方程为

$$\delta_{11}X_1 + \Delta_{1p} = 0$$

③计算系数和自由项为

$$\delta_{11} = \frac{1}{EI}\left(\frac{1}{2} \times 3 \times 3 \times \frac{2}{3} \times 3 \times 2 + 3 \times 5 \times 3\right) = \frac{63}{EI}$$

$$\Delta_{1p} = \frac{1}{EI}\left(\frac{1}{2} \times 50 \times 5 \times 3 + \frac{1}{2} \times 100 \times 3 \times \frac{2}{3} \times 3\right) = \frac{675}{EI}$$

④求解方程为

$$X_1 = -\frac{\Delta_{1p}}{\delta_{11}} = -10.71\ \text{kN}$$

⑤作半结构 M 图，可利用 $M = \overline{M}X_1 + M_p$ 作弯矩图，如图 6.21b(h)所示。

3)根据对称性作原结构的弯矩图，如图 6.21b(i)所示。

除荷载外，支座位移差、温度变化以及装配误差等不仅会造成超静定结构的变形，还会使超静定结构产生内力和支座反力。如图 6.22(a)所示的连续梁，由于支座移动受到多余约束的作用，使杆件的变形受到约束而不能自由发展，从而在结构内部产生内力。同样地，若梁的上下表面温度不一致，有温差，材料的热胀冷缩性质将导致杆件发生弯曲变形，若弯曲变形受到约束的限制，就会引起结构内力和支座反力。如图 6.22(b)所示，梁上下侧升温存在差异，上侧纤维拉伸的趋势大于下侧，梁有向下弯曲的趋势，由于受竖向多余约束作用，该变形趋势得不到发展，反而使升温较小的一侧受拉，这也就是为什么寒冷地区结构外墙容易出现裂缝的原因之一。非荷载因素引起的超静定结构的内力计算同样可以采用力法，所不同的是，自由项是基本结构在位移差、温度变化、装配误差等原因下产生的。具体计算方法可参见其他结构力学教材。

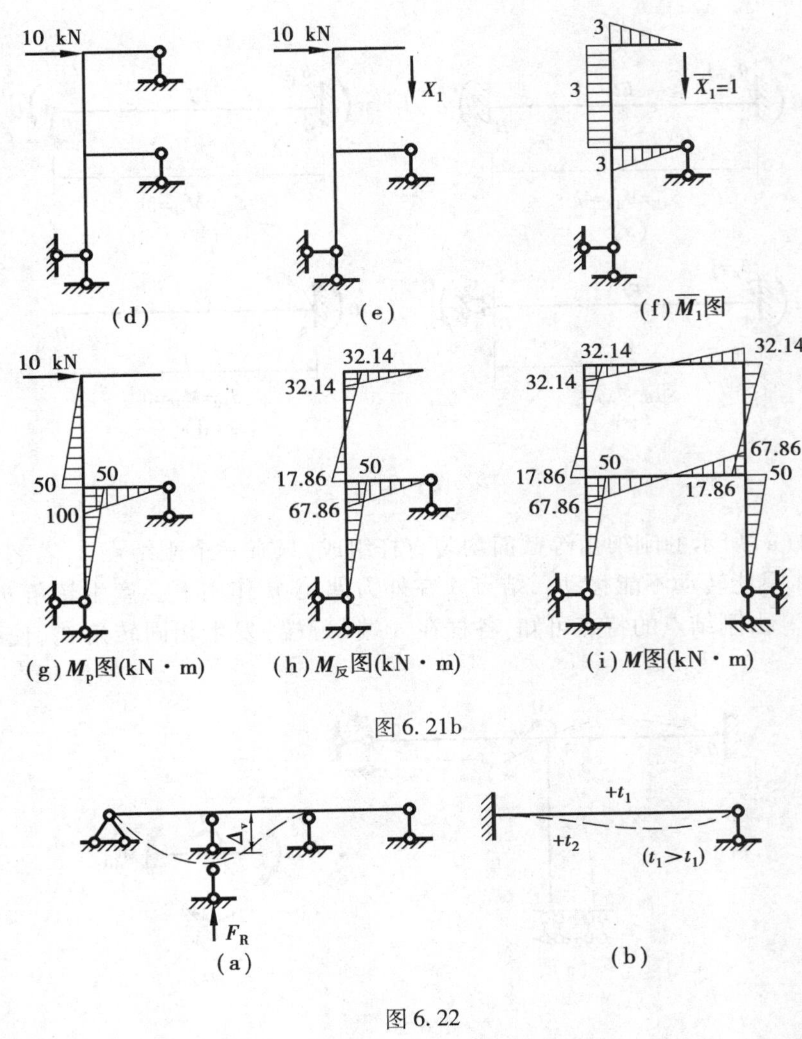

图6.21b

图6.22

6.4　连续梁和平面框架的受力变形特点

6.4.1　转动刚度和抗侧移刚度

(1)转动刚度

如图6.23所示的各类单跨超静定梁，均为等截面均匀直杆。若在A端施加力矩以使各杆发生相同的转角，各杆需要的力矩大小是不同的，这可以理解为不同杆端约束对杆件转动的抵抗能力不同，称这种杆端对转动的抵抗能力为**转动刚度**，数值上等于使杆端产生单位转角时需要施加的力矩大小,用 S_{AB} 表示。其中,A 端为施加力矩端,又称近端,称 B 端为远端。显然,转动刚度与杆件的抗弯刚度 EI、杆长 l 以及远端约束情况有关。若记 $i=EI/l$,称为**线刚度**,即杆件单位长度的抗弯刚度。则各种常见约束下的转动刚度可用杆件的线刚度 i 表示,如图 6.23 所示。

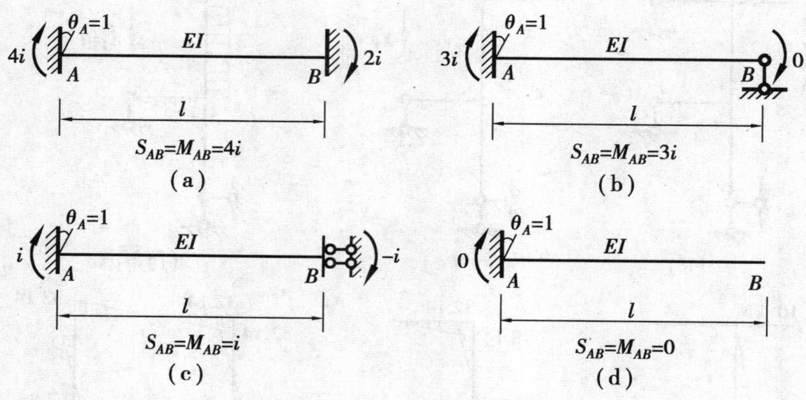

图 6.23

如图 6.24(a)所示的刚架由等截面均匀直杆组成,只有一个刚结点 A,若忽略杆件轴向变形,则结点 A 只能转动不能移动。结点 A 在外力偶 M 作用下会产生转角 θ_A,使各杆产生变形和内力。由刚结点的特点可知,各杆在 A 端(近端)发生相同转角 θ_A,使结点 A 力矩平衡。

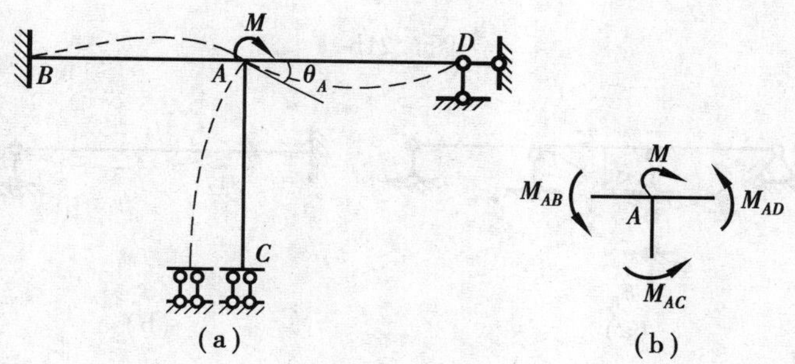

图 6.24

由转动刚度的定义可知,各杆在 A 端的弯矩为

$$\left.\begin{aligned} M_{AB} &= S_{AB}\theta_A = 4i_{AB}\theta_A \\ M_{AC} &= S_{AC}\theta_A = i_{AC}\theta_A \\ M_{AD} &= S_{AD}\theta_A = 3i_{AD}\theta_A \end{aligned}\right\} \tag{6.6}$$

作结点 A 的隔离体图(见图 6.24(b)),由结点 A 的力矩平衡条件,可得

$$\begin{aligned} M &= M_{AB} + M_{AC} + M_{AD} \\ &= S_{AB}\theta_A + S_{AC}\theta_A + S_{AD}\theta_A \end{aligned}$$

故

$$\theta_A = \frac{M}{S_{AB} + S_{AC} + S_{AD}} = \frac{M}{\sum_A S}$$

式中，$\sum_A S$ 为汇交于结点 A 的各杆件在 A 端的转动刚度之和。

将 θ_A 代入式(6.11)中，得

$$M_{AB} = \frac{S_{AB}}{\sum_A S}M, M_{AC} = \frac{S_{AC}}{\sum_A S}M, M_{AD} = \frac{S_{AD}}{\sum_A S}M$$

若令 $\mu_{Aj} = \frac{S_{Aj}}{\sum_A S}$，称为**分配系数**，下标 j 表示汇交于结点 A 的各杆之远端，即 B,C,D 端，则各杆近端弯矩可记为

$$M_{Aj} = \mu_{Aj} M$$

上式表明，施加于结点 A 的外力偶矩 M，将按各杆杆端的分配系数分配给各杆的近端，又称近端弯矩为**分配弯矩**。

可见，**弯矩通过结点的转动而在各杆端进行分配，各杆端的分配弯矩与杆端的相对刚度成正比。转动刚度相对大者分担的弯矩也较大。**

(2)抗侧移刚度

如图6.25所示，两端固定的单跨超静定梁，若支座间发生相对侧移，将引起支座反力，从而在杆件上产生剪力和弯矩，其中，为抵抗单位侧移而产生的剪力的大小被称为杆件的**抗侧移刚度**，记作$k = \frac{12EI}{h^3}$。它表征了杆件抵抗相对侧移的能力，与杆件的横截面抗弯刚度、杆件有效长度及约束方式有关。抗侧移刚度一般是针对柱而言的。

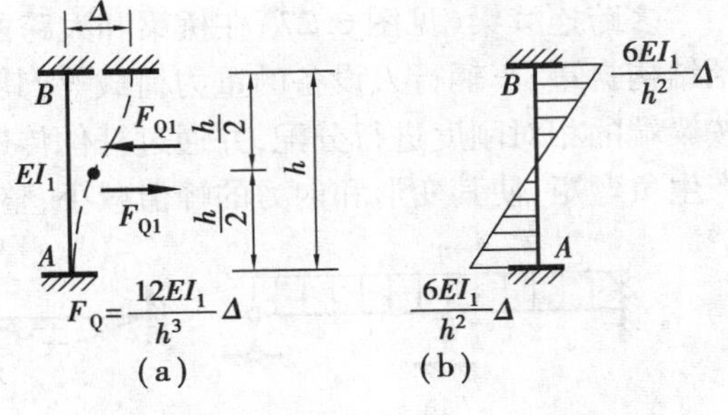

图6.25

如图6.26所示的平面刚架，在柱顶水平荷载 F_p 作用下整体发生侧移，若梁的线刚度远远大于柱的线刚度，则节点只有侧移而无转角，忽略杆件轴向变形，各柱的侧移量相同，则各柱的柱端剪力为

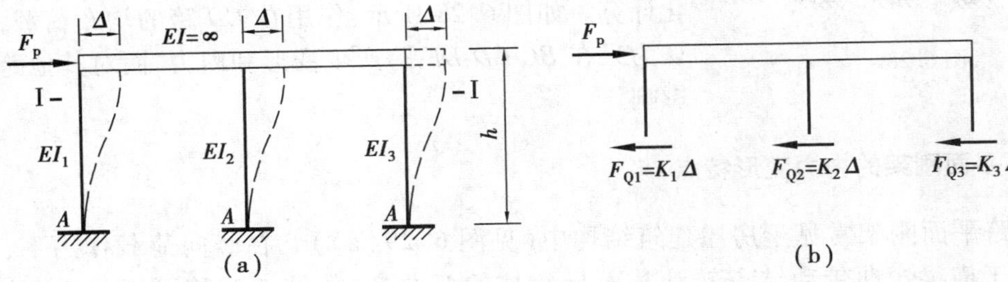

图6.26

$$F_{Q1}=k_1\Delta,F_{Q2}=k_2\Delta,F_{Q3}=k_3\Delta$$

式中，k_1,k_2,k_3 为各柱的抗侧移刚度，$k_i=\frac{12EI_i}{h^3},i=1,2,3$。以梁为隔离体，由其平衡条件可得

$$\begin{aligned}F&=F_{Q1}+F_{Q2}+F_{Q3}\\&=k_1\cdot\Delta+k_2\cdot\Delta+k_3\cdot\Delta\\&=(k_1+k_2+k_3)\cdot\Delta\\&=k\cdot\Delta\end{aligned}$$

则各柱的剪力可记为

$$F_{Q1}=\frac{k_1}{\sum_i k}\cdot F,F_{Q2}=\frac{k_2}{\sum_i k}\cdot F,F_{Q3}=\frac{k_3}{\sum_i k}\cdot F$$

式中，$\sum_i k=k_1+k_2+k_3$，称为结构的**层间抗侧移刚度**，则$\frac{k_1}{\sum_i k}$为1柱的**剪力分配系数**，表示1柱的相对抗侧移刚度，其余类似。

上式表明，侧向荷载作用下，同层各柱的剪力按各柱的相对抗侧移刚度进行分配。

由此可知，对于超静定结构，荷载按各杆件间的相对抵抗变形的能力进行分配，较"粗壮"的构件承担的荷载较多。

6.4.2 连续梁的内力变形特点

多跨连续梁（见图6.27）在桥梁和大跨的房屋建筑中应用较广泛，一般承受横向荷载，包括结构自重、车辆行人设备的重力荷载等，其变形和弯矩如图6.28所示。弯矩在相邻跨之间按梁端的相对刚度进行分配，并通过杆件传递到远端。由于各跨刚性连接，因而在各跨支座处产生负弯矩，使其变形和内力的峰值减小，整体分布较多跨静定梁均匀。

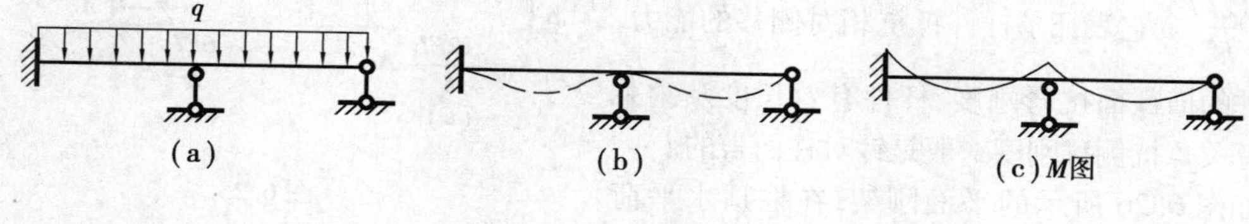

图6.27

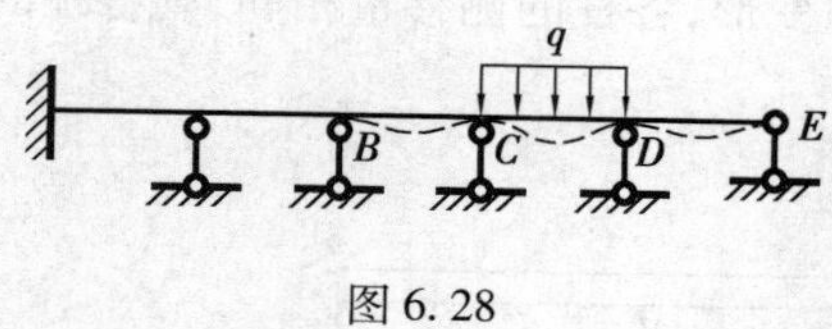

图6.28

此外，当荷载作用在多跨连续梁的某些跨时，对相邻跨的影响较大，而对较远跨的影响较小，分析设计时可简化计算。如图6.28所示，作用在 *CD* 跨的均布荷载，可认为只在 *BC-CD-DE* 跨产生变形和内力，而对其他跨无影响。

6.4.3 平面刚架的内力变形特点

多层多跨平面刚架常见于房屋建筑结构中（见图6.29（a））。在竖向荷载作用下，其变形主要由于横梁弯曲带动结点转动从而导致柱的弯曲变形，结点侧移可以忽略，整体呈现弯曲形式的变形。其内力计算可采用**分层计算方法**，即**只计节点转角，忽略节点侧**

移；忽略每层梁上的竖向荷载对其他各层的影响，即各层梁上的竖向荷载不引起其他层的转角。计算简图如图 6.29(b)所示，各层柱的远端设为固定端，各层的梁跨度、柱高及荷载与原结构相同。在对称荷载作用下，其变形和弯矩呈对称形式，如图 6.29(c)、(d)所示。

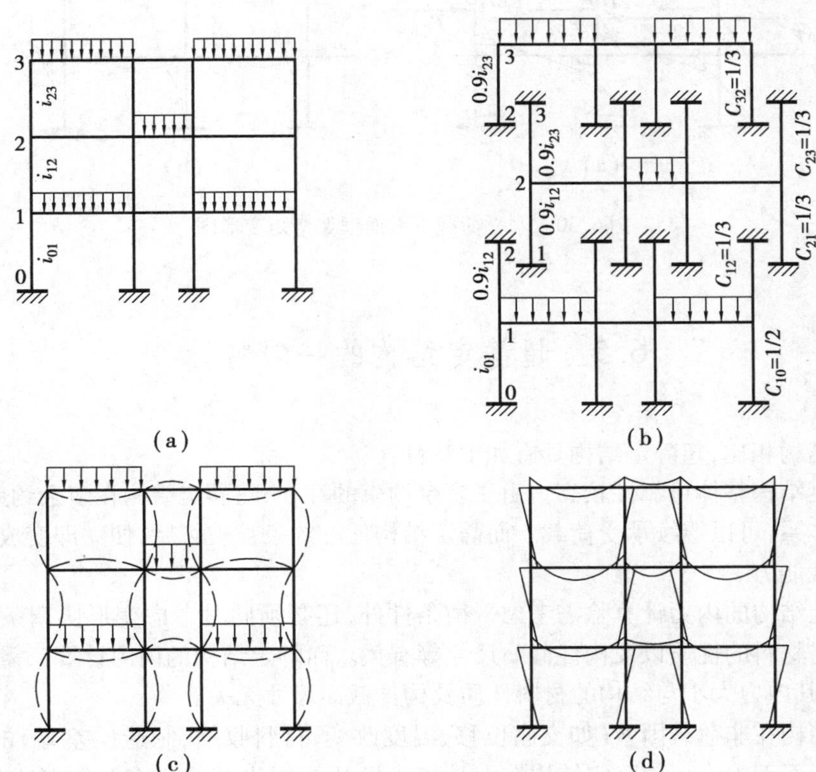

图 6.29　竖向荷载下平面框架弯矩变形图

地震和风主要以水平荷载的形式对结构产生作用。框架柱在水平荷载作用下产生侧向弯曲，使结点发生侧移，而结点的转角则相对较小。**其变形和内力特点为：结点位移以侧移为主，转角可忽略（强梁弱柱尤其如此）；若忽略杆件的轴向变形，同层各柱的层间侧移相同；结构沿竖向整体呈现剪切变形的形式，每杆均有一个反弯点（见图 6.30(b)）；各杆的弯矩图都是直线，且呈反对称形式（见图 6.30(a)）；各杆剪力为常数。如能确定各柱反弯点的位置和各柱的剪力，则可求出各柱端弯矩，进而可算出梁端弯矩。**

一般地，除第 1 层外，其余各层的反弯点均在该层柱高中点处。考虑到支座的刚度较上层节点转动刚度大，第 1 层柱的反弯点一般取为柱高 2/3 处。层间剪力按各柱的抗侧移刚度在楼层的各柱中进行分配，梁端弯矩由结点力矩平衡条件和梁的线刚度确定。

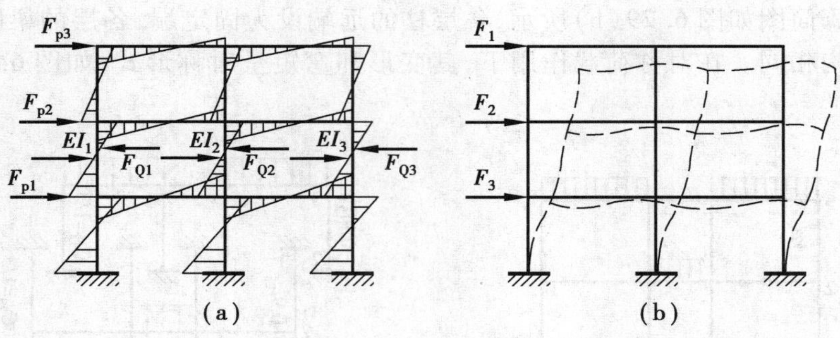

图 6.30　水平荷载下平面框架弯矩变形图

6.5　超静定结构的一般特性

与静定结构相比,超静定结构具有如下特性:

①超静定结构整体可靠性较高。由于多余约束的存在,超静定结构在多余约束破坏后,仍为几何不变体系,可以继续承受荷载。而静定结构任一约束被破坏后,便立即变成几何可变体系而丧失承载能力。

②超静定结构的内力计算除需考虑平衡条件外,还必须同时考虑变形协调条件。超静定结构的内力与材料的性质以及构件截面尺寸等有关。而静定结构的内力计算只需通过平衡条件即可确定,其内力大小与结构的材料性质及构件截面尺寸无关。

③静定结构在非荷载因素(如支座位移、温度改变、材料收缩、制造误差等)的作用下,结构只产生变形而无内力。超静定结构在承受非荷载因素作用时,由于多余约束的存在,使结构不能自由变形,在结构内部会产生自内力。在实际工程中,应特别注意由于支座位移、温度改变等原因引起的超静定结构的自内力。

④由于多余约束的存在,超静定结构的刚度一般较相应的静定结构的刚度大,因此,内力和变形也较为均匀,峰值较静定结构低。

本章小结

超静定结构是存在多余约束的几何不变体系,将其转化为静定结构是求解超静定结构的有效途径之一,此即力法的基本思想。

力法的基本体系是由超静定结构过渡到静定结构的桥梁。它是将原结构的多余约束去掉代以多余约束反力的静定结构。

力法的典型方程表示了基本体系与原结构变形一致这一条件。力法典型方程中的系数和自由项都是基本结构沿某一多余未知力方向的位移值。

对称结构在对称荷载和反对称荷载作用下,其变形和内力具有对称或反对称的性质,利用这一性质可使问题简化。

超静定结构在荷载作用下其内力与结构构件的相对刚度有关,结点力偶矩在刚结在一起的构件间是按其相对转动刚度进行分配的,而水平荷载则按各柱的相对抗侧移刚度进行分配。

超静定结构在非荷载因素作用下也会产生内力和支座反力,这是超静定结构不利的一面。

思考题

6.1　力法解超静定结构的基本思路是什么?

6.2　什么是力法的基本体系?基本体系与原结构有什么异同?

6.3　力法基本方程的物理意义是什么?方程中每一个系数和自由项的含义是什么?怎样计算?

6.4　何谓对称结构?对称结构在什么条件下内力和变形对称?在什么条件下内力和变形反对称?怎样利用对称性简化计算?

6.5　在荷载作用下,结构一般会产生内力。那么,没有外力结构是否就一定没有内力?

6.6　什么是转动刚度?结构的弯矩按什么原则进行分配?

6.7　平面框架在竖向荷载作用下的变形特点是什么?

6.8　平面框架在水平荷载作用下的变形特点是什么?

6.9　连续梁与多跨静定梁相比,各自的优劣是什么?

6.10　超静定结构在温度变化和支座位移作用下的内力与静定结构有什么不同?举例说明建筑工程中温度变化对结构的不利影响。

习题及解答

6.1　试判断图示结构的超静定次数。

答:(a)2;(b)3;(c)5;(d)2

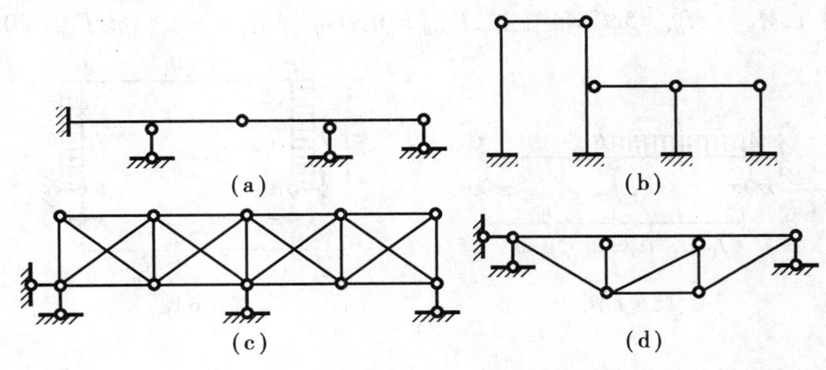

题 6.1 图

6.2　图示结构,各杆 EI 相同,试计算 CD 杆的轴力。

答：分解为对称和非对称，$F_{NCD}=\dfrac{F_p}{2}$

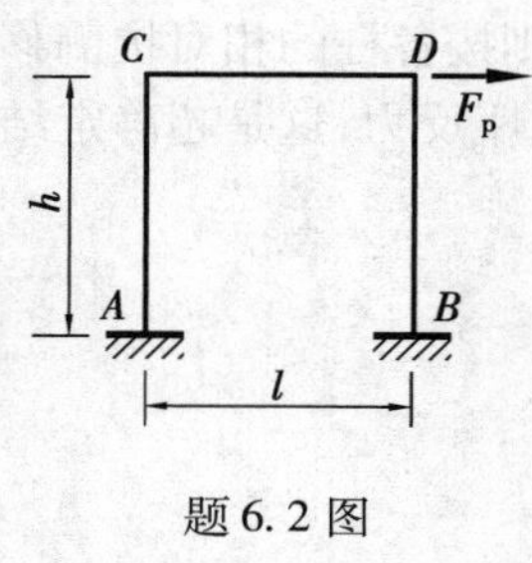

题 6.2 图

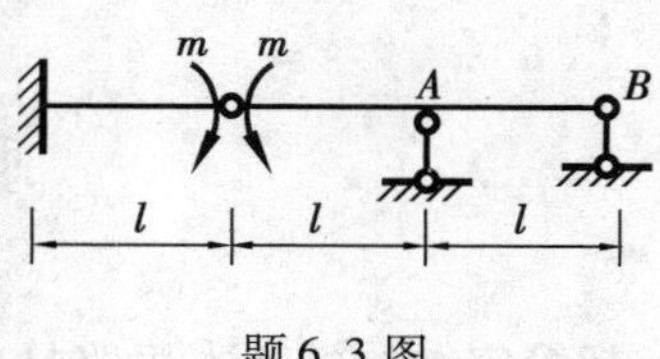

题 6.3 图

6.3 计算图示结构中 AB 杆的剪力，各杆 EI 相同。

答：$F_{QAB}=-\dfrac{m}{4l}$

6.4 试用力法计算图示各单跨超静定梁，并作 M，F_Q 图。各图中 EI = 常数。

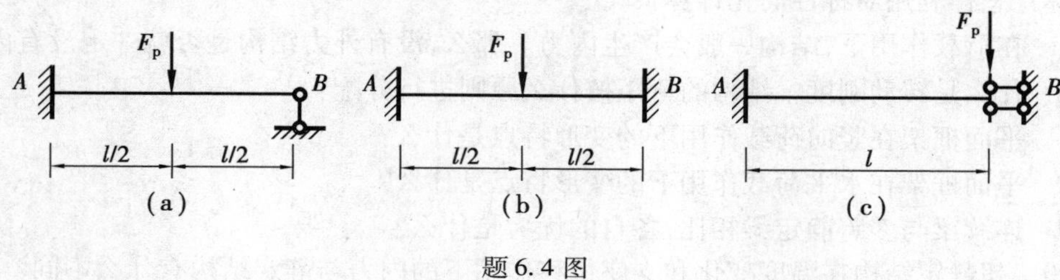

题 6.4 图

答：(a)$M_{AB}=3F_pl/16$ 上拉，$F_{QAB}=11F_p/16$，$F_{QBA}=-5F_p/16$；

(b)$M_{AB}=M_{BA}=F_pl/8$ 上拉，$F_{QAB}=-F_{QBA}=F_p/2$；

(c)$M_{AB}=-M_{BA}=F_pl/2$ 上拉，$F_{QAB}=F_{QBA}=F_p$

6.5 试用力法计算图示多跨连续梁，讨论 AB 和 BC 跨刚度不同时，梁的内力的变化，并作 M，F_Q 图。图中 EI = 常数。

答：$k=10$，$M_{BC}=M_{BA}=ql^2/88$ 上拉，$F_{QAB}=0.44ql$，$F_{QBA}=-0.56ql$，$F_{QBC}=0.06ql$；

$k=0.1$，$M_{BC}=M_{BA}=5ql^2/44$ 上拉，$F_{QAB}=0.399ql$，$F_{QBA}=-0.61ql$，$F_{QBC}=0.11ql$

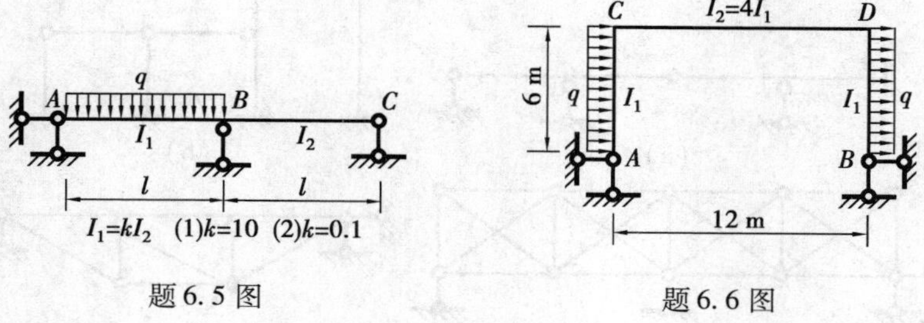

题 6.5 图

题 6.6 图

6.6 试用力法计算图示对称刚架，作 M 图。

答：利用对称性取半结构计算，M 图反对称，$M_{CA}=M_{CD}=18q$ 内侧受拉

6.7 试用力法计算图示对称刚架，作 M 图。

答：二次超静定，$M_{CA}=M_{CB}=qa^2/14$ 内侧受拉，$M_{AC}=qa^2/24$，外侧受拉

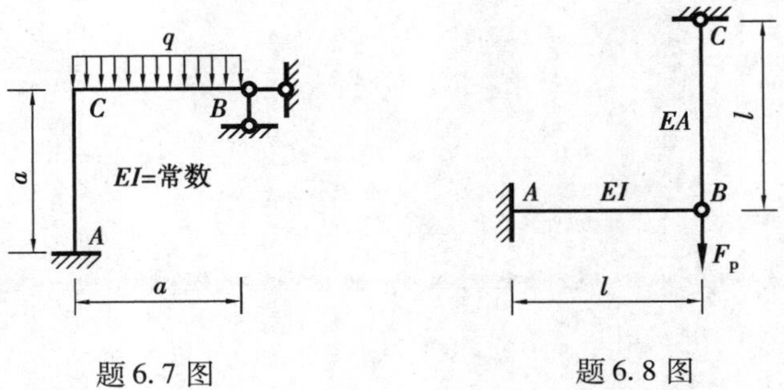

题6.7图　　　　题6.8图

*6.8　用力法求图示结构的内力。（提示：杆件 BC 为桁杆，AB 为梁式杆，为一次超静定的组合结构）

答：$M_{AB}=0.75F_pl$，$F_{QAB}=0.75F_p$，$F_{NBC}=0.25F_pl$

*6.9　试作图示排架的 M 图。

答：采用剪力分配法，弯矩图反对称。各杆抗剪刚度相同，固端弯矩均为：$0.25F_ph$

*6.10　试作图示对称刚架的 M 图。

答：采用反弯点法，弯矩图反对称。$M_{CA}=3F_p$ 右侧受拉，$M_{CE}=1.2F_p$，左侧受拉，$M_{EC}=1.8F_p$，右侧受拉，$M_{CD}=4.2F_p$，下侧受拉，$M_{EF}=1.8F_p$，下侧受拉

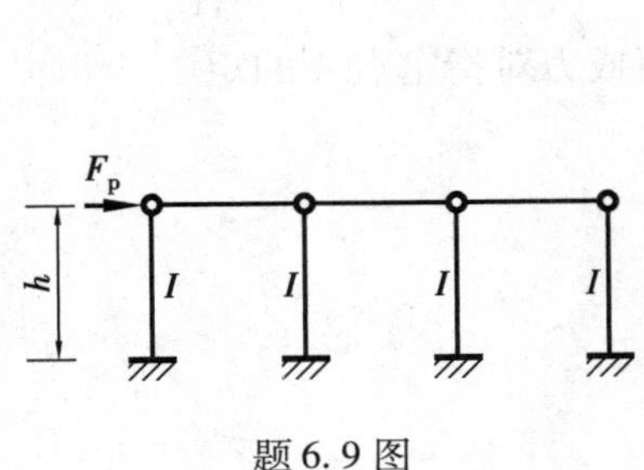

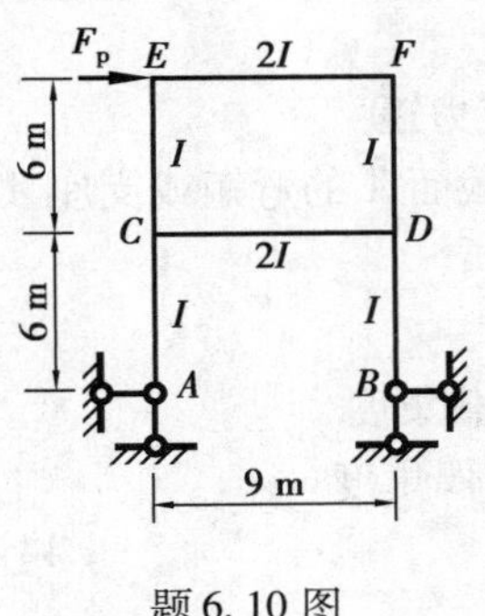

题6.9图　　　　题6.10图

附　录

符号说明

$\boldsymbol{F}$:集中力,$\boldsymbol{F}_{Ay}$表示 A 支座 y 方向反力,$\boldsymbol{F}_{Ax}$表示 A 支座 x 方向反力

$\boldsymbol{F}_{\mathrm{N}}$:轴力

$\boldsymbol{F}_{\mathrm{Q}}$:剪力

M:力偶或力矩

M_A:指定截面 A 的弯矩或支座 A 的约束力矩或力对指定点 A 的矩

M_e:外力偶

M_{T}:扭矩

q:均布荷载集度

m:分布力偶集度

γ:重度

ρ:密度

T:温度

K:弹簧刚度

A:杆件横截面面积

A_α:杆件斜截面面积,下标 α 表示截面倾角

V:物体体积

C:截面形心

p:截面总应力

$\boldsymbol{\sigma}$:正应力

τ:剪切应力或剪应力

f:挠度

Δ:线位移

Δ_{H}:水平位移

Δ_{AB}:A,B 截面相对线位移
θ:截面弯曲转角位移
θ_{AB}:A,B 截面相对转角位移
$\boldsymbol{\sigma}^0$:极限应力
$[\boldsymbol{\sigma}]$:许用正应力
$[\boldsymbol{\tau}]$:许用剪切应力
$[f]$:许用挠度
n:安全系数
E:弹性模量
G:剪切模量
ν:泊松比
ε_x:线应变
γ_{xy}:剪应变
ε_V:体积应变
W:外力功
U_ε:应变能
S_z,S_y:静矩
I:惯性矩
I_{yz}:惯性积
I_p:积惯性矩
i:回转半径
W_p:抗扭截面模量
W_z:抗弯截面模量
$d(D)$:圆截面直径
$r(R)$:圆截面半径
b:矩形截面的宽
h:矩形截面的高
t:板厚
$\boldsymbol{F}_{cr}$:临界力
$\boldsymbol{\sigma}_{cr}$:临界应力
$\lambda(\lambda_p)$:长细比/柔度
μ:长度系数
l_0:计算长度
φ:稳定系数
n_{st}:稳定安全系数

参考文献

[1] 刘德华,程光均.工程力学[M].重庆:重庆大学出版社,2010.
[2] 刘德华,黄超.材料力学[M].重庆:重庆大学出版社,2011.
[3] 文国治.结构力学[M].重庆:重庆大学出版社,2011.
[4] 于光惠,秦惠民.材料力学:建筑力学第三分册[M].北京:高等教育出版社,1999.
[5] 李家宝,洪范文.结构力学:建筑力学第三分册[M].北京:高等教育出版社,2006.
[6] 马尔科姆·米莱.建筑结构原理[M].童丽萍,陈治业,译.2版.北京:中国水利水电出版社,2009.
[7] 安格斯·J.麦克唐纳.结构与建筑[M].陈治业,童丽萍,译.2版.北京:中国水利水电出版社,2009.
[8] 李春亭,张庆霞.建筑力学与结构[M].北京:人民交通出版社,2007.
[9] 郭维俊,王皖临.建筑力学[M].北京:中国水利水电出版社,2008.
[10] 刘敦桢.中国古代建筑史[M].北京:中国建筑工业出版社,1984.
[11] 杨俊杰,崔钦淑.结构原理与结构概念设计[M].北京:中国水利水电出版社,2006.
[12] 罗福午,张惠英,杨军.建筑结构概念设计及案例[M].北京:清华大学出版社,2003.
[13] 林同炎,S.D.斯托特斯伯里.结构概念和体系[M].高立人,方鄂华,钱稼茹,译.北京:中国建筑工业出版社,1999.
[14] 布正伟.结构构思论[M].北京:机械工业出版社,2006.
[15] 萨瓦多里,赫勒.建筑结构概念[M].刘嘉昌,译.台北:台隆书店出版,1972.
[16] 杨庆山,姜忆南.张拉索-膜结构分析与设计[M].北京:科学出版社,2004.
[17] 中华人民共和国建设部.建筑结构荷载规范(GB 50009—2001)[S].北京:中国建筑工业出版社,2002.